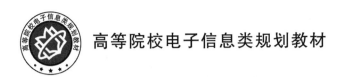

高等院校电子信息类规划教材

电子电路测量与设计实验

（第 2 版）

陈凌霄　孙丹丹　张晓磊　高　英　编著

U0291083

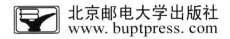

北京邮电大学出版社
www.buptpress.com

内 容 简 介

本书内容共分 4 篇 8 章。第 1 篇为基础知识篇,含第 1、2 两章,介绍了基本的电子元器件和常用电子测量仪表的相关知识。第 2 篇为基本技能篇,含第 3、4 两章,介绍了电子电路的安装与调测的方法和技巧,以及基本电参数的测量方法。第 3 篇为 EDA 工具篇,含第 5、6 两章,分别介绍了电路仿真软件 Multisim 和 PCB 设计软件 Altium Designer 19 的使用方法。第 4 篇为实验篇,含第 7、8 两章,第 7 章为基础型实验,共有 9 个实验题目,内容涵盖元器件的识别、各种电信号的测量和各种基本单元电路的调测,侧重于基本技能和电路基础知识的培养和掌握。第 8 章为设计和应用型实验,同样有 9 个实验题目,均要求实验者根据给定的条件或应用场景,进行电路的类型选择、电路的设计仿真以及实际调测与实现,侧重于电路知识综合应用能力的培养和提高。所有实验项目均有详细预习要求,并根据实验内容配有一定数量的预习思考题和课后思考题。书的最后附有实验报告格式以供读者参考。

本书适合用作高等学校电子类、通信类和自动化类专业学生的电子测量和模拟电子电路实验教学教材,也可用作电子工程技术人员的参考用书。

图书在版编目(CIP)数据

电子电路测量与设计实验 / 陈凌霄等编著. -- 2 版. -- 北京:北京邮电大学出版社,2020.8(2024.2 重印)

ISBN 978-7-5635-6187-2

Ⅰ. ①电… Ⅱ. ①陈… Ⅲ. ①电子电路—测量②电子电路—电路设计—实验 Ⅳ. ①TN710②TN702-33

中国版本图书馆 CIP 数据核字(2020)第 150010 号

策划编辑:刘纳新 姚 顺　责任编辑:刘 颖　封面设计:七星博纳

出版发行:北京邮电大学出版社
社　　址:北京市海淀区西土城路 10 号
邮政编码:100876
发 行 部:电话:010-62282185　传真:010-62283578
E-mail:publish@bupt.edu.cn
经　　销:各地新华书店
印　　刷:保定市中画美凯印刷有限公司
开　　本:787 mm×1 092 mm　1/16
印　　张:19.25
字　　数:470 千字
版　　次:2015 年 8 月第 1 版　2020 年 8 月第 2 版
印　　次:2024 年 2 月第 4 次印刷

ISBN 978-7-5635-6187-2　　　　　　　　　　　　　　　　　定价:48.00 元

第2版前言

随着信息技术和移动互联的发展,全民信息化改变了教育的目的、内容、形式等方方面面,实验教学在培养学生工程实践能力、激发创新意识、培养创新能力方面发挥了越来越重要的作用。实验教材需要适应教学需要,为教学效果提供内容上的保障。

本书根据当前的时代特点,综合实际教学需要,在第1版的基础上,做了较大的调整、修订和补充。

1. 采用了新的编写架构,使全书内容划分明确、层次清晰

根据内容特点,全书分为4篇,分别是基础知识篇、基本技能篇、EDA工具篇和实验篇。其中基础知识篇包含基本元器件和常用仪表的介绍两章;基本技能篇包含电路安装和调测的方法和技巧以及基本电参数的测量方法两章;EDA工具篇分别介绍了一款电路仿真软件和一款PCB设计软件的使用;实验篇则分为基础型实验和设计应用型实验两章,每章9个实验题目,共给出18个实验题目,实验题目按序列出,改变了第1版中实验题目隐藏在章节中的做法,使相关内容更加直观。

2. 内容进行了调整和优化,使之更适应目前实验教学的实际需要

① 删除过时的内容

目前,随着高校实验室建设步伐的加快,实验教学中指针式的模拟式仪表已不见踪影,取而代之的是更加先进的数字式仪表。本书删除了指针式万用表的相关内容,指针式仪表的相关实验项目也一并删除。

② 增加需要的内容

随着越来越重视对创新能力的培养,很多电子信息类相关专业鼓励低年级学生动手设计完成一些电子小制作,学生对掌握手工焊技术的需求提前。因此,在本书的基本技能篇中,增加了手工焊技术的相关内容。同样原因,在EDA工具篇中,在原有的仿真软件使用介绍的基础上,又增加了一款PCB设计软件的介绍。

③ 对保留的内容进行了优化

对保留下来的基本元器件知识、仪器仪表原理、仿真软件介绍等部分进行了仔细梳理,语言表述力求更加简洁准确,更换了部分插图。介绍的仿真软件更新为最新版本,方便读者参考使用。

3. 增加了实验项目和实验内容,使实验所涵盖的电路形式更加全面

① 增加了实验项目

在原有的基本技能训练、基本放大电路、波形变换电路等相关实验的基础上,增加了电源、有源滤波、集成功率放大、多谐振荡以及单稳态定时器等相关实验项目,完善了知识体系,为进一步地综合设计实验打下基础。

② 扩充了已有的实验项目

部分实验项目由于实验仪表的更新换代,增加了新的测试手段和测试项目。例如,研究放大电路时增加了数字示波器测量输入输出的相位差、测量输出信号的均方根、周期均方根等;用函数信号发生器产生扫频信号作为输入,同时用数字示波器观察输出信号幅度随频率变化的情况,直观感受电路的幅频特性。

另外,还引入多种实用元器件,如敏感电阻、发光二级管、扬声器等,使实验更具实用性和趣味性。

本次教材的修订是以第 1 版应用于北京邮电大学电路实验中心实验教学的实践为基础,在学校的大力支持下进行的,是编者团队团结协作的结果。修订过程中,电路实验中心领导和老师们给予了大力的支持,并提出了很多宝贵的意见和建议,电子院崔岩松老师也贡献了一部分内容,在此一并表示衷心的感谢!

鉴于编者水平所限,书中难免存在错误和不妥之处,恳请读者批评指正。

作　者
2020 年 3 月

第1版前言

本书是一本电子电路实验课教材。电子电路实验课的目的是培养学生电子技术的工程实践能力，包括基本测量技能和电路设计与调测能力。因此教材内容的选择特别是实验内容的选择必须根据学生的认知规律，引导学生从简单到复杂、循序渐进地掌握电子电路的实践技能，为学生在相关领域的进一步学习和发展打下坚实基础。

本书各部分内容具有以下特点：

1. 元器件介绍图文并茂

在介绍相关元器件时从学生的实际需要出发，重点介绍其性能特点、命名规则、选用原则和检测方法，并配以大量图片，使学生直观认识相关元器件。

2. 仪器仪表选取重点类型介绍基本工作原理

近些年来，数字式仪表以其功能多样、测量精确等优点逐渐成为实验室的主角。因此本书有选择性地介绍了数字式万用表和指针式万用表、数字示波器和模拟示波器四种仪表的工作原理和使用原则。在信息传输手段高度发达的今天，各种仪表都会附有详细的用户使用手册等电子资料。仪表厂家甚至为使用者提供使用技术培训，因此本书不再涉及具体型号仪表的使用方法，学生仪器仪表的使用训练可根据实验室仪表的具体型号，有针对性地进行。

3. 基本测量方法集中介绍，电路参数的测量方法与具体实验项目结合

本书第4章集中介绍了各种基本电参数的测量方法，而各种电路参数和性能指标的测量方法则与相关实验内容和任务紧密结合，使学生能够在实践中有效掌握相关知识和技能。

4. 基本电路的测量注重从示范引导到独立自主的过渡

电子电路实验课程的目的是培养学生独立工作能力，因此本书第5章中，有些实验项目示范引导性地给出了实验操作步骤、实验数据表格和操作注意事项，其余实验项目要求学生根据示范，自主拟定实验操作步骤并列出注意事项，培养学生面对任务和问题时的独立自主意识，并锻炼其独立工作能力。

（注：书中带有＊的章节为引导和示范章节，含有相关实验操作步骤、实验数据表格和操作注意事项。学生在进行实验预习时，可以参考这些章节自主进行相关实验操作过程的拟定）

5. 典型电路的设计从电路实际应用出发

第6章电路设计与调测部分的一些实验项目，从实际应用的角度提出电路设计任务，引导学生以一个电路设计者的思维进行思考，这样不仅能培养锻炼学生的实际工作能力，还可以更好地激发学生的学习兴趣和热情。

6. 引导学生有效利用 EDA 工具软件进行电子电路的设计

EDA 软件是当今电路设计的必备工具。本书选择了目前较为流行的 Multisim 软件进行介绍,并在实验项目中对 EDA 工具的使用做了明确要求,促使学生掌握现代化的电子电路设计手段。

本书的撰写是以北京邮电大学电路实验中心几十年的电子电路实验教学实践为基础的,是电路实验中心一代代实验教学工作者辛勤劳动和智慧的积淀,撰写的过程也得到中心领导和老师们的大力支持,在此一并表示敬意和感谢!

鉴于作者水平所限,书中难免存在错误和不妥之处,恳请读者批评指正。

作　者

2015 年 6 月

拿到这本书,你可能即将开始一类新的实验课——电子电路实验课的学习。在学习之前,你也许会有以下思考:

"电子电路实验课与其他课有所不同吗?"

"在这门课的学习中我能有什么收获和提高?"

"在学习的过程中我应注意什么?"

......

下面,我们就这些问题一一讨论。

电子电路实验课的特点

电子电路实验课是一门专业基础课程,与电子信息类专业的其他课程相比有明显不同的特点。

1. 与理论课不同

从课程内容上看,理论课内容的知识点之间有内在的关联,前后连贯、一致性好、理论性强难度大;而电子电路实验课的知识点分散、内容庞杂,有一些为规则性和经验性的知识,容易理解。

从教学方式看,大多数理论课以课堂学习为主,学生通过听讲、作业、答疑等环节,理解和掌握所学知识。而电子电路实验课则是以学生的实验操作为主,通过实际操作,在一定的时间内完成一定的实验任务,加深对相关电路知识的理解并学会运用,同时掌握相关技能并积累实践经验。

2. 与验证性实验课不同

作为理工科学生,之前一定有多种实验课的学习经历,但电子电路实验课与之前的验证性实验课相比,在目的、形式等各方面都有所不同。

从目的上看,验证性实验课是通过实际操作或实物展示,加深实验者对相关理论知识的理解和掌握;而电子电路实验课对于电子信息类工科专业学生来说,其更重要的意义在于通过实验掌握相关实践技能,培养实际工作能力,为成为一个合格的工程技术人员打下良好的专业基础。

从课程设置上看,验证性实验课一般附属于相关理论课程,作为理论课程的一部分;而电子电路实验课一般独立设课,有更多课时、独立的教学大纲和完整的教学环节。

电子电路实验课的学习目的

当今世界电子技术领域的发展日新月异,先进通信技术、人工智能等方面的飞速发展改变人们的生活和社会生态。电子电路相关知识是电子技术应用的基本理论基础之一,电子电路实验在学生理论学习和实践应用之间,起到不可或缺的桥梁作用,担当着引领学生运用理论进行工程实践的重任,同时肩负着激发创新意识、培养创新能力的使命。

电子电路实验的基本目标,包括以下各项:

(1) 能够正确识别、选择、检测和使用各种常用电子元器件;

(2) 认识、学习和应用种类繁多的新器件、新电路;

(3) 了解常用仪器仪表的基本原理并掌握其使用方法;

(4) 掌握电子电路的设计、安装和调测技术;

(5) 能够将电子电路与实际应用相结合,设计并完成实用的电子电路制作;

(6) 学习通过互联网等渠道,搜集、查阅、分析相关器件资料,锻炼独立工作能力;

(7) 了解电子电路 EDA 技术,并能够利用相关 EDA 工具进行电子电路的分析和设计;

(8) 能够撰写结构合理规范、内容翔实客观、表达清晰严谨的实验报告。

电子电路实验课的基本流程及学习方法

由于电子电路实验课有着与其他课程不同的特点,在进行学习时应采用适当的方法,使实验达到预期目的,取得良好学习效果。

1. 进行实验前做充分预习和准备

任何课程的学习都提倡提前预习,但电子电路实验课的预习是必须的环节,缺少这一环节,实验无法顺利进行。理论课程的学习如果缺少预习环节,则学习过程可以从踏进课堂听老师讲课开始,对老师所讲授的内容可以暂时不能全部领会,课后通过作业、答疑、复习等环节逐步理解掌握所学知识。而实验课程的相关要求及完成任务的方案和步骤必须在踏进实验室之前了解掌握,这样在实验操作过程中才能做到有的放矢,减少出错的几率,最大限度利用实验室的资源进行实际动手操作,提高学习效率和实验室的利用率。具体说来,实验前应做好以下几项准备工作:

- 认真阅读实验教材,深入了解实验目的,理解实验任务;
- 查阅相关器件资料了解所用元器件特性;
- 理解实验电路的工作原理或设计好实验电路;
- 制订实验测试步骤,掌握相关测试原理和具体测量方法;
- 设计实验测试用数据表格;
- 了解实验中的注意事项,等等。

2. 实验过程中认真操作

实验室中的动手操作是进行实验课程学习的核心环节,实验课程学习的意义不在于得到正确的实验结果,而在于实验操作过程中遇到问题、思考分析问题、解决问题。通过这一过程,积累实践经验和学会运用知识解决问题。所以实验课程的学习是一个过程的学习,只有在实验操作的过程中通过对各种问题和状况进行分析、判断和处理,才能积累经验、锻炼能力,使工程素质得到提高。

具体说,在实验室中进行操作,应该做到以下几点:

- 严格按照规范合理使用元器件及仪表;
- 严格按照规范进行操作,注意实验安全;
- 仔细观察、勤于思考、勇于探索,善于从各种实验现象中发现问题、分析解决问题;
- 注意培养独立工作能力,操作中遇到问题冷静分析,必要时请求老师的指导并注意从中学习分析问题和解决问题的方法;
- 在实验中严谨认真,规范记录测量的原始数据,培养实事求是的科学态度;
- 实验时按部就班、有条不紊、保持操作台整洁,培养良好的工作习惯和作风。

3. 实验后认真总结、撰写实验报告

将已经完成的工作进行归纳、分析和总结,形成一份专业性的书面报告,是工程技术人员的基本素质之一。因此在实验操作完成后认真总结,撰写完整的实验报告,是实验课学习的重要环节。

撰写实验报告时应注意:

- 报告内容完整;
- 对实验结果的分析总结要专业、细致;
- 对实验操作过程中遇到的问题,要仔细进行总结和分析,特别是问题的解决方法和思路应及时总结记录;
- 报告应用词准确、文理通顺;
- 报告应该格式工整,页面整洁。

总之,实验课的各个环节都是做好实验的关键,而做好每一个实验,将使你获得多方面的锻炼、提高和成就感。

目 录

第1篇 基础知识篇

第 2 篇　基本技能篇

第 3 篇　EDA 工具篇

第 4 篇　实验篇

第1篇 基础知识篇

电子元器件是电路实验课程的基础,熟悉电子元器件特性并正确运用是电子电路实验课程的基本目标之一。本篇选取常用的元器件进行了详细介绍,以满足实验课程的基本需要。而随着实验课学习的推进,也鼓励学生学习利用互联网获取相关元器件的知识。

仪器仪表是电子测量的必要工具,本篇介绍了两种具有代表性的常用数字式仪表基本工作原理,并列出使用注意事项,以帮助读者尽快熟练掌握相关仪表使用,并能够在仪表使用方面举一反三,在以后的实践中,面对不同品牌不同型号的类似仪表也能从容应对,得心应手。

第1章 常用电子元器件

电子电路由各种电子元器件组成。电子元器件种类繁多,最常用的有电阻器、电容器、电感器和半导体器件(二极管、晶体管、场效应管、集成电路等)。

1.1 电 阻 器

电阻器是电子线路中应用最为广泛的基本元件。在电子设备中,电阻器主要用来稳定和调节电路中的电流和电压,还起到负载和匹配的作用。电阻器按应用特点可以分为固定电阻器、可调电阻器和敏感电阻器三大类别。

1.1.1 固定电阻器

固定电阻器的电阻值是固定不变的,其阻值用其标称阻值表示。固定电阻器符号如图1.1.1所示。固定电阻器的产品类型繁多(如图1.1.2所示),一般按照其组成材料和结构形式进行分类。目前由于电子产品复杂化和小型化的要求,贴片元件逐渐大行其道,贴片电阻器产品也非常丰富,但在实验中,传统的引线式电阻器仍最为常见。

各种固定电阻器既具有共同的电阻性能,又各有不同的特点。

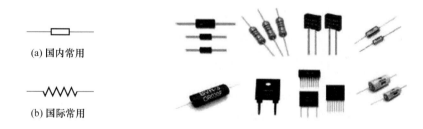

(a) 国内常用

(b) 国际常用

图 1.1.1　固定电阻器符号　　　图 1.1.2　各种常见的固定电阻器

1. 几种常见固定电阻器

(1) 膜式电阻器

膜式电阻器是最为常见的电阻器,根据膜材料的不同又有碳膜电阻器、金属膜电阻器和金属氧化膜电阻器等,如图1.1.3所示。

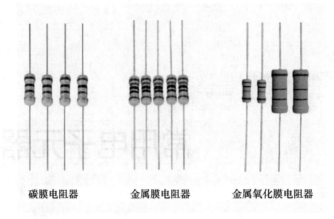

碳膜电阻器　　　金属膜电阻器　　　金属氧化膜电阻器

图 1.1.3　常见的几种膜式电阻

① 碳膜电阻器

碳膜电阻器是早期普遍使用的电阻器。利用一定的技术,在瓷棒或瓷管上沉积一层结晶碳膜,改变碳膜厚度或用刻槽的方法改变碳膜的长度,可以得到不同的阻值,最后在外层涂上环氧树脂密封保护而成。

碳膜电阻器精度和稳定性一般,但其高频特性较好,受电压和频率影响较小,噪声电动势较小,脉冲负荷稳定,阻值范围较宽。因生产成本低,价格低廉,故在低端消费类电子产品中目前仍然应用广泛。

大多数碳膜电阻器外观为土黄色,上有四条色环。其允许误差一般分为三个等级:Ⅰ级的误差率为 5％,Ⅱ级的误差率为 10％,Ⅲ级的误差率为 20％。

② 金属膜电阻器

金属膜电阻器就是以特种金属或合金作为电阻材料,用真空蒸发或溅射工艺,在陶瓷或玻璃基体上形成电阻膜层的电阻器。可以通过调整合金材料的成分、改变膜的厚度或刻槽控制调整阻值,工艺比较灵活,因而可以制成性能良好、阻值范围较宽的电阻器。

金属膜电阻器的耐热性、噪声电势、温度系数、电压系数等电性能比碳膜电阻器优良。与碳膜电阻器相比,金属膜电阻器体积小,噪声低,稳定性好,但成本稍高。金属膜电阻器作为精密和高稳定性的电阻器而广泛应用,同时也通用于各种无线电电子设备中。

金属膜电阻外观为蓝色,上有五条色环,其允许误差等级一般有 ±1％、±0.5％甚至更小。

③ 金属氧化膜电阻器

金属氧化膜电阻器是用金属盐类溶液在炽热的玻璃或陶瓷的表面分解沉积而成。随着制造条件的不同,电阻器的性能也有很大差异。

金属氧化膜电阻器的主要特点是耐高温,工作温度范围 $-55 \sim +155$ ℃;电阻温度系数为 $\pm 3 \times 10^{-4}$/℃,化学稳定性好。

金属氧化膜电阻器的电阻率较低,小功率电阻器的阻值不超过 100 kΩ,因此应用范围受到限制,但可用作补充金属膜电阻器的低阻部分。

金属氧化膜电阻器本体多为灰色,表面粗糙,小型化为绿色或浅粉色,为四色环电阻。允许误差等级 ±5％、±2％。

（2）绕线电阻器

绕线电阻器又被称为线绕电阻器，是用康铜或者镍铬合金电阻丝绕制在陶瓷骨架上而成。这种电阻器分为固定和可变两种，其特点是工作稳定，耐热性能好，误差范围小。绕线电阻器可以承受很大的瞬间峰值功率，其额定功率一般在 1 W 以上；能承受高温，在环境温度 170 ℃ 下仍能正常工作。但它体积大，阻值较低，大多在 100 kΩ 以下。

线绕电阻器外观及结构如图 1.1.4 所示。由于结构上的原因，其分布电容和电感系数都比较大，不能应用于高频电路。这类电阻通常在大功率电路中用作降压电阻或负载等。

额定功率小于 5 W 的绕线电阻多为五色环电阻，电阻本体底色为灰色，小型化为浅粉色。额定功率 5 W 以上的线绕电阻为绿色，规格参数直接印在电阻体上。

 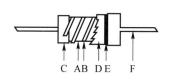

A. 高热传导瓷芯
B. 镍铬或康铜合金丝
C. 铁帽
D. 硅树脂涂料
E. 色环
F. 镀锡铜线

图 1.1.4　绕线电阻器外观及结构

2. 固定电阻器型号命名方法

国产固定电阻器按照国家标准 GB/T2470—1995《电子设备用固定电阻器、固定电容器型号命名方法》中的规定进行命名，表 1.1.1 给出了国产固定电阻器的命名方式。

表 1.1.1　国产固定电阻器的命名

第一部分：主称		第二部分：材料		第三部分：类别		第四部分：序号
字母	含义	字母	含义	数字或字母	含义	
R	电阻器	C	沉积膜或高频瓷	1	普通	用个位数或无数字表示
				2	普通或阻燃	
		F	复合膜	3 或 C	超高频	
		H	合成碳膜	4	高阻	
		I	玻璃釉膜	5	高温	
		J	金属膜	7 或 J	精密	
		N	无机实心	8	高压	
		S	有机实心	9	特殊（如熔断型等）	
		T	碳膜	G	高功率	
		U	硅碳膜	L	测量	
		X	线绕	T	可调	
		Y	氧化膜	X	小型	
				C	防潮	
		O	玻璃膜	Y	被釉	
				B	不燃性	

第一部分:主称,用字母 R 表示固定电阻器。

第二部分:材料,用字母表示电阻体用什么材料组成。

第三部分:类别,通常用数字或字母表示电阻器的类别。

第四部分:序号,用数字表示同类产品中不同品种,以区分产品的外型尺寸和性能指标等。

举例:

RX21——普通线绕电阻器　　　　　　　RJ75——精密金属膜电阻器

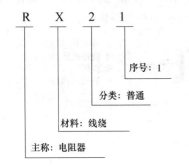 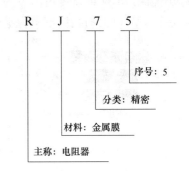

RT21——普通碳膜电阻器　　　　RJ90-B0.5——0.5W 不燃型金属膜熔断电阻器

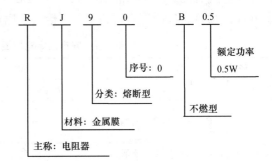

3. 固定电阻器的技术指标

固定电阻器的技术指标有以下几个。

• 标称阻值

电阻器上面所标示的标准化阻值。

• 允许误差

标称阻值与实际阻值的差值与标称阻值之比的百分数称为允许误差,亦称为阻值偏差或容许误差,它表示电阻器的精度。允许误差与精度等级对应关系如下:±0.5%-005、±1%-01(或 00)、±2%-02(或 0)、±5%-Ⅰ级、±10%-Ⅱ级、±20%-Ⅲ级。

• 额定功率

在正常的大气压力 90～106.6 kPa 及环境温度为 −55～+70 ℃ 的条件下,电阻器长期工作所允许耗散的最大功率。线绕电阻器额定功率有 1/20 W、1/8 W、1/4 W、1/2 W、1 W、2 W、4 W、8 W、10 W、16 W、25 W、40 W、50 W、75 W、100 W、150 W、250 W、500 W。非线绕电阻器额定功率系列为 1/20 W、1/8 W、1/4 W、1/2 W、1 W、2 W、5 W、10 W、25 W、50 W、

100 W。

- 额定电压

由阻值和额定功率换算出的电压。

- 最高工作电压

允许的最大连续工作电压。

- 温度系数

温度每变化 1 ℃所引起的电阻值的相对变化。温度系数越小,电阻的稳定性越好。阻值随温度升高而增大的为正温度系数,反之为负温度系数。

- 老化系数

电阻器在额定功率长期负荷下,阻值相对变化的百分数,它是表示电阻器寿命长短的参数。

- 电压系数

在规定的电压范围内,电压每变化 1 V,电阻器阻值的相对变化量。

- 噪声

产生于电阻器中的一种不规则的电压起伏,包括热噪声和电流噪声两部分。热噪声是由于导体内部不规则的电子自由运动,使导体任意两点的电压不规则变化。

（1）标称阻值

标准化了的电阻值被称为标称阻值。标称阻值组成的系列被称为标称系列。标称系列如表 1.1.2 所示,根据允许误差的不同,有多个系列。生产厂家生产的任何固定电阻器阻值理论上都应该是表中所列数值乘以 10^n Ω,其中 n 为正整数或负整数。但由于生产过程中不可避免的误差,电阻器的实际阻值可能在标称阻值基础上存在一定范围的误差,这个范围即是电阻器的另一个重要指标——允许误差。所以标称阻值可以说是电阻器的"名义"阻值。

表 1.1.2　电阻器标称阻值系列

系列代号	允许偏差	标称阻值系列
E6	±20%	1.0、1.5、2.2、3.3、4.7、6.8
E12	±10%	1.0、1.2、1.5、1.8、2.2、2.7、3.3、3.9、4.7、5.6、6.8、8.2
E24	±5%	1.0、1.1、1.2、1.3、1.5、1.6、1.8、2.0、2.2、2.4、2.7、3.0、3.3、3.6、3.9、4.3、4.7、5.1、5.6、6.2、6.8、7.5、8.2、9.1
E96	±1%	1.00、1.02、1.05、1.07、1.10、1.13、1.15、1.18、1.21、1.24、1.27、1.30、1.33、1.37、1.40、1.43、1.47、1.50、1.54、1.58、1.62、1.65、1.69、1.74、1.78、1.82、1.87、1.91、1.96、2.00、2.05、2.10、2.15、2.21、2.26、2.32、2.37、2.43、2.49、2.55、2.61、2.67、2.74、2.80、2.87、2.94、3.01、3.09、3.16、3.24、3.32、3.40、3.48、3.57、3.65、3.74、3.83、3.92、4.02、4.12、4.22、4.32、4.42、4.53、4.64、4.75、4.87、4.99、5.11、5.23、5.36、5.49、5.62、5.76、5.90、6.04、6.19、6.34、6.49、6.65、6.81、6.98、7.15、7.32、7.50、7.68、7.87、8.06、8.25、8.45、8.66、8.87、9.09、9.31、9.53、9.76

这样的标称值系列中,可以保证在相邻的两个数值之间的间隔都处在允许误差范围之内,从而使任意阻值的电阻器都可以从该系列中找到。

（2）允许误差

电阻器的允许误差是指其实际值相对于标称值的最大允许偏差范围,用百分数表示,代表了产品的精度。允许误差的等级如表1.1.3所示。

表 1.1.3　常用电阻器允许误差的等级

允许误差	±0.5%	±1%	±2%	±5%	±10%	±20%
级　别	005	01 或 00	02 或 0	Ⅰ	Ⅱ	Ⅲ

（3）额定功率

额定功率是在规定的气压条件、环境温湿度以及周围空气不流动的条件下,电阻器长期连续负荷而不改变其性能时,电阻器上允许消耗的最大功率。

如果电阻器上消耗的功率超过其额定功率,电阻器的特性将发生变化,甚至发热烧毁。所以在选择电阻器的时候,一般选择额定功率比其在电路中实际消耗功率大 1.5～3 倍,以确保电阻器的安全使用。

固定电阻器的额定功率分为 19 个等级,最小为 1/20W,最大至 500W。实际应用得比较多的有 1/4W、1/2W、1W、2W 等。额定功率一般以数字形式标注在电阻器上,但小于 1/8W 的固定电阻器往往由于体积小而不予标注。一般电阻器的额定功率越大,体积越大。

在电路图中,常用不同的符号来表示电阻器的额定功率不同,如图 1.1.5 所示。

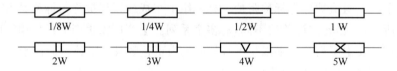

图 1.1.5　电阻器额定功率的标识符号

4. 固定电阻器的标识

（1）直接标识法

体积较大的固定电阻器可使用直接标识法,简称直标法。直标法是将电阻器的标称值、允许误差直接标在电阻体上,标称值用阿拉伯数字和单位符号,允许误差用百分数。未标允许误差的默认误差为 ±20%,如图 1.1.6 所示,表示一个碳膜测量用电阻器,标称阻值为 985 Ω,允许误差 ±2%。目前直标法已经逐渐被同样简洁易懂的文字符号标识法代替。

（2）文字符号标识法

文字符号法是将电阻器的标称值和允许偏差值用数字和文字符号按一定的规律组合标在电阻体上,如图 1.1.7 所示。电阻器的标称值的单位标志符号如表 1.1.4 所示,字母所代表的允许偏差如表 1.1.5 所示。

图 1.1.6　直接标识法　　　　图 1.1.7　文字符号标识法

表 1.1.4　电阻器标称值的单位符号

文字符号	R	K	M	G	T
单位及进位关系	Ω	kΩ(10^3)	MΩ(10^6)	GΩ(10^9)	TΩ(10^{12})
单位名称	欧姆	千欧	兆欧	吉欧	太欧

表 1.1.5　字母所代表的允许误差

字母	Y	X	E	L	P	W	B	C
允许误差(%)	±0.001	±0.002	±0.005	±0.01	±0.02	±0.05	±0.1	±0.25
字母	D	F	G	J	K	M	N	
允许误差(%)	±0.5	±1	±2	±5	±10	±20	±30	

图 1.1.7 所示电阻器标识为 RX21-8W 120RJ,表示普通线绕电阻器,额定功率为 8 W,标称阻值为 120 Ω,允许误差为±5%。

(3) 数码标识法

在产品和电路图上用三个或四个数字或加字母来表示元件的标称值的方法称为数码标志法,数码标识法常见于贴片电阻或微调电阻上,如图 1.1.8 所示。

图 1.1.8　数码标识法

一般 E-24 系列的电阻器用三个数字标识,其允许误差为±5%,从左至右前两个数字表示两位数值,第三个数字表示数值后所加零的个数,如 391 表示 $39×10^1=390$ Ω;103 表示 $10×10^3=10\,000$ Ω。

E-96 系列的电阻器用四个数码标识,其允许误差为±1%。从左至右前三个数字表示三位数值,第四个数字表示数值后所加零的个数,如 1963 表示 $196×10^3=196\,000$ Ω;5 230 表示 $523×10^0=523$ Ω。

如果标识的数字中间有字母 R,则表示小数点的位置,单位为 Ω,如 5R60 表示 5.60 Ω;30R9 表示 30.9 Ω。

(4) 色环标识法

常用的普通固定电阻器大多用色环标识其标称阻值和允许误差,被称为色环电阻。色环电阻根据其精度不同有四色环电阻和五色环电阻之分,如图 1.1.9 所示。而各色环颜色代表的数字如表 1.1.6 所示。

四色环电阻读数方法:

第一、二环表示两位数值,第三环表示数值后所加的零的个数,第四环表示允许误差。如图 1.1.9(a)所示四色环电阻的色环依次为:棕(1)绿(5)黑(0)金(±5%),所以该电阻的标称阻值为 $15×10^0$ Ω=15 Ω,允许误差为±5%。

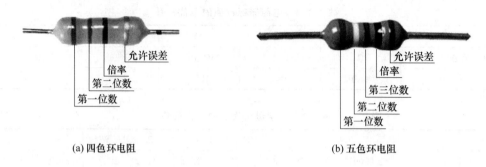

(a) 四色环电阻　　　　　　　　　　　(b) 五色环电阻

图 1.1.9　色环标识法

五色环电阻读数方法:

第一、二、三环表示三位数值,第四环表示数值后所加的零的个数,第五环表示允许误差。如图 1.1.9(b)所示五色环电阻的色环依次为:橙(3)白(9)红(2)黑(0)棕($\pm1\%$),所以该电阻的标称阻值为 $392\times10^{0}\,\Omega=392\,\Omega$,允许误差为 $\pm1\%$。

无论四色环还是五色环电阻,最后表示允许误差的一环应与相邻的色环距离稍大,而其他的几条色环距离相等。所以可以根据色环之间的距离判断哪一道色环是第一道。

表 1.1.6　色环颜色的意义

颜色	数字	倍率	允许误差	颜色	数字	倍率	允许误差
棕	1	10^1	$\pm1\%$	灰	8	10^8	
红	2	10^2	$\pm2\%$	白	9	10^9	
橙	3	10^3		黑	0	10^0	
黄	4	10^4		金		10^{-1}	$\pm5\%$
绿	5	10^5	$\pm0.5\%$	银		10^{-2}	$\pm10\%$
蓝	6	10^6	$\pm0.25\%$	无色			$\pm20\%$
紫	7	10^7	$\pm0.1\%$				

用色环法标识的优点在于当电阻被安装在电路中后,从各个角度都可以清楚地读出其标称值和允许误差。

5. 固定电阻器的选用及测量

(1) 固定电阻器的选用

固定电阻器有多种类型,应根据应用电路的特点和具体要求选择适当材料和结构的电阻器。

① 种类的选择

在对使用环境和指标要求不高的电子电路中,如各种家用电器中可选用碳膜电阻器。

高频电路应选用分布电感和分布电容小的膜式电阻器,如碳膜电阻器、金属膜电阻器和金属氧化膜电阻器等,避免使用线绕电阻器。

高增益小信号放大电路应选用低噪声电阻器,如金属膜电阻器、碳膜电阻器和线绕电阻器,避免使用噪声较大的合成碳膜电阻器和有机实心电阻器。

线绕电阻器的功率较大,电流噪声小,耐高温,但体积较大。普通线绕电阻器常用于低频电路或用作限流电阻器、分压电阻器、泄放电阻器或大功率管的偏压电阻器。精度较高的线绕电阻器多用于固定衰减器、电阻箱、计算机及各种精密电子仪器中。

② 阻值的选择

一般情况下,固定电阻器的阻值按照就近的原则在标称系列中选取。如果精度要求较高,可以用万用表从系列阻值中测量选取,误差的选择可根据电阻器在电路中所起的作用进行选择。

③ 功率的选择

为提高设备的可靠性,延长使用寿命,选用电阻器的额定功率应大于实际消耗功率的1.5～2倍。电路中如需串联或并联电阻来获得所需阻值,应考虑其额定功率。阻值不同的电阻串联时,额定功率取决于高阻值电阻。并联时,取决于低阻值电阻,且需计算方可应用。

电阻器在使用前应进行测量、核对,尤其是在精密电子仪器设备装配时,还需经人工老化处理,以提高稳定性。

(2) 固定电阻器阻值的测量

各种万用表都有电阻测量挡(简称欧姆挡)用来测量电阻器的电阻值。测量时首先选择万用表电阻挡的倍率或量程范围,并将两个输入端(称表笔)接入适当的接线端子,此时万用表可被称为欧姆表。将欧姆表两表短路调零检测后,分别将接在被测电阻器的两端,正确读出表的电阻值即可。

万用表测量电阻器时应注意以下几个问题:

- 当电阻器连在电路中时,首先应将电路的电源断开,然后将电阻器至少一端从电路中断开,绝不允许被测电阻器带电;
- 测大阻值电阻器时要防止把双手和电阻器的两个端子及万用表的两个表笔并联捏在一起;
- 万用表测量电阻器时应注意被测电阻器所能承受的电压和电流值,以免损坏被测电阻器。

其他类型的电阻器测量也可参照以上测量方法和注意事项,再结合具体情况进行操作。

1.1.2 可调电阻器

电子系统或设备在实际使用过程中,经常需要通过改变某些电阻器的阻值来改变一些电气参数,如家电设备在使用时音量大小、亮度强弱的调节;而电子电路在调测的过程中,也需要通过改变某些电阻器的阻值使电路达到最佳工作状态,如晶体管放大器静态工作点的调整。

能够人为改变阻值的电阻器就是可调电阻器,符号如图 1.1.10 所示。可调电阻器种类很多,常见的有滑线变阻器、电位器和微调电阻,它们的阻值可以在小于标称值的范围内变化。电子电路中常用的是电位器和微调电阻,通常也会把二者统称为电位器,符号如图 1.1.11 所示,外观如图 1.1.12(b)所示。

| (a) 国内常用 | (b) 国际常用 | (a) 国内常用 | (b) 国际常用 |

图 1.1.10　可调电阻器符号　　　　图 1.1.11　电位器符号

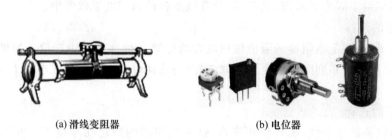

(a) 滑线变阻器　　　　　　　　(b) 电位器

图 1.1.12　各种可调电阻器

电位器是具有三个引出端、阻值可按某种变化规律调节的电阻元件。电位器通常由电阻体和可移动的电刷组成,电阻体两端引出两个固定端,电刷引出一个可变端。当电刷沿电阻体移动时,在可变端和某一固定端之间即获得与位移量成一定关系的电阻值。

电位器既可作三端元件使用也可作二端元件使用,应用广泛,几乎所有电器上的旋钮都是电位器,如调整音量、亮度等。在电路中也会经常用到电位器,用于调整电路中的电流、电压,保证电路正常工作。

1. 电位器的分类

电位器种类繁多,有多种分类方法。

(1) 按电阻体的材料分

电位器按电阻体的材料可分为线绕电位器和非线绕电位器两大类。

线绕电位器有单圈线绕电位器、多圈精密线绕电位器、多圈微调电位器、通用线绕电位器、精密线绕电位器、大功率线绕电位器和预调式线绕电位器等,如图 1.1.13 所示。

(a) 单圈线绕　　　　(b) 多圈精密线绕　　　　(c) 多圈微调

图 1.1.13　各种线绕电位器

非线绕电位器有实芯电位器和膜式电位器两种类型。其中实芯电位器又分为有机合成实芯电位器、无机合成实芯电位器和导电塑料电位器。膜式电位器又分为碳膜电位器和金属膜电位器等类型。

(2) 按调节方式分类

电位器按调节方式可分为旋转式电位器、推拉式电位器(如图 1.1.14 所示)、直滑式电位器(如图 1.1.15 所示)等。

图 1.1.14　推拉式电位器　　　　图 1.1.15　直滑式电位器

（3）按阻值的变化规律分类

电位器按阻值的变化规律可分为直线式电位器、指数式电位器和对数式电位器。

（4）按结构特点分类

电位器按其结构特点可分为单圈电位器、多圈电位器、单联电位器、双联电位器、多联电位器、抽头式电位器、带开关电位器、锁紧型电位器、非锁紧型电位器和贴片式电位器等，如图 1.1.16 所示。

(a) 单联　　　　　(b) 双联　　　　　(c) 多联

图 1.1.16　不同结构的电位器

（5）按驱动方式分类

电位器按驱动方式可分为手动调节电位器和电动调节电位器。

（6）其他分类方式

电位器除能按以上各种方式分类外，还可分为普通电位器、磁敏电位器、光敏电位器、电子电位器、步进电位器等。

2. 电位器的型号命名方法

根据行业标准《电子设备用电位器型号命名方法》(ST/T10503-94)的规定，电位器产品型号一般由四部分组成：

第一部分：主称，用字母 W 表示电位器。

第二部分：材料，用字母表示电位器电阻体用什么材料组成。

第三部分：类别，通常用数字或字母表示电阻器的类别。

第四部分：序号，用数字表示同类产品中的不同品种，以区分产品的外型尺寸和性能指标等。

除这四部分的代号外，有时在电位器型号中还加有其他代号。例如，规定失效率等级代号用一个字母"K"表示，它一般加在类别代号与序号之间。表 1.1.7 给出了各部分的具体符号和意义。

表 1.1.7　国产电位器的命名

第一部分：主称		第二部分：材料		第三部分：类别		第四部分：序号
字母	含义	字母	含义	数字或字母	含义	
W	电位器	D	导电塑料	B	片式	用个位数或无数字表示
				D	多圈旋转精密	
		F	复合膜	G	高压	
		H	合成碳膜	H	组合	
		I	玻璃釉膜	J	单圈旋转精密	
		J	金属膜	M	直滑式精密	
		N	无机实心	P	旋转功率	
		S	有机实心	T	特殊	
		T	碳膜	W	螺杆驱动预调	
		U	硅碳膜	X	旋转低功率	
		X	线绕	Y	旋转预调	
		Y	氧化膜	Z	直滑式低功率	

举例:

WXD2——线绕多圈旋转精密电位器　　WIW101——玻璃釉膜螺杆驱动预调电位器

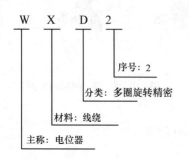 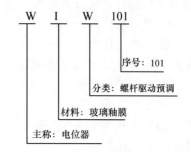

3. 电位器的主要技术指标

（1）额定功率

电位器的两个固定端之间允许耗散的最大功率为电位器的额定功率。使用中应注意额定功率不等于中心抽头与固定端的功率。

（2）标称阻值

标在电位器上的表示两个固定端之间的阻值,表示电位器中心抽头与某一固定端之间阻值的变化范围。其系列与电阻的系列类似。

（3）允许误差等级

电位器实测阻值与标称阻值误差范围。根据不同精度等级可允许±20％、±10％、±5％、±2％、±1％的误差,精密电位器的精度可达±0.1％。

（4）阻值变化规律

指阻值随滑动片触点旋转角度(或滑动行程)之间的变化关系,常用的有直线式、对数式和反转对数式(指数式)。

4. 电位器的标识

电位器的规格标识一般采用直标法,即用字母和阿拉伯数字直接标注在电位器上,如图1.1.17所示。一般标识的内容有电位器的型号、类别、标称阻值和额定功率。有时还将电位器的阻值变化规律特性的代号(Z表示指数式,D表示对数式,X表示直线式)标注出来,现在的产品也常按照国际规则用A代表指数式,B代表直线式,C代表对数式。例如,B 50 K表示一个标称值50 kΩ的直线式电位器。

图1.1.17　电位器的标识

体积较小的微调电阻大多用数码标识法标出其标称值。数码标识法用三个数字,前面两个为数值,第三位表示数值后面零的个数,单位为欧姆。例如,102 表示 $10 \times 10^2 = 1\ 000\ \Omega$。

5. 电位器的选用原则

电位器的选择应从多方面考虑,不仅要根据使用要求选择不同类型和不同结构形式,还应满足电子设备对电位器性能及主要参数的要求。

(1)类型的选择

一般在要求不高的电路中,或使用环境较好的场合,应首先选用合成碳膜电位器。合成碳膜电位器分辨率高,阻值范围宽,品种型号齐全,价格便宜,耐磨(机械寿命长),但有耐湿性和稳定性差的缺点,可以应用在家用电器(如收音机、电视机、微波炉等室内工作设备上)。

如果电路需要精密的调节,而且消耗的功率较大,应选用线绕电位器。线绕电位器由于分布参数较大,只适用于低频电路,在高频电路中不宜选用。另外,线绕电位器的噪声小,要求噪声低的电路可选用。

金属玻璃釉电位器的阻值范围宽,可靠性高,高频特性好,耐温、耐湿性好,是工作频率较高的电路和精密电子设备首选的电位器类型。另外,金属玻璃釉微调电位器可在小型电子设备中使用。

(2)电位器阻值变化特性的选择

应根据用途来选择不同阻值变化特性电位器,以达到最佳调节效果。例如,音量调节的电位器应首选指数式电位器,在无指数式电位器的情况下可用直线式电位器代替,但不能选用对数式电位器,这会使音量调节范围变小。分压用的电位器应选用直线式电位器。音调调整控制的电位器应选用对数式电位器。

(3)电位器的参数的选择

电位器的主要参数有标称阻值、额定功率、最高工作电压、线性精度以及机械寿命等,它们是选用电位器的依据。当根据使用要求选择电位器的类型后,应进一步根据电路的要求选择电位器的技术及性能参数。

不同电位器的机械寿命也不相同,一般合成碳膜电位器的机械寿命最长,可高达 20 万周;而玻璃釉电位器的机械寿命仅为 $100 \sim 200$ 周。选用电位器时,应根据电路对耐磨性的不同要求,选用不同机械寿命的电位器。

(4)电位器的结构的选择

选用电位器时,经常要结合使用的限制考虑对其结构的要求,如电位器尺寸的大小、轴柄的长短及轴端式样,以及轴上位置是否需要锁紧开关、单联还是多联、单圈还是多圈等。

对于需要经常调节的电位器,应选择可以安装旋钮的电位器,对于不需要经常调节的电位器,可选轴端有沟槽的电位器,以便用螺丝刀调整后不再转动,以保持工作状态的相对稳定性。对于要求准确并一经调好后不再变动的电位器,应选择带锁紧装置的电位器。

1.1.3　敏感电阻器

敏感电阻器是指器件特性对温度、电压、湿度、光照、气体、磁场、压力等作用敏感的电阻器。敏感电阻器所用的材料几乎都是半导体材料,这类电阻器也称为半导体电阻器。敏感电阻器广泛应用于传感、检测、控制等电路系统。

1. 敏感电阻器的分类

敏感电阻器根据其敏感因素的不同,有热敏电阻器、压敏电阻器、湿敏电阻器、光敏电阻器、气敏电阻器、磁敏电阻器和力敏电阻器等类型,图 1.1.18 给出几种常见敏感电阻器的外观和符号。

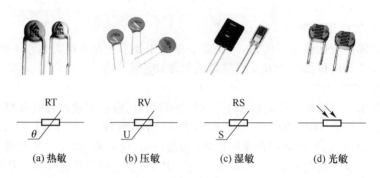

图 1.1.18　几种敏感电阻器及符号

（1）热敏电阻器

热敏电阻器是电阻值会随温度变化而发生变化的一种电阻器,也叫半导体热敏电阻器,通常由单晶、多晶等对温度敏感的半导体材料制成。这种电阻器具有一系列特殊的电性能,最基本的特性是其阻值随温度的变化而且呈非线性的变化。

热敏电阻器根据其阻值随温度不同的变化规律而分为两大类:正温度系数（Positive Temperature Coefficient,PTC）热敏电阻器和负温度系数（Negative Temperature Coefficient，NTC）热敏电阻器。正温度系数热敏电阻器（PTC 热敏电阻）的阻值随温度的升高而增大。负温度系数热敏电阻器（NTC 热敏电阻）的阻值随温度的升高而减小。

作为开发早、种类多、发展较成熟的敏感元器,热敏电阻器获得广泛的应用,其中 PTC 热敏电阻主要应用于温度补偿、过流保护、过热保护、自控加热、马达启动、彩电消磁等;NTC 热敏电阻主要应用于温度补偿、温度测量、流量测试、抑制浪涌电流等。

（2）压敏电阻器

压敏电阻器是一种对电压敏感的非线性过电压保护半导体元件。

普通电阻器的伏安特性遵守欧姆定律,而压敏电阻器的电压与电流则呈特殊的非线性关系。当压敏电阻器两端所加电压低于标称额定电压值时,其电阻值接近无穷大,内部几乎无电流流过。当压敏电阻器两端电压略高于标称额定电压时,将迅速被击穿导通,并由高阻状态变为低阻状态,工作电流也急剧增大。当其两端电压低于标称额定电压时,又能恢复为高阻状态。当两端电压超过其最大限制电压时,将完全被击穿损坏,无法再自行恢复。

由于具有这种特殊的伏安特性,压敏电阻器广泛地应用于家用电器及其他电子产品中,起到过电压保护、防雷、抑制浪涌电流、吸收尖峰脉冲、限幅、高压灭弧、消噪、保护半导体元器件等作用。

（3）湿敏电阻器

湿敏电阻器是利用湿敏材料吸收空气中的水分而导致本身电阻值发生变化的原理制成。湿敏电阻器一般由基体、电极和感湿层等组成,由于感湿层的感湿材料不同,有的湿敏电阻器具有正电阻湿度特性,即湿度增大时电阻器电阻值增大;有的具有负电阻湿度特性,即湿度增大时,电阻器电阻值减小。

湿敏电阻器组成湿度检测、湿度控制电路,广泛应用于家用电器及工业、农业等方面。

（4）光敏电阻器

光敏电阻器是利用半导体的光电效应制成的一种敏感电阻器,其电阻值随入射光的强弱而改变,入射光强则其电阻值减小,入射光弱则电阻值增大。这种现象又被称为光导效应,因此光敏电阻器又被称为光导管。

根据其光谱特性,光敏电阻器可分为紫外光敏电阻器、红外光敏电阻器和可见光光敏电阻器三大类。紫外光敏电阻器对紫外线较灵敏,用于探测紫外线。红外光敏电阻器对红外线敏感,广泛用于导弹制导、天文探测、非接触测量、人体病变探测、红外光谱、红外通信等方面。可见光光敏电阻器对可见光敏感,主要用于各种光电控制系统,如光电自动开关门户、航标灯、照明系统的自动亮灭、自动给停水装置、机械自动保护装置、位置检测器、极薄零件的厚度检测器、照相机自动曝光装置、光电计数器、烟雾报警器、光电跟踪系统等。

2. 敏感电阻器命名方法

根据标准 SJ1155-82《敏感元件型号命名方法》的规定,敏感电阻器的产品型号由下列四部分组成:

第一部分:主称,用字母一个 M 表示敏感电阻器。

第二部分:用字母表示敏感电阻器的类别。

第三部分:用字母或数字表示敏感电阻器的用途或特征。

第四部分:数字或字母、数字混合表示序号。

敏感电阻器命名及意义如表 1.1.8 所示。

表 1.1.8　敏感电阻器命名及意义

第一部分:主称		第二部分:类别		第三部分:用途和特征				
字母	含义	字母	含义	数字	含义		字母	含义
					热敏类	光敏类		压敏类	湿敏类
M	敏感电阻器	F	负温度系数热敏	1	普通型	紫外线	无	普通型	普通型
		Z	正温度系数热敏	2	稳压用	紫外线	D	通用	
		G	光敏	3	微波测量用	紫外线	B	补偿用	
		Y	压敏	4	旁热式	可见光	C	消磁用	测量用
		S	湿敏	5	测温用	可见光	E	消噪用	
		C	磁敏	6	控温用	可见光	G	过压保护用	
		L	力敏	7	消磁用	红外线	H	灭弧用	
		Q	气敏	8	线性用	红外线	K	高可靠用	控制用
				9	恒温用	红外线	L	防雷用	
				0	特殊用	特殊	M	防静电用	
							N	高能型	
							P	高频用	
							S	元器件保护用	
							T	特殊型	
							W	稳压用	
							Y	环型	
							Z	组合型	

举例:

MZ63A-1(温控用正温度系数热敏电阻器)　MF53-1(测温用负温度系数热敏电阻器)

M——敏感电阻器　　　　　　　　　　　M——敏感电阻器

Z——正温度系数热敏电阻器　　　　　　F——负温度系数热敏电阻器

6——温控用　　　　　　　　　　　　　5——测温用

3A-1——序号　　　　　　　　　　　　3-1——序号

MYL1-1(防雷用压敏电阻器)　　　　　　MY31-270/3(270V/3kA普通压敏电阻器)

M——敏感电阻器　　　　　　　　　　　M——敏感电阻器

Y——压敏电阻器　　　　　　　　　　　Y——压敏电阻器

L——防雷用　　　　　　　　　　　　　31——序号

1-1——序号　　　　　　　　　　　　　270——标称电压为270 V

　　　　　　　　　　　　　　　　　　　3——通流容量为3 kA

1.1.4　几种特殊类型电阻器

1. 排阻

从外观上看排阻是多个电阻器集中封装在一起构成的电阻器组。从制作工艺角度看,排阻又叫厚膜网络电阻,是通过在陶瓷基片上丝网印刷形成电极和电阻,并印有玻璃保护层,有坚硬的钢夹接线柱,外用环氧树脂包封。

排阻适用于密集度高的电路装配,排阻的使用可以简化PCB的设计和电路的安装,减小电路的体积,提高电路的可靠性,在高密集度电路的装配中大量应用。

图1.1.19　排阻的外观

排阻的外观如图1.1.19所示。一般排阻表面会印有其型号名称,如图1.1.19中A102J、A103J。排阻的型号名称可以分为三部分,从左至右依次为:第一部分用一个字母表示排阻的结构代码,第二部分用数字表示各电阻的阻值;第三部分用一个字母表示阻值误差。例如,A102J中,A表示该排阻为A型结构的排阻;102表示该排阻中电阻值为$10 \times 10^2 \Omega = 1\ 000$ Ω;J表示排阻阻值误差为±5%。不同的结构代码对应不同的内部电路结构,表1.1.9列出排阻各种内部电路结构。而第三部分字母与误差等级的对应如下:

G(±2%),F(±1%),D(±0.25%),B(±0.1%),A 或 W(±0.05%),Q(±0.02%),T(±0.01%),V(±0.005%)。

2. 熔断电阻器

熔断电阻器又称保险电阻,它兼具电阻器和熔断器的双重功能。电路正常工作时,熔断电阻器在额定功率下发出的热量与周围介质达到平衡,呈现普通电阻器的电气特性,起限流作用。当发生电路失调、电源变化或某种元器件失效等故障,使熔断电阻器过载时,熔断电阻器就会在规定时间内像保险丝一样熔断,从而起到保护电路中重要元件的作用。熔断电阻器的电阻值用色环或数字表示,额定功率由电阻器的尺寸大小决定,也有直接标注在电阻器上的,图1.1.20给出几种熔断电阻器的外观和内部结构。

表 1.1.9 排阻的各种内部电路结构

电路结构代码	等效电路	电路结构代码	等效电路
A	R_1 R_2 ⋯ R_n 1 2 3 $n+1$ $R_1=R_2=\cdots=R_n$	B	R_1 R_2 ⋯ R_n 1 2 3 4 $2n$ $R_1=R_2=\cdots=R_n$
C	R_1 R_2 ⋯ R_n 1 2 n $n+1$ $R_1=R_2=\cdots=R_n$	D	R_1 R_2 ⋯ R_{n-1} R_n 1 2 n $n+1$ $R_1=R_2=\cdots=R_n$
E	R_1 R_1 ⋯ R_1 R_2 R_2 R_2 1 2 3 4 5 $n-1$ n $R_1=R_2$ 或 $R_1\neq R_2$	F	R_1 R_1 ⋯ R_1 R_2 R_2 R_2 1 2 3 $n-1$ n $R_1=R_2$ 或 $R_1\neq R_2$
G	R_1 R_2 ⋯ R_n 1 2 3 $n+1$ $n+2$ $R_1=R_2=\cdots=R_n$	H	R_1 R_1 ⋯ R_1 R_2 R_2 R_2 1 2 3 4 5 n $n+1$ $R_1=R_2$ 或 $R_1\neq R_2$
I	R_2 R_2 ⋯ R_2 R_1 R_1 R_1 R_1 1 2 3 $n+1$ $R_1=R_2$ 或 $R_1\neq R_2$		

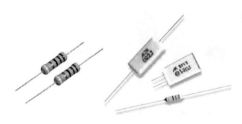

(a) 几种熔断电阻器外观

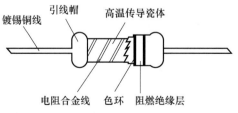

镀锡铜线　引线帽　高温传导瓷体

电阻合金线　色环　阻燃绝缘层

(b) 线绕式熔断电阻器内部结构

图 1.1.20 熔断电阻器

熔断电阻器的种类很多,按工作方式的不同熔断电阻器分为不可恢复式和可恢复式两种。不可恢复式熔断电阻器在熔断后不能恢复,只能更换新品。不可恢复式熔断电阻器的外形和普通电阻器相似,它有线绕型、碳膜型、金属膜型、氧化膜型和化学淀积膜型。当过载引起元件温度上升并达到一定值时,涂有熔断材料的导电膜层或绕组线圈就会自动熔断使电路断开。不可恢复式熔断电阻的功率一般为 $0.25\sim3$ W,阻值为 $0.2\sim20$ kΩ,当超过额定功率 $9\sim25$ 倍时,可在 60 s 内熔断。不可恢复式熔断电阻器的外表大多为灰色,阻值及精度一般用色环表示,其额定功率则由电阻器的外形尺寸确定。在电子设备中,大多数采用不可恢复式熔断电阻。

可恢复式熔断电阻器是将普通电阻器与低熔点金属串接在一个密封的外壳中而构成的,其电阻体的一端采用低熔点焊料焊接一根弹性金属片或金属丝,一旦元件过载发热时,焊点首先熔化,弹性金属片或金属丝便与电阻器断开,切断电路起保护作用。可恢复式熔断电阻丝在发生熔断后,可以焊接修复使用。可恢复式熔断电阻器的功率一般为 $3\sim12$ W,阻值在 $1\,\Omega\sim5.1\,\text{k}\Omega$ 之间,熔断时间在几十秒至几百秒之间。

因熔断电阻器是具有保护功能的电阻器,选用时应考虑其双重性能。根据电路的具体要求选择其阻值和功率等参数,既要保证它在过电流时能快速熔断,又要保证它在正常条件下能长期稳定地工作。

1.2 电 容 器

电容器简称电容,在电路中用"C"表示。电容器由两个金属极,中间夹有绝缘材料（绝缘介质）构成。绝缘材料不同,构成的电容器的种类也不同。电容在电路中具有隔断直流信号、通过交流信号的特点。因此,常用于耦合、滤波、去耦、旁路及信号调谐等方面。

1.2.1 电容器的分类及命名方法

1. 电容器的分类

按结构分,有固定电容器、可调电容器和半可调电容器等。

按介质材料分,有气体介质电容器、电解电容器、无机介质电容器和有机介质电容器等。无机介质电容器最常见,如云母电容器、陶瓷电容器等;有机介质电容器有各种聚酯膜电容器和聚丙烯膜电容器。图 1.2.1 给出几种类型电容器的外观。

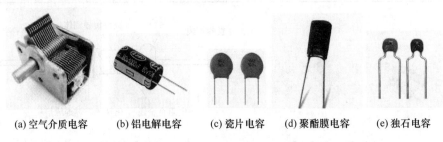

(a) 空气介质电容 (b) 铝电解电容 (c) 瓷片电容 (d) 聚酯膜电容 (e) 独石电容

图 1.2.1 几种类型电容器

按极性分,有无极性电容器和有极性电容器。常见的电解电容是有极性的电容器,接入电路时要分清正负极性,正极接高电位,负极接低电位,极性接反将使电容器的漏电流剧增,最后损坏电容器。

在电路图中,常见的不同种类的电容器符号如图1.2.2所示。

(a) 固定电容　　　　　　　(b) 可调电容　　　　　　　(c) 电解电容

图1.2.2　常用电容器符号

2. 固定电容器的型号命名方法

国产固定电容器型号的命名方法与固定电阻器类似,GB/T2470—1995规定了国产固定电容器的命名方法。国产电容器的命名一般由四部分组成,依次分别代表名称、介质材料、特征和序号。

第一部分:主称,用字母C表示电容器。

第二部分:介质材料,用不同的字母表示。

第三部分:特征,一般用阿拉伯数字表示,个别用字母表示。

第四部分:序号,用阿拉伯数字表示。

第二、三部分的意义如表1.2.1和表1.2.2所示。

表1.2.1　固定电容器型号命名第二部分介质材料的字母及意义

字母代号	所代表的介质材料	字母代号	所代表的介质材料
A	钽电解	L②	极性有机薄膜介质
B①	非极性有机薄膜介质	N	铌电解
C	1类陶瓷介质	O	玻璃膜介质
D	铝电解	Q	漆膜介质
E	其他材料电解	S	3类陶瓷介质
G	合金电解	T	2类陶瓷介质
H	复合介质	V	云母纸介质
I	玻璃釉介质	Y	云母介质
J	金属化纸介质	Z	纸介质

说明:

① 用B表示聚苯乙烯膜介质,采用其他薄膜介质时,在B的后面再加一个字母来区分具体使用的材料。区分具体材料的字母由有关规范规定。例如,介质材料是聚炳乙烯薄膜介质时,用"BB"来表示。

② 用L表示聚酯膜介质,采用其他薄膜介质时,在L的后面再加一个字母来区分具体使用的材料。区分具体材料的字母由有关规范规定。例如,介质材料是聚碳酸酯薄膜介质时,用"LS"来表示。

表 1.2.2　电容器型号命名第三部分特征的数字及意义

数字或字母	瓷介电容器	云母电容器	有机介质电容器	电解电容器
1	圆形	非密封	非密封(金属箔)	箔式
2	管形(圆柱)	非密封	非密封(金属化)	箔式
3	迭化	密封	密封(金属箔)	烧结粉　非固体
4	多层(独石)	独石	密封(金属化)	烧结粉　固体
5	穿心		穿心	
6	支柱式		交流	交流
7	交流	标准	片式	无极性
8	高压	高压	高压	
9			特殊	特殊
G	高功率			

举例：

CBB10——聚炳乙烯电容器　　　　　　CA31——非固体电解质烧结钽电容器

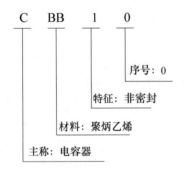

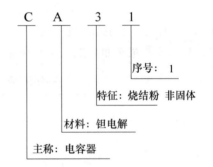

1.2.2　固定电容器的技术指标与标识

1. 固定电容器的技术指标

① 标称容量

固定电容器的容量是指该电容器两端加上电压后它能储存电荷的能力。储存电荷越多,电容量越大;反之,电容量越小。标在电容器外部的电容量数值称电容器的标称容量。电容量的单位有 ：法拉（F）、毫法（mF）、微法（μF）、毫微法或纳法（nF）、微微法或皮法（pF）。它们之间的换算关系是：

$$1F = 10^3 mF = 10^6 \mu F = 10^9 nF = 10^{12} pF$$

② 允许误差

固定电容器的允许误差是指实际电容量和标称电容量之间的最大偏差范围。通常固定电容器的允许误差范围有±1％、±2％、±5％、±10％、±20％等级别。

③ 额定耐压值

固定电容器的耐压值是电容器接入电路后,在规定的工作温度范围内,能连续可靠地工作,不被击穿时所能承受的最大直流电压。电容器在实际使用时绝对不允许超过这个电压值,否则电容器就要损坏或被击穿。一般选择额定耐压值应高于实际工作电压的 10%～20%。如果电容器用于交流电路中,其交流电压最大值不能超过额定耐压值。常用的固定电容工作电压有 6.3 V、10 V、16 V、25 V、50 V、63 V、100 V、2 500 V、400 V、500 V、630 V、1 000 V。

④ 绝缘电阻

电容器两端所加直流电压与漏电流之比,它决定于所用介质的质量和几何尺寸。电容器的绝缘电阻越大越好,一般应在 5 000 MΩ 以上,优质电容器可达到 TΩ(10^{12} Ω,称为太欧)级。

⑤ 损耗

由于漏电流的存在,电容器在电场的作用下,会有一部分电能转换为热能,所损耗的能量称为电容器的损耗,包括金属极板的损耗和介质损耗两部分。小功率电容器主要为介质损耗。由于介质损耗,电容器会消耗一定功率,这种损耗通常用损耗功率和电容器无功功率之比,即损耗角的正切值 $\text{tg}\,\delta$ 表示:

$$\text{tg}\,\delta = 损耗功率 / 无功功率$$

在相同容量和工作条件下,$\text{tg}\,\delta$ 越大,电容器损耗也越大。损耗大的电容器不适于高频工作。

2. 固定电容器的标识

(1) 固定电容器标称容量的标识

① 直接标识法

在电容器表面直接标注容量值。例如,$3\mu3$ 表示 3.3 μF;5n9 表示 5.9 nF = 5 900 pF;还有不标单位的情况,当用 1～4 位数字表示时,容量单位为微微法,即皮法(pF);当用零点零几或零点几数字表示时,单位为微法(μF)。例如,3300 表示 3 300 pF;0.056 表示 0.056 μF。

② 数码标识法

一般用三位数表示电容容量大小。前面两位数字为数值,第三位表示数值后面零的个数,单位是微微法,即皮法(pF)。例如,102 表示 $10 \times 10^2 = 1\,000$ pF;221 表示 $22 \times 10^1 = 220$ pF;104 表示 $10 \times 10^4 = 100\,000$ pF = 0.1 μF。在这种表示方法中有一个特殊情况,就是当第三位数字用"9"表示时,表示有效值乘上 10^{-1},例如,229 表示 $22 \times 10^{-1} = 2.2$ pF。

③ 色码标识法

电容器的色码标识法原则上与电阻器色标法相同(颜色符号代表的意义如表 1.1.6 所示),单位用皮法(pF)。

(2) 固定电容器允许误差的标识

① 直接标出法

例如,用 ±5%、±10%、±20% 等表示,也用 Ⅰ级、Ⅱ级、Ⅲ级等表示(Ⅰ级为 ±5%,Ⅱ级为 ±10%,Ⅲ级为 ±20%),如图 1.2.3 所示。

② 字母表示法

如图 1.2.4 所示,一些体积较小的电容器上,标称容量值后面有一个字母表示该电容器的允许误差,图中 223G、222J、751K 表示这三个电容器的允许误差分别为 G 级 ±2%、J 级 ±5% 和 K 级 ±10%。不同字母所代表的误差等级如表 1.2.3 所示。

图 1.2.3　直接标出电容器允许误差

图 1.2.4　用字母代表电容器允许误差

表 1.2.3　字母所代表的电容器允许误差等级

	字母标记	E	X	Y	H	U	W	B
对称误差	误差值(%)	±0.001	±0.002	±0.005	±0.01	±0.02	±0.05	±0.1
	字母标记	C	D	F	G	J	K	M
	误差值(%)	±0.2	±0.5	±1	±2	±5	±10	±20
	说明	普通电容器的误差标记为对称误差						
不对称误差	字母标记	H	R	I	Q	S	Z	
	误差值(%)	+100～0	+100～-10	+50～-10	+30～-10	+50～-20	不确定	
	说明	部分电解电容器的误差标记为不对称误差						

1.2.3　电容器的选用与测量

1. 电容器的选择

（1）根据电路要求合理选用型号

一般用于低频耦合及旁路等场合，应选用纸介电容器；在高频电路和高压电路中，应选用云母电容器和瓷介电容器；在电源滤波或退耦电路中应选用电解电容器。

（2）合理确定电容器的精度

在大多数情况下，对电容器的容量要求并不严格。但在振荡、延时电路及音调控制电路中，电容器的容量则应和计算要求尽量符合。在各种滤波电路以及某些要求较高的电路中，电容器的容量值要求非常精确，其误差值应小于±0.7%甚至更低。

（3）电容器工作电压的确定

电容器的工作电压应低于额定电压 10%～20%。要注意通过电容器的交流电压最大值不应超过额定值。

（4）注意电容器的温度稳定性及损耗

用于谐振电路中，必须选用误差小的电容器，其温度系数也应选小一些的，以免影响谐振特性。

2. 谐振法测量电容器

图 1.2.5 为谐振法测电容器的电路原理图，其中 C 为待测电容，L 为标准电感，C_L 为标准电感的分布电容，v_i 为交流正弦信号源，V 表为交流毫伏表。

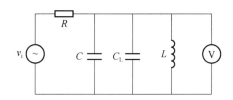

图 1.2.5　并联谐振法测电容原理图

测量步骤如下：

第一步，测电路的谐振频率。

参考图 1.2.5 组成测量电路，调节正弦信号源频率同时保证其电压幅度不变，观察电压表的示数。电压表显示的数值最大时，说明电路谐振，记下此时的信号源频率 f 即电路的谐振频率。

第二步，测电感器的分布电容值。

去掉电路中的待测电容器 C，重复第一步操作，当电压表显示的数值最大时，说明又一次电路谐振，记下此时的信号源频率 f_1。

根据谐振频率与元件值的关系，两次谐振有

$$C+C_L=\frac{1}{(2\pi f)^2 L} \tag{1.2.1}$$

$$C_L=\frac{1}{(2\pi f_1)^2 L} \tag{1.2.2}$$

由这两个关系式，可得被测电容器的电容值 C。

1.3　电　感　器

电感器被称为电感、电感元件，和电容器一样是一种储能元件。电感器可以把电能转变为磁场能。电感器的结构类似于变压器，核心都是线圈，但电感器只有一个绕组，电感线圈通常是由漆包线或纱包线等带有绝缘表层的导线绕制而成，少数电感元件因圈数少或性能方面的特殊要求，采用裸铜线或镀银铜线绕制。电感器能够阻碍电流的变化。

电感器用符号 L 表示，经常和电容器一起工作，构成 LC 滤波器、LC 振荡器等。另外，人们还利用电感器的特性，制造了扼流圈、变压器、继电器等，如收音机中的中周（中频变压器），电路图中电感器的符号如图 1.3.1 所示。

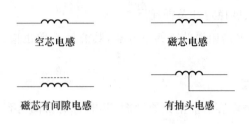

图 1.3.1　常用电感器符号

1.3.1　电感器的分类及技术指标

1. 电感器的分类

按结构形式分,有固定电感器和可变电感器。

按导磁体性质分,有空芯线圈电感器(如图 1.3.2 所示)和实芯线圈电感器(如图 1.3.3 所示)。其中实芯线圈电感器包括铁氧体线圈电感器、铁芯线圈电感器、铜芯线圈电感器。

图 1.3.2　各种空芯线圈电感器　　　图 1.3.3　各种实芯线圈电感器

按工作性质分,有天线线圈电感器、振荡线圈电感器、扼流线圈电感器、陷波线圈电感器、偏转线圈电感器等。

按绕线结构分,有单层线圈电感器、多层线圈电感器、蜂房式线圈电感器。

按封装外形分,有贴片式电感器、色码电感器、色环电感器、直插式电感器、轴向滤波电感器,如图 1.3.4 所示。

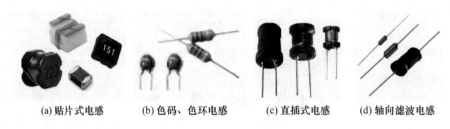

(a) 贴片式电感　　(b) 色码、色环电感　　(c) 直插式电感　　(d) 轴向滤波电感

图 1.3.4　不同外形的电感器

2. 电感器的技术指标

(1) 电感量 L 及精度

电感量 L 表示线圈本身固有特性,主要决定于线圈的直径、匝数及有无铁芯等,与电流大小无关。除专门的电感线圈(色码色环电感)外,电感量一般不专门标注在线圈上,而以特定的名称标注。电感量的基本单位是亨利(H),常用单位为毫亨(mH)、微亨(μH)、纳亨(nH)和皮亨(pH),它们之间的换算关系如下:$1H=10^3 mH=10^6 \mu H=10^9 nH=10^{12} pH$。

电感量的精度,即实际电感量与要求电感量间的误差。对它的要求视用途而定。对振荡线圈要求较高,为 0.2%～0.5%。对耦合线圈和高频扼流圈要求较低,可以允许 10%～15%。对于某些要求电感量精度很高的场合,一般只能在绕制后用仪器测试,通过调节靠近边沿的线匝间距离或线圈中的磁芯位置来实现。

（2）品质因数 Q

品质因数 Q 是表示线圈质量的一个物理量,Q 为感抗 X_L 与其等效的电阻的比值,线圈的 Q 值越高回路的损耗越小。线圈的 Q 值与导线的直流电阻、骨架的介质损耗、屏蔽罩或铁芯引起的损耗、高频趋肤效应的影响等因素有关。线圈的 Q 值通常为几十到几百。通常,对调谐回路线圈的 Q 值要求较高,用高 Q 值的线圈与电容组成的谐振电路有更好的谐振特性;用低 Q 值线圈与电容组成的谐振电路,其谐振特性不明显。对耦合线圈,要求可低一些,对高频扼流圈和低频扼流圈,则无要求。

（3）分布电容

线圈的匝与匝间、线圈与屏蔽罩间、线圈与底版间存在的电容被称为分布电容。分布电容的存在使线圈的 Q 值减小,稳定性变差,因而线圈的分布电容越小越好。为了减小线圈的固有电容,可以减少线圈骨架的直径,用细导线绕制线圈,或采用间绕法、蜂房式绕法。

1.3.2　电感器的标识与检测

1. 电感器的标识

电感器除固定电感器和部分阻流圈（如低频扼流圈）为通用元件外,其余的均为电子设备,如电视机、收音机等的专用元件。专用元件的使用以元件型号为主要依据,具体参数大都不需考虑。所以除专门的电感线圈外,电感量一般不专门标注在线圈上,而以特定的名称标注。

电感器的电感量标示方法有直接标识法、文字符号和数码标识法、色环色码标识法。

（1）直接标识法

直接标识法是将电感器的电感量和允许误差用数字直接标在电感器外壁上,如图 1.3.5 所示。也有的在电感量单位后面用一个英文字母表示其允许误差,各字母所代表的允许误差如表 1.3.1 所示。例如,560μHK 表示标称电感量为 560μH,允许误差为 ±10%。

图 1.3.5　电感器直接标识法

表 1.3.1　字母所代表的电感器允许误差

字母	允许误差（%）	字母	允许误差（%）	字母	允许误差（%）
Y	±0.001	W	±0.05	G	±2
X	±0.002	B	±0.1	J	±5
E	±0.005	C	±0.25	K	±10
L	±0.01	D	±0.5	M	±20
P	±0.02	F	±1	N	±30

（2）文字符号和数码标识法

文字符号法是将电感器的标称值和允许偏差值用数字和文字符号按一定的规律组合标识在电感体上，如图 1.3.6 所示。采用这种标识方法的通常是一些小功率电感器，其单位通常为 nH 或 pH，用 N 或 R 代表小数点。例如，4N7 表示电感量为 4.7nH，4R7 则代表电感量为 4.7μH；47N 表示电感量为 47nH，6R8 表示电感量为 6.8μH。采用这种标识法的电感器通常后缀一个英文字母表示允许偏差，各字母代表的允许偏差与直标法相同。

贴片电感器常用三位数字来表示标称值。在三位数字中，从左至右的第一、第二位为数值，第三位数字表示数值后面所加"0"的个数（单位为 μH）。电感量单位后面用一个英文字母表示其允许误差，各字母代表的允许误差如表 1.3.1 所示。例如，标示为"102J"的电感量为 $10\times10^2=1\,000\mu$H$=1$ mH，允许误差为 $\pm5\%$；标示为"183K"的电感量为 18mH，允许误差为 $\pm10\%$。需要注意的是，要将这种标识法与传统的标识法区别。例如，标识为"470"或"47"的电感量为 47μH，而不是 470μH。

图 1.3.6　电感器文字符号和数码标识法

（3）色环色码标识法

色环标识法则与色环电阻器类似，用不同色环来代表电感量。色环标识法通常用四道色环，紧靠电感体一端的色环为第一环，露着电感体本色较多的另一端为末环。其第一、二道色环为两位数字，第三色环为数字后面应加的零的个数，单位为 μH，第四色环为误差率。各种颜色所代表的数值与色环电阻的规律相同。如图 1.3.7 所示电感器色环颜色分别为棕、黑、红、银，则它的电感量为 $10\times10^2=1\,000$ μH，最后一环银色代表允许误差为 $\pm10\%$。

而豆型电感器常用四个色块代表电感量和误差，如图 1.3.8 所示，称色码标识法。色码标识法也是前两个色块颜色代表数字，第三个色块颜色代表数字后零的个数，第四个色块颜色代表误差，颜色与数字的关系与色环电阻器的规定相同。

图 1.3.7　色环电感器

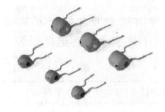

图 1.3.8　豆型色码电感器

2. 谐振法测量电感器

图 1.3.9 为谐振法测电感器的电路原理图，其中 C 为标准电容，L 为被测电感，C_L 为被测电感器的分布电容，v_i 为交流正弦信号源，V 表为交流毫伏表。

测量步骤如下：

第一步，测电路的谐振频率。

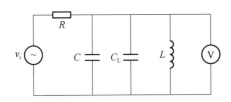

图 1.3.9　谐振法测电感值的电路原理图

首先,参考图 1.3.9 组成测量电路,调节正弦信号源频率同时保证其电压幅度不变,观察电压表示数。电压表显示的数值最大时,说明电路谐振,记下此时的信号源频率 f 即电路的谐振频率。

第二步,测电感器的分布电容。

去掉电路中的标准电容 C,重复第一步操作,当电压表显示的数值最大时,电路又一次谐振,记下此时的信号源频率 f_1。

根据谐振频率与元件值的关系,有

$$L=\frac{1}{(2\pi f)^2(C+C_L)} \tag{1.3.1}$$

$$L=\frac{1}{(2\pi f_1)^2 C_L} \tag{1.3.2}$$

由这两个关系式,可得被测电感器的电感值和分布电容值。

目前有一些数字万用表具有电感测量挡,可以方便地检测电感器。将数字万用表量程开关拨至合适的电感挡,然后将电感器两个引脚与两个表笔相连即可从显示屏上显示出该电感器的电感量。若显示的电感量与标称电感量相近,则说明该电感器正常;若显示的电感量与标称值相差很多,则说明该电感器有问题。

1.4　常用半导体分立器件

半导体二极管和晶体管是最基本的半导体分立器件,其内部均由 PN 结构成,是组成电子电路的基本器件。各种半导体分立器件符号如图 1.4.1 所示,各种常见二极管外观如图 1.4.2 所示,各种常见晶体管外观如图 1.4.3 所示。

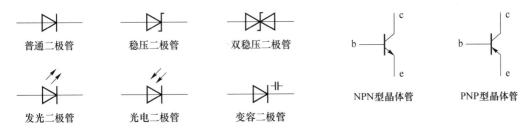

图 1.4.1　各种半导体分立器件符号

二极管由一个 PN 结构成,具有非线性伏安特性,是组成电子电路的基本器件之一。随着半导体材料和工艺技术的发展,利用不同的半导体材料、掺杂分布、几何结构,研制出结构种类繁多、功能用途各异的多种二极管,广泛应用于信号的产生、控制、接收、变换、放大等方面。

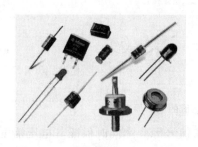

图 1.4.2　各种常见二极管外观

图 1.4.3　各种常见晶体管外观

1.4.1　半导体分立器件的分类

1. 二极管的分类

- 按其组成的材料分可为锗二极管、硅二极管、砷化嫁二极管（发光二极管）。
- 按用途分可为整流二极管、稳压二极管、开关二极管、检波二极管、混频二极管、发光二极管、光电二极管、变容二极管等。
- 按设计结构分为点接触型二极管、面接触型二极管和平面型二极管。

2. 晶体管的分类

晶体管主要有 NPN 型和 PNP 型两大类，一般可以从晶体管上标出的型号来识别。晶体管的种类划分如下：

- 按设计结构分为点接触型、面接触型。
- 按工作频率分为高频管、低频管、开关管。
- 按功率大小分为大功率、中功率、小功率。
- 从封装形式分为金属封装、塑料封装。

1.4.2　半导体分立器件的型号命名方法

1. 国产半导体分立器件型号命名方法

国家标准 GB/T 249—1989 规定了国产半导体分立器件型号命名方法。国标规定半导体分立器件型号名称由五部分组成，各组成部分的表示方法及其意义如图 1.4.4 所示，其中前三部分的具体方法及意义如表 1.4.1 所示。

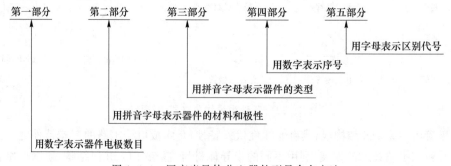

图 1.4.4　国产半导体分立器件型号命名方法

表 1.4.1　国产半导体分立器件型号字母及意义

第一部分		第二部分		第三部分					
符号	意义	符号	意义	符号	意义	符号	意义	符号	意义
2	二极管	A B C D	N 型、锗材料 P 型、锗材料 N 型、硅材料 P 型、硅材料	P V W C	普通管 微波管 稳压管 参量管	X	低频小功率管（截止频率 < 3MHz，耗散功率 <1W）	A	高频大功率管（截止频率 ≥3MHz，耗散功率 ≥1W）
3	晶体管	A B C D	PNP 型、锗材料 NPN 型、锗材料 PNP 型、硅材料 NPN 型、硅材料	Z L S U	整流管 整流堆 隧道管 光电管	G	高频小功率管（截止频率 ≥ 3MHz，耗散功率 <1W）	Cs FH	场效应器件 复合管
				K T B N	开关管 可控硅 雪崩管 阻尼管	D	低频大功率管（截止频率 < 3MHz，耗散功率 <1W）	JG BT	激光器件 半导体特殊器件

例如，2CP 代表硅材料普通二极管；2DW 代表硅材料稳压二极管；3DG6C 代表硅 NPN 型高频小功率晶体管，后面两位符号为此系列的细分种类，其详细参数可查半导体器件手册。

2. 国外晶体管型号命名方法

进口半导体分立器件产品类型很多，不同国家的产品有不同的命名规则。

（1）国际电子联合会半导体分立器件型号命名方法

欧洲许多半导体器件生产厂家习惯采用国际电子联合会半导体分立器件命名方法，特点是以两个字母开头，这种命名方法的详细规定如表 1.4.2 所示。从表中可以看出，按照这种命名方法，晶体管型号中不包含晶体管极性（NPN 或 PNP）的信息，确定晶体管是 NPN 型还是 PNP 型需要查阅手册或实际测量。

（2）美国电子工业协会半导体分立器件型号命名方法

美国半导体器件的型号命名比较混乱，这里介绍美国电子工业协会规定的半导体分立器件的型号命名方法，如表 1.4.3 所示。这个方法规定较早且未得到完备和改进，因此很不完善，型号命名对于材料、极性、类型等许多重要的特征不能准确反应。例如，2N 开头的可能普通晶体管，也可能是场效应管。因此许多美国的厂家并不遵循此规则，而是按照自己规定的命名方法对产品进行型号进行命名。

表 1.4.2　国际电子联合会半导体分立器件型号命名方法

第一部分		第二部分				第三部分		第四部分	
用字母表示使用的材料		用字母表示类型及主要特性				用数字或字母加数字表示登记号		用字母对同一型号者分档	
符号	意义	符号	意义	符号	意义	符号	意义	符号	意义
A	锗材料	A	检波、开关和混频二极管	M	封闭磁路中的霍尔元件	三位数字	通用半导体器件的登记序号(同一类型器件使用同一登记号)	A B C D E	同一型号器件按某一参数进行分档的标志
		B	变容二极管	P	光敏元件				
B	硅材料	C	低频小功率晶体管	Q	发光器件				
		D	低频大功率晶体管	R	小功率可控硅				
C	砷化镓	E	隧道二极管	S	小功率开关管	一个字母加两位数字	专用半导体器件的登记序号(同一类型器件使用同一登记号)		
		F	高频小功率晶体管	T	大功率可控硅				
D	锑化铟	G	复合器件及其他器件	U	大功率开关管				
		H	磁敏二极管	X	倍增二极管				
R	复合材料	K	开放磁路中的霍尔元件	Y	整流二极管				
		L	高频大功率晶体管	Z	稳压二极管即齐纳二极管				

表 1.4.3　美国电子工业协会晶体管型号命名方法

第一部分		第二部分		第三部分		第四部分		第五部分	
用符号表示用途的类型		用数字表示PN结的数目		美国电子工业协会(EIA)注册标志		美国电子工业协会(EIA)登记顺序号		用字母表示器件分档	
符号	意义	符号	意义	符号	意义	符号	意义	符号	意义
JAN 或 J	军用品	1	二极管	N	该器件已在美国电子工业协会注册登记	多位数字	该器件在美国电子工业协会登记的顺序号	A B C D ⋮	同一型号的不同档别
		2	晶体管						
无	非军用品	3	三个 PN 结器件						
		n	n 个 PN 结器件						

（3）日本半导体分立器件型号命名方法

日本半导体分立器件或其他国家按照日本专利生产的这类器件,都是按照日本工业标准(JIS)规定的命名法命名的。日本半导体分立器件的型号由五至七部分组成,通常只用到前五部分,第六、七部分的符号和意义通常由各企业自行规定。前五部分的符号及意义如表1.4.4 所示。

表 1.4.4　日本半导体分立器件型号命名方法

第一部分		第二部分		第三部分		第四部分		第五部分	
用数字表示类型或有效电极数		S 表示日本电子工业协会（EIAJ）的注册产品		用字母表示器件的极性及类型		用数字表示在日本电子工业协会登记的顺序号		用字母表示对原来型号的改进产品	
符号	意义	符号	意义	符号	意义	符号	意义	符号	意义
0	光电（即光敏）二极管、晶体管及其组合管	S	表示已在日本电子工业协会（EIAJ）注册登记的半导体分立器件	A	PNP 型高频管	四位以上的数字	从 11 开始，表示在日本电子工业协会注册登记的顺序号，不同公司性能相同的器件可以使用同一顺序号，其数字越大越是近期产品	A B C D E F …	用字母表示对原来型号的改进产品
				B	PNP 型低频管				
1	二极管			C	NPN 型高频管				
				D	NPN 型低频管				
2	晶体管、具有两个以上 PN 结的其他晶体管			F	P 控制极可控硅				
				G	N 控制极可控硅				
				H	N 基极单结晶体管				
3 ⋮	具有四个有效电极或具有三个 PN 结的晶体管			J	P 沟道场效应管				
				K	N 沟道场效应管				
n-1	具有 n 个有效电极或具有 $n-1$ 个 PN 结的晶体管			M	双向可控硅				

1.4.3　半导体分立器件的主要参数

1. 二极管的主要参数

（1）普通二极管的主要参数

· 最大整流电流 I_{FM}

二极管正常连续工作时，所允许通过的最大正向平均电流。

· 最大反向工作电压 V_{RM}

二极管在正常工作时，所能承受的最高反向电压值，是反向击穿电压值的一半。

· 反向电流 I_R

二极管在最高反向工作电压下允许流过的反向电流。此参数反映了二极管单向导电性能的好坏，此电流值越小二极管质量越好。硅二极管的反向电流一般在纳安（nA）级；锗二极管在微安（μA）级。

· 正向压降 V_F

在规定的正向电流下二极管的正向电压降。小功率硅二极管的正向压降在中等电流情况下为 $0.6 \sim 0.8$ V，锗二极管为 $0.2 \sim 0.3$ V。

· 最高工作频率 f_M

保证二极管正常工作的最高频率。

（2）稳压二极管的主要参数

• 稳定电压 U_Z

稳压二极管在正常稳定电压工作状态下，管子两端的电压。

• 稳定电流 I_Z

稳压二极管工作在稳定电压 U_Z 状态的工作电流。

• 最大稳定电流 $I_{Z(max)}$

稳压二极管稳定工作时的最大工作电流极限。

• 电压温度系数

稳压二极管的稳定电压受温度变化影响的系数。稳定电压值高于 6 V 的稳压管具有正温度系数，即稳定电压值随温度升高略有上升；稳定电压值低于 6 V 的稳压管具有负温度系数，即稳定电压值随温度升高略有下降；而稳定电压值为 6 V 左右的稳压管的温度系数基本为零。

（3）发光二极管的主要参数

• 最大工作电流 I_{CM}

发光二极管长期工作时，所允许通过的最大电流。

• 正常工作电流 I_F

发光二极管两端加上规定的正向电压时，发光二极管内的正向电流。

• 正向电压降 V_F

发光二极管通过规定的正向电流时，发光二极管两端产生的正向电压。

• 反向电流 I_R

发光二极管两端加上规定的反向电压时，发光二极管内的反向电流。该电流又称为反向漏电流。

• 发光强度 I_V

表示发光二极管亮度大小的参数，其值为通过规定的电流时，在管心垂直方向上单位面积所通过的光通量。

• 发光波长 λ

发光二极管在一定工作条件下，所发出光的峰值（为发光强度最大的一点）对应的波长，又称为峰值波长（λ_P）。

2. 晶体管的主要参数

• 集电极－基极反向电流 I_{CBO}

发射极开路时，集电极、基极间的反向饱和电流。

• 集电极－发射极反向电流 I_{CEO}

基极开路时集电极、发射极间的穿透电流。此值越小说明晶体管稳定性越好。

• 晶体管的电流放大系数 β

晶体管的直流放大系数和交流放大系数近似相等，在实际使用中一般不再区分，都用 β 表示，也可用 h_{FE} 表示。

• 集电极最大允许电流 I_{CM}

晶体管 β 保持不变的最大 I_C 值。

• 集电极最大允许耗散功率 P_{CM}

晶体管集电极的功耗超过此值，晶体管将被热击穿。

- 集电极-发射极反向击穿电压 $U_{(BR)CEO}$

基极开路时,集电极发射极之间所允许加的最大电压。

- 特性频率 f_T

晶体管的 β 值随工作频率的升高而下降,晶体管的特性频率是当 β 下降到 1 时的频率值。

1.4.4　半导体分立器件的选用

1. 二极管的选用

二极管的类型非常多,应根据具体的用途来选用适当类型。

(1) 检波二极管的选用

检波二极管一般可选用点接触型锗二极管,如 2AP 系列等。点接触型二极管由于接触面点小,极间电容量也很小,故适用于高频电路检波。选用时应根据电路的具体要求来选择工作频率高、反向电流小、正向电流足够大的检波二极管。

(2) 整流二极管的选用

整流二极管一般选用面接触型硅二极管。由于其接触面大,可以通过较大的电流。但极间电容量大,因此不能用于高频电路,而主要用于整流。普通串联稳压电源电路中使用的整流二极管,对截止频率的反向恢复时间要求不高,只要根据电路的要求选择最大整流电流和最大反向工作电流符合要求的整流二极管即可。开关稳压电源的整流电路及脉冲整流电路中使用的整流二极管,应选用工作频率较高、反向恢复时间较短的整流二极管。

(3) 稳压二极管的选用

稳压二极管一般用在稳压电源中作为基准电压源或用在过电压保护电路中作为保护二极管。选用稳压二极管,应满足应用电路中主要参数的要求。稳压二极管的稳定电压值应与应用电路的基准电压值相同,稳压二极管的最大稳定电流应高于应用电路的最大负载电流 50% 左右。

(4) 开关二极管的选用

开关二极管应用场合较多,在中速开关电路和检波电路中,可以选用 2AK 系列普通开关二极管。高速开关电路可以选用 RLS 系列、1SS 系列、1N 系列、2CK 系列的高速开关二极管。总之应根据应用电路的主要参数(如正向电流、最高反向电压、反向恢复时间等)来选择开关二极管的具体型号。

2. 晶体管的选用

选用晶体管要依据其在电路中所承担的作用,通过查阅晶体管手册,选择参数合适的型号。选用晶体管的基本原则可以概括为以下几点:

- 根据直流偏置电路的极性选用 NPN 型还是 PNP 型的晶体管。
- 电路加在晶体管上的恒定或瞬态反向电压值要小于晶体管的反向击穿电压。
- 高频应用时,所选晶体管的特征频率 f_T 要高于工作频率 10 倍以上,以保证电路正常工作。
- 大信号应用时,晶体管耗散功率必须小于晶体管最大耗散功率,否则晶体管容易被热击穿。晶体管的耗散功率值与环境温度及散热片大小形状有关,使用时注意手册中的说明。

1.4.5　半导体分立器件的检测

1. 二极管的检测

数字式万用表设有专门测量二极管的挡位,可以很方便地确定二极管的好坏及极性。但与老式指针万用表测二极管的电阻值不同,数字式万用表的二极管测量挡是测量二极管两极之间的导通压降,测量结果是电压。

数字式万用表测二极管的步骤:

将数字式万用表置于二极管测量挡,然后用红表笔接二极管的一极,黑表笔接另一极,测出一个电压值,如果该电压在 0.55～0.70 V 范围内,说明被测二极管是一个完好的硅二极管;如果该电压在 0.15～0.30 V 范围内,说明被测二极管是一个完好的锗二极管;这两种情况下测出的是被测二极管的导通压降,此时与数字式万用表红表笔相连的是被测二极管的正极。

如果测量结果显示为零,说明管子已短路;若测量结果溢出或过载,说明二极管内部开路或处于反向状态,此时可以将红黑表笔对调继续测量,根据以上原则进行进一步的判断。

2. 晶体管的检测

(1) 分步法

首先,将晶体管看成两个背靠背的 PN 结,按照数字万用表检测二极管的方法,可以检测判断出其中一极为公共正极或公共负极,此极即为晶体管的基极 b。对于 NPN 型晶体管,基极是公共正极;对 PNP 型晶体管,基极则是公共负极。由此可以判断被测晶体管是 NPN 或 PNP 型。

与二极管的判断方法相同,如果通过测量不能判断出 PN 结的方向,则晶体管损坏。

其次,用数字式万用表 $\beta(h_{FE})$ 挡检测判断晶体管的发射极和集电极。数字万用表置 h_{FE} 挡,将晶体管基极插入所对应类型的孔中,其余管两个脚分别插入 c、e 孔,读取万用表显示的数据;将 c、e 孔中的管脚对调,再一次读取数据;对比两次测量数据,数值较大的一次管脚插接正确。

(2) 假设法

数字式万用表置于二极管测量挡,红表笔与晶体管的某一管脚,假设该管脚为晶体管基极。然后用黑表笔分别与晶体管另外两个管脚相连,如果万用表两次都显示有零点几伏的电压——锗为 0.3 左右,硅管为 0.7 左右,那么假设成立,红表笔所接管脚是晶体管基极 b,并且该晶体管为 NPN;如果两次显示超载,也可能是假设成立,红表笔所接管脚是晶体管基极 b,但该晶体管为 PNP 型。但是,如果晶体管内部 PN 损坏也会出现两次测量超载的结果,因此这种情况下应红黑表笔交换,进一步测量判断。

在判别出晶体管的型号和基极的基础上,可以再判别发射极和集电极。万用表仍置于二极管测量挡,对于 NPN 型晶体管使红表笔接其基极 b,黑表笔分别接另外两个管脚测得两个 PN 结导通电压,对比两次测量电压值,微高的一次黑表笔所接为发射极 e;电压低一些的黑表笔所接为集电极 c。如果是 PNP 型晶体管,则用黑表笔接基极,方法和上面类似。

(3) 测晶体管 h_{FE} 判断性能

如果已知晶体管的类型和管脚排列,可以方便地使用数字式万用表的 $\beta(h_{FE})$ 挡检测晶体管的好坏,将被测晶体管 e、b、c 三个管脚分别插入数字式万用表面板对应的晶体管插孔中,能够显示出 h_{FE} 的近似值,则晶体管性能完好,否则已损坏。

1.5 集 成 电 路

集成电路是指在半导体基板上,利用氧化、蚀刻、扩散等方法,将众多电子元件如电阻、电容、半导体器件等做在一个微小面积上,使其能够达成预先设定的电路功能要求的电路系统,俗称芯片。集成电路诞生于 20 世纪 60 年代,最初只是集合了十几个元器件。经过几十年的发展,如今已经可以将上亿个元件集成一起,形成一块功能强大的集成电路芯片。图1.5.1 为各种集成电路不同的外观。

图 1.5.1 各种集成电路外观

1.5.1 集成电路分类

(1) 按制造工艺的不同分类

根据制造工艺的不同,集成电路可分为混合集成电路和半导体集成电路两大类。混合集成电路又分为厚膜集成电路和薄膜集成电路。半导体集成电路也称为单片集成电路,是目前应用最广、产量最大、技术水平最高、最重要的集成电路。

(2) 按集成度的不同分类

按集成度的不同,集成电路可分为小规模集成电路、中规模集成电路、大规模集成电路、超大规模集成电路、特大规模集成电路和巨大规模集成电路。

(3) 按结构不同分类

按结构的不同,集成电路可分为双极型半导体集成电路和单极型半导体集成电路(即MOS 集成电路)。双极型集成电路的制作工艺复杂,功耗较大,代表集成电路有 TTL、ECL、HTL、LST−TL、STTL 等类型。单极型集成电路的制作工艺简单,功耗也较低,易于制成大规模集成电路。

(4) 按功能分类

按功能的不同,集成电路可分为模拟集成电路、数字集成电路和数模混合集成电路。

1.5.2 集成电路的型号命名

目前集成电路的命名国际上还没有统一的标准,各制造公司都有自己的一套命名方法。但各制造公司对集成电路的命名还是存在一些规律,绝大部分国内外厂商生产的同一功能的集成电路,采用基本相同的数字标号,而以不同的字头代表不同的厂商。例如,HD741、LM741、μA741,分别是由不同厂商生产的集成运算放大器电路,它们的功能、性能、封装和引脚排列也都一致。

我国国家标准 GB3430-89《半导体集成电路型号命名方法》规定了我国半导体集成电路各个品种和系列的命名方法。该标准首次发布于 1982 年,1988 年 7 月作了第一次修订,分别以 GB3430-82 和 GB3430-89 表示。该标准规定器件的型号通常由五个部分组成,如图 1.5.2 所示,各组成部分的符号及意义如表 1.5.1～表 1.5.4 所示。

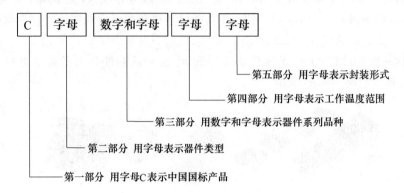

图 1.5.2 国产集成电路命名方式

表 1.5.1 国产集成电路命名方式之第二部分器件型号与符号

字母	器件类型	字母	器件类型
T	TTL 电路	J	接口电路
H	HTL 电路	AD	A/D 转换器
E	ECL 电路	DA	D/A 转换器
C	CMOS 电路	SC	通信专用电路
μ	微型机电路	M	存储器
F	线性放大器	SS	敏感电路
W	稳压器	SW	钟表电路
D	音响、电视电路	SJ	机电仪电路
B	非线性电路	SF	复印机电路

表 1.5.2 国产集成电路命名方式之第三部分器件系列品种

类型	数字及字母	系列名称
TTL	54/74×××	国际通用系列
	54/74H×××	高速系列
	54/74L×××	低功耗系列
	54/74S×××	肖基特系列
	54/74LS×××	低功耗肖基特系列
	54/74AS×××	先进肖基特系列
	54/74ALS×××	先进低功耗肖基特系列
	54/74F×××	高速系列

续 表

类型	数字及字母	系列名称
CMOS	4000	4000 系列
	54/74HC×××	高速 CMOS,有缓冲输出级,输出、输入 CMOS 电平
	54/74HCT×××	高速 CMOS,有缓冲输出级,输入 TTL 电平,输出 CMOS 电平
	54/74HCU×××	高速 CMOS,不带输出缓冲级
	54/74AC×××	改进型高速 CMOS
	54/74ACT×××	改进型高速 CMOS,输入 TTL 电平,输出 CMOS 电平

表 1.5.3　国产集成电路命名方式之第四部分器件工作温度范围

字母	温度范围/℃	字母	温度范围/℃
C	0～+70	E	−40～+85
G	−25～+70	R	−55～+85
L	−25～+85	M	−55～+125

表 1.5.4　国产集成电路命名方式之第五部分器件封装形式

字母	封装形式	字母	封装形式
F	多层陶瓷扁平(FP)	V	金属菱形
B	塑料扁平	C	陶瓷芯片载体(CCC)
H	黑瓷扁平(CFP)	E	塑料芯片载体(PLCC)
D	多层陶瓷双列直播(DIP)	G	网络针栅阵列(PGA)
J	黑瓷双列直播(CDIP)	SOIC	小引线封装
P	塑料双列直播(PDIP)	PCC	塑料芯片载体封装
S	塑料单列直播	LCC	陶瓷芯片载体封装
T	金属圆壳		

1.5.3　集成电路使用注意事项

使用集成电路时,应对该集成电路的功能性能、内部结构、外形封装以及典型应用电路等作全面分析和理解,然后才能按照其相关使用规则正确使用,使集成电路安全地发挥正常功能。一般说来,使用集成电路应注意以下各方面:

（1）查阅集成电路数据手册

使用集成电路前,通过阅读其数据手册,对该集成电路作全面分析和理解,特别是了解各项电气参数的额定范围,使用时不得超出,以免损坏集成电路。

（2）正确安装集成电路

在面包板或印刷线路板上安装集成电路时,要注意方向不要搞错,否则,通电时集成电路很可能被烧毁。

（3）正确使用供电电源并保持稳定性

应该在数据手册提供的电源电压范围内合理选择电源电压，并在供电过程中保障电源电压的稳定性，大电流的冲击极易使集成电路损坏。所以如果供电电源和集成电路测量仪器在电源通断切换时产生异常的脉冲波，则要在电路中增设诸如二极管组成的浪涌吸收电路，以保护集成电路。在电路实验过程中，不允许开关稳压电源，电路的通、断电可以通过电源线的插拔实现。

原则上集成电路应先接地和电源，然后才能进一步连接其他输入。特别是 CMOS 电路在未接通电源时，绝不可以在输入端加入信号。因此，集成电路连接时的顺序是先接地和电源，后接输入信号，而拆电路时应先撤掉输入信号，再去掉电源和地。

（4）输出端不允许并联，也不允许直接连接电源或者地

一般集成电路的输出端并联，或直接接电源和地，都将对集成电路造成损害。如果输出端为集电极开路形式或者为三态输出，或者相同的几个逻辑门电路并联使用时，则可以出现输出端并联的情况。

（5）正确处理空闲的管脚

集成电路的内部等效电路和应用电路中有的引出脚没有标明，这种情况下不应擅自接地，这些引出脚为更替或备用脚，有时也作为内部连接。

CMOS 型数字电路所有不用的输入管脚，均应根据实际情况接上适当的逻辑电平（V_{dd} 或 V_{ss}），不得悬空。否则电路的工作状态将不确定，并且会增加电路的功耗。

（6）注意引脚能承受的应力与引脚间的绝缘

集成电路的引脚不要加上太大的应力，在拆卸集成电路时要小心，以防折断。对于耐高压集成电路，电源 Vcc 与地线以及其他输入线之间要留有足够的空隙。

（7）集成电路不能带电插拔和焊接

在电路通电的状态下绝不能插拔集成电路，更不能在带电状态下对集成电路进行焊接。在集成电路插拔、焊接等操作之前一定要切断电源，电路中如有电源滤波电容，还应注意让电源滤波电容放电后才能进行相应的操作。

（8）CMOS 集成电路应防静电损坏

CMOS 电路的栅极与基极之间，有一层厚度仅为 $0.1 \sim 0.2\ \mu m$ 的二氧化硅绝缘层，由于 CMOS 电路的输入阻抗高，而输入电容小，所以只要在栅极上积有少量电荷，便可形成高压将栅级击穿，造成永久性损坏。干燥环境下人体能感应出几十伏的交流电压，而化纤衣服在摩擦时产生的静电高达上万伏，因此尽量不要用手或身体接触 CMOS 电路的管脚。

（9）集成电路应防止温度过高

集成电路都有安全工作温度范围，超过温度范围时间过长电路将受到损坏，因此选用集成电路时应考虑其使用环境的温度情况，在使用时功耗较大的集成电路应加装散热装置，如散热片或散热风扇等。在焊接集成电路时也应把握焊接时间，焊接时间过长也会使集成电路损坏。

以上是集成电路使用时最基本的注意事项。集成电路在不同的实际应用中，还有许多需要注意的地方。例如，集成电路的位置时应尽量远离脉冲高压、高频等装置。连接集成电

路的引线及相关导线要尽量短,在不可避免的长线上要加入过压保护电路;CMOS 电路接线时外围元件应尽量靠近所连管脚,避免使用平行的长引线,否则较大的分布电容和分布电感会形成 LC 振荡;ECL 高速数字集成电路,必须考虑信号线上存在的"反射"以及相邻信号线之间的"串扰"等特殊问题。

总之,集成电路的安全使用要建立在对电路和使用环境充分了解的基础之上,要按照规范正确使用,还要充分考虑各方面的限制和影响,避免各种不利因素。

第 2 章

常用电子测量仪表

2.1 数字式万用表

2.1.1 数字式万用表基本原理

数字式万用表目前已成为万用表的主流,与模拟式万用表相比,数字式万用表具有使用简单、功能齐全、灵敏度高、准确度高、显示清晰、过载能力强、体积小、重量轻、便于携带等优势。一般普通数字式万用表具有电阻测量、通断声响检测、二极管正向导通电压测量、交直流电压电流测量、晶体管放大倍数及性能测量等功能,有些数字式万用表还增加了电容容量测量、频率测量、温度测量、数据记忆及语音报数等功能,给实际检测工作带来很大的方便。可以说数字式万用表是现代化的一种多用途电子测量仪器。

数字式万用表测量电压、电流和电阻功能是通过转换电路实现的,电流、电阻的测量都是基于电压的测量。也就是说数字式万用表是在数字直流电压表的基础上扩展而成的。转换器将随时间连续变化的模拟电压量变换成数字量,再由电子计数器对数字量进行计数得到测量结果,最后由译码显示电路将测量结果显示出来。逻辑控制电路控制电路的协调工作,在时钟的作用下按顺序完成整个测量过程。

下面以袖珍式 DT830 数字式万用表为例,有选择地介绍数字式万用表的测量原理。DT830 属于袖珍式数字式万用表,采用 9V 积层电池供电,整机功耗约 20 mW;采用 LCD 液晶显示数字,最大显示数字为 ±1999,因而属于 $3\frac{1}{2}$ 位万用表。

同其他数字式万用表一样,DT830 型数字式万用表的核心是直流数字电压表 DVM,也称基本表。再加上外围电路、双积分 A/D 转换器及显示器组成。其中 A/D 转换、计数、译码等电路都是由大规模集成电路芯片 ICL7106 构成。

1. 数字式万用表测量直流电压原理

图 2.1.1 为数字式万用表直流电压测量原理图,该电路由基本表和电阻分压器所组成的外围电路构成,把 200mV 基本量程扩展为五量程的直流电压挡。图中斜线区是导电橡胶,起连接作用。

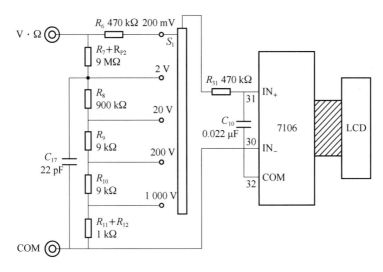

图 2.1.1　数字式万用表直流电压测量电路原理图

2. 数字式万用表测量直流电流原理

图 2.1.2 为数字式万用表直流电流测量电路原理图。图中 VD_1、VD_2 为保护二极管，当基本表 IN_+、IN_- 两端电压大于 200mV 时 VD_1 导通，当被测量电位端接入 IN-时 VD_2 导通，从而保护了基本表的正常工作，起到"守门"的作用。$R_2 \sim R_5$、R_{Cu} 分别为各挡的取样电阻，它们共同组成了电流—电压转换器。测量时，被测电流在取样电阻上产生电压，该电压输入至 IN_+、IN—两端，从而得到了被测电流的量值。若合理地选配各电流量程的取样电阻，就能使基本表直接显示被测电流量的大小。

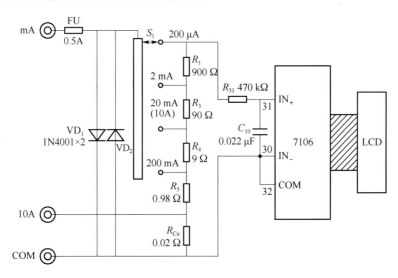

图 2.1.2　数字式万用表直流电流测量电路原理图

3. 数字式万用表测量直流电阻原理

图 2.1.3 为数字式万用表测量直流电阻原理图。图中标准电阻 Ro 与待测电阻 Rx 串联后接在基本表的 V_+ 和 COM 之间。V_+ 和 V_{REF+}、V_{REF-} 和 IN_+、IN_- 和 COM 两两接通，用基本表的 2.8V 基准电压向 Ro 和 Rx 供电。其中 V_{REF} 为基准电压，V_{RX} 为输入电压。根据

设计,当 $Rx=Ro$ 时显示读数为 1 000;当 $Rx=2Ro$ 时溢出显示"OL",因为 2 000 超出其最大显示数字"1999"。一般情况下有:

$$\frac{V_{RX}}{V_{REF}}=\frac{R_X}{R_O} \tag{2.1.1}$$

因此,只要固定若干个标准电阻 Ro,就可实现多量程电阻测量。图 2.1.4 为实际电阻测量电路,其中 $R_7 \sim R_{12}$ 均为标准电阻,且与交流电压挡分压电阻共用。

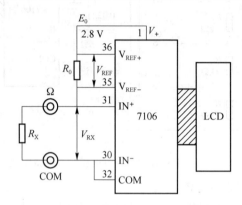

图 2.1.3 数字式万用表测量直流电阻原理

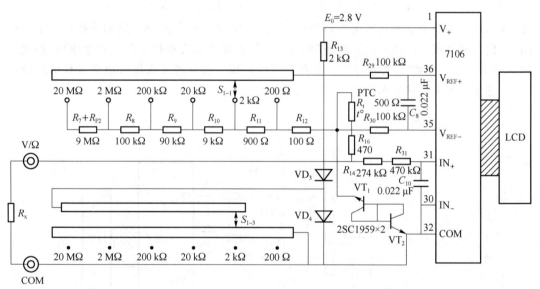

图 2.1.4 数字式万用表测量直流电阻电路

4. 数字式万用表保护电路

（1）电流挡保护

一般数字式万用表都会在毫安挡串上一个 200 mA/250 V 的保险管,当输入电流大于 200 mA 的时,保险管熔断保护后级电路。同时,还利用两只 1N4001 硅整流二极管并联构成双向限幅电路,接在电流挡分流器前面,防止错用电流挡测量电压而烧毁分流电阻,从而保护分流器。

（2）电压挡保护

一般电压挡保护使用的是 SG 也就是火花放电器,其击穿电压为 1 200 V。火花放电器的作用是防止在测量信号的时候转换开关产生电打火而烧坏转换开关。另外,电压、欧姆挡一般会设计压敏电阻或热敏电阻用作自恢复保险保护元件,当输入电压超过了压敏电阻所能承受的最大值以后,压敏电阻呈开路状态;当电压信号逐渐下降,压敏电阻的阻值也从无穷大慢慢恢复。

（3）电容挡保护

与电流挡保护设计相同,电容挡保护也是使用双向限幅二极管。

（4）电阻挡保护

电阻挡保护电路设计有的是使用保险管做电阻挡保护,也可以使用限流电阻或保险电阻做电阻挡保护电路。

2.1.2　数字式万用表使用注意事项

（1）充分了解万用表功能

在使用数字万用表之前,应认真阅读有关使用说明书,熟悉电源开关、量程开关、插孔、特殊插口的作用。

（2）选择正确挡位

测量过程中数字万用表损坏大都因为挡位使用不当引起。因此在测量前一定认真检查测量功能挡位是否选择正确,表笔插孔是否与功能对应。

（3）人工切换量程的万用表使用时要注意选择适当量程

有些人工切换量程的数字万用表的损坏是由于测量的量超过量程范围所致。如在交流20V 挡位测量市电,很易引起数字万用表交流放大电路损坏,使万用表失去交流测量功能。在测量直流电压时,所测电压超出测量量程,同样会造成表内电路故障。在测量电流时如果被测电流超过量程,一般也会引起万用表内的保险丝烧断。所以在测量电流电压参数时,如果不知道所测量的大致范围,应先将万用表置于最大量程挡,通过测量其值后再转换适当量程,最后得到比较精确的数值。但是在测量高电压（220V 以上）或大电流（0.5A 以上）时,换量程应先断开测量连接,以防止产生电弧,烧毁开关触点。

（4）使用过程中应关注万用表的电池状态

电池电压低于工作电压时会影响测量精度,应及时更换电池。不同型号的万用表用不同的显示如"BATT"或"LOW BAT"等表示电池电压过低。

（5）测电阻的注意事项

数字式万用表测量电阻时红表笔接表内部电源正极,黑表笔接负极,电流从红表笔流出,这与指针式万用表相反。因此测量晶体管、电解电容器等有极性的元器件时,必须注意表笔的极性。

电阻不能带电测量。

2.2　通用模拟示波器

2.2.1　通用模拟示波器工作原理

1. 通用模拟示波器的基本组成和原理

示波器由示波管及电源系统、垂直扫描系统、水平扫描系统、延迟扫描系统、标准信号源组成。

（1）示波管及电源系统

示波器的核心是示波管，也就是阴极射线管（CRT），其作用是将电信号转换为光信号。示波管由电子枪、偏转系统和荧光屏三部分密封在一个真空玻璃壳内构成。结构图如2.2.1所示。

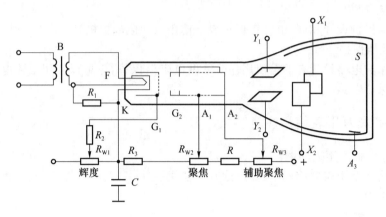

图 2.2.1　示波管的结构

（2）荧光屏及其特点

示波管末端的屏面通常是矩形平面，内表面沉积一层磷光材料构成荧光膜。在荧光膜上又增加一层蒸发铝膜。高速电子穿过铝膜，撞击荧光粉而发光形成亮点。铝膜具有内反射作用，有利于提高亮点的辉度，也有利于散热。

电子停止轰击后，亮点不能立即消失而要保留一段时间。亮点辉度下降到原始值的10%所经过的时间称为"余辉时间"。余辉时间短于 $10\ \mu s$ 为极短余辉，$10\ \mu s \sim 1\ ms$ 为短余辉，$1\ ms \sim 0.1\ s$ 为中余辉，$0.1 \sim 1\ s$ 为长余辉，大于 $1\ s$ 为极长余辉。一般的示波器配备中余辉示波管，高频示波器选用短余辉，低频示波器选用长余辉。由于所用磷光材料不同，荧光屏上能发出不同颜色的光。一般示波器多采用发绿光的示波管，以保护人的眼睛。

（3）电子枪及聚焦

电子枪由灯丝 F、阴极 K、栅极 G_1、前加速极 G_2（或称第二栅极）、第一阳极 A_1 和第二阳极 A_2 组成。它的作用是发射电子并形成很细的高速电子束。灯丝通电加热阴极，阴极受热发射电子。栅极是一个顶部有小孔的金属圆筒，套在阴极外面。由于栅极电位比阴极低，对阴极发射的电子起控制作用。一般只有运动初速度大的少量电子，在阳极电压的作用下能穿过栅极小孔向荧光屏运动。初速度小的电子仍返回阴极。如果栅极电位过低，则全部电子返回阴极，即管子截止。调节电路中的 R_{W1} 电位器，可以改变栅极电位，控制射向荧光屏的电子流密度，从而可以调节亮点的"辉度"。

第一阳极、第二阳极和前加速极都是与阴极在同一条轴线上的三个金属圆筒。前加速极 G_2 与 A_2 相连，所加电位比 A_1 高。G_2 的正电位对阴极电子向荧光屏的运动起加速作用。电子束从阴极向荧光屏运动的过程中，经过两次聚焦过程。第一次聚焦由 K、G_1、G_2 完成，K、G_1、G_2 称为示波管的第一电子透镜。第二次聚焦发生在 G_2、A_1、A_2 区域，调节第二阳极 A_2 的电位，能使电子束正好会聚于荧光屏上的一点，这是第二次聚焦。A_1 上的电压称为聚焦电压，A_1 又被称为聚焦极。有时调节 A_1 电压仍不能满足良好聚焦，需微调第二阳极 A_2 的电压，A_2 又称为做辅助聚焦极。

（4）偏转系统

偏转系统控制电子射线方向，使荧光屏上的光点随外加信号的变化描绘出被测信号的波形。图 2.2.1 中 Y_1、Y_2 和 X_1、X_2 两对互相垂直的偏转板组成偏转系统。Y 轴偏转板在前，X 轴偏转板在后，因此 Y 轴灵敏度高（被测信号经处理后加到 Y 轴）。两对偏转板分别加上电压，使两对偏转板间各自形成电场，分别控制电子束在垂直方向和水平方向偏转。

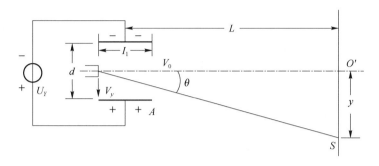

图 2.2.2　偏转系统工作原理

下面以 Y 偏转板为例，介绍偏转系统的工作原理。参见图 2.2.2，电子经第三阳极后以一定的轴向速度 V_0 进入偏转板区域，当偏转板所加的电压 U_Y 为下正上负时，它在偏转板区域内产生近似匀强的下正上负的电场，电子在此电场的作用下垂直向下运动，速度为 V_Y。具有初速度 V_0 的电子在偏转板匀强电场作用下的运动与物体在重力场中的平抛运动类似。电子按平抛运动到 A 点后，脱离了偏转板的电场作用，按匀速直线运动到达荧光屏上的 S 点，光点在荧光屏垂直方向（即 Y 方向）上偏离中心的距离为 y。偏转距离 y 决定于 Y 偏转板所加电压 U_y。通常将偏转距离 y 与偏转板上所加电压 U_Y 的比值（常数）称为垂直灵敏度 S_y，即

$$S_y = \frac{y}{U_Y} \tag{2.2.1}$$

X 偏转板的工作原理与 Y 偏转板完全相同。

（5）示波管的电源

为使示波管正常工作，示波管的电源供给需满足一定的要求：第二阳极与偏转板之间电位相近，偏转板的平均电位为零或接近为零；阴极必须工作在负电位上；栅极 G_1 相对阴极为负电位（$-30 \sim -100$ V），而且可调，以实现辉度调节；第一阳极为正电位（$+100 \sim +600$ V）也应可调，用作聚焦调节；第二阳极与前加速极相连，对阴极为正高压（约 $+1\,000$ V），相对于地电位的可调范围为 ± 50 V。

由于示波管各电极电流很小，可以用公共高压经电阻分压器供电。

2. 示波器基本工作原理

图 2.2.3 给出示波器的基本组成框图。从图中可以看到被测信号①接到 Y 输入端，经 Y 轴衰减器得到适当衰减，然后送至 Y_1 放大器（前置放大），得到推挽输出信号②和③，经延迟级延迟一定时间 T_1 后，进入 Y_2 放大器被放大后产生足够大的信号④和⑤，加到示波管的 Y 轴偏转板上。

为了在屏幕上显示出完整稳定的波形，将 Y 轴的信号③引入 X 轴系统的触发电路（触发方式选择"内"），在信号③的正极性或者负极性的某一电平值（触发电平）产生触发脉冲

⑥，启动锯齿波扫描电路(时基发生器)，产生扫描电压⑦。由于从触发到启动扫描有一时间延迟 T_2，为保证 Y 轴信号到达 Y 偏转板之前 X 轴开始扫描，Y 轴的延迟时间 T_1 应稍大于 X 轴的延迟时间 T_2。扫描电压⑦经 X 轴放大器放大，产生推挽输出⑨和⑩，加到示波管的 X 轴偏转板上。

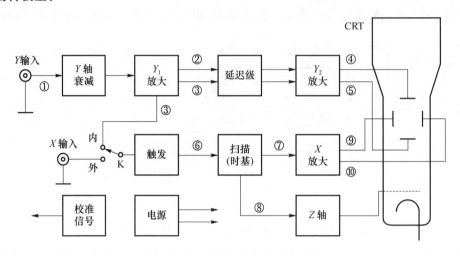

图 2.2.3　示波器基本组成框图

Z 轴系统用于放大扫描电压正程，并且变成正向矩形波，送到示波管栅极，使得在扫描正程显示的波形有某一固定辉度，而在扫描回程则进行抹迹。

示波器中还有一个精确稳定的方波信号发生器，用于产生校准信号，供校验示波器用。

以上是示波器的基本工作原理。双踪显示则是利用电子开关将 Y 轴输入的两个不同的被测信号分别显示在荧光屏上。由于人眼的视觉暂留作用，当转换频率高到一定程度后，看到的是两个稳定的、清晰的信号波形。

3. 波形显示原理

通常示波器是观察被测电压信号的波形，即 $V_y = f(t)$ 的图形。要求荧光屏上不失真地呈现 $V_Y = f(t)$，则要求垂直偏转距离 y 正比于 V_Y，水平偏转距离 x 正比于时间 t。由于 $y = S_y \times V_Y$，因此只要将被测电压直接加到 Y 偏转板上，就可以使 y 正比于 V_Y。同样由于 $x = S_x \cdot V_X$，只要水平偏转板上所加电压 V_X 是随时间线性变化的波形，就可以使光点在荧光屏水平方向上匀速运动，即偏转距离 x 正比于时间 T。V_X 的波形如图 2.2.4 所示，称为锯齿波电压或线性扫描电压。其中，T_f 为扫描正程时间，T_b 为扫描逆程时间，T 为扫描周期，V_{Xm} 为扫描电压幅度。产生扫描电压的电路称为锯齿波发生器或扫描电压发生器，波形显示原理如图 2.2.5 所示。

下面以 V_Y 为正弦波的情况为例，解释示波器是如何在荧光屏上形成图形的，参见图 2.2.6 的示意图。

设 V_X 的周期 T 等于正弦信号 V_Y 的周期 T_Y。当 $t = 0$ 时，$V_Y = 0$，$V_X = 0$，光点在荧光屏的上 0 点。$t = t_1$ 时，$V_Y = V_{Ym}$，$V_X = V_{X1}$，这两个电压同时作用，使光点在垂直方向上移动距离 $y = Y_1$，在水平方向移动距离 $x = X_1$，光点落在荧光屏的 1 点。同理，在 t_2、t_3 和 t_4 时刻，光点落在荧光屏的 2 点、3 点和 4 点，t 从 t_4 变到 t_5 时，V_Y 从 V_{Y4} 变到 0，而 V_X 从最大

值 V_{Xm} 变到 0,使光屏上的光点从 4 点运动到 5 点(也是下一个 0 点),即又回到原点位置。下一个周期重复上述过程,如此循环下去,光点运动反复多次,荧光屏上便显示出明亮而稳定的正弦波形。

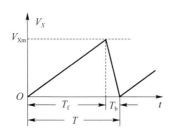

图 2.2.4　扫描电压波形

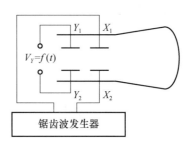

图 2.2.5　波形显示原理

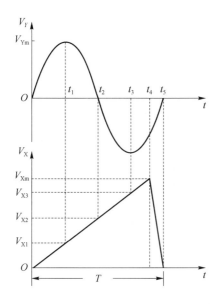

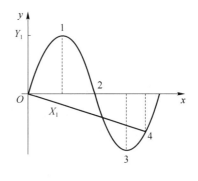

图 2.2.6　荧光屏成图原理

当被测电信号的周期确定后,可改变扫描电压的周期 T,来改变荧光屏上显示图形的周期数。例如,$T = 2T_Y$ 时,荧光屏上显示两个周期的图形,如图 2.2.7 所示。同理,当 $T = nT_Y$ 时荧光屏上会显示出 n 个周期的图形(n 为整数)。

以上分析表明,扫描电压的幅度 V_{Xm} 决定了荧光屏上显示图形在水平方向上的宽度,而扫描电压的周期 T 决定了显示波形的周期数。

还需要指出,扫描电压在扫描正程时间内的线性是一项十分重要的技术指标。在扫描正程时间内,若扫描电压随时间严格按线性规律变化,则电子束在水平方向上的运动是匀速的,电子束从左到右的扫描速度均相等,显示的波形不会失真。如果扫描电压不是随时间线性变化,电子束在水平方向上的运动不是匀速的,从左到右的扫描速度不等,扫描速度快的地方,波形在水平方向上变疏,扫描速度慢的地方,波形则变密。因此,对扫描信号发生器的基本要求是能输出频率、幅度均可调节,且具有良好线性的锯齿波信号。

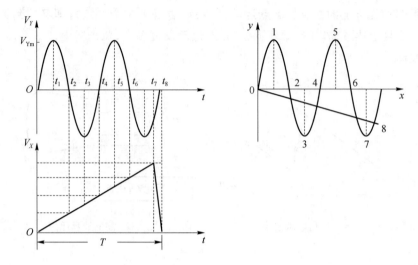

图 2.2.7 当 $T = 2T_Y$ 时的显示

4. 示波器探头

（1）示波器探头的结构与原理

示波器垂直输入端的输入阻抗是有限的,可以等效于输入电阻 R_i（如 1 MΩ）和输入电容 C_i（如几十 pF）的并联。将示波器的垂直输入端通过电缆接于被测电路中,示波器的输入阻抗和电缆的分布电容（可达几十或几百 pF）就成了被测电路的负载,并联接在测试点上就会对被测电路产生影响。

例如,用示波器测量放大电路的幅频特性时,可能使测得的 f_H 比实际的要小;用示波器测量脉冲波形时,示波器的输入电容 C_i 就会影响脉冲波形的上升时间和下降时间。为了减小示波器输入阻抗的不良影响,专门设计了示波器探头。

示波器探头是示波器的重要附件之一,其结构如图 2.2.8(a)所示。

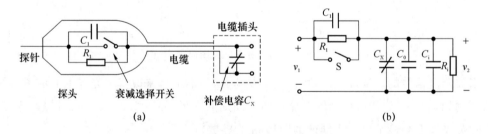

图 2.2.8 示波器探头的结构及其等效电路

由图可见,电阻 R_1、电容 C_1 和开关三者形成并联电路,装在有金属屏蔽作用的外壳里。该并联电路一端接探针,另一端经电缆接电缆插头,以便连接到示波器的 Y 轴输入端。其等效电路如图 2.2.8(b)所示。图中 R_i 是示波器的输入电阻,C_i 是示波器的输入电容,C_0 是包括电缆电容在内的分布电容,C_x 为调整补偿的可变电容。当开关 S 断开时,电路构成一个衰减器。若令 $C_2 = C_i + C_0 + C_x$,则当满足 $R_1 C_1 = R_i C_2$ 时,分压比为

$$k = \frac{v_2}{v_1} = \frac{R_i}{R_1 + R_i} \tag{2.2.2}$$

可见分压比 k 的大小决定于电阻 R_1、R_i,与频率无关。这时从探针处看入的输入电阻

为 $R=R_1+R_i=kR_i$，输入电容为 $C=C_2/k$。即接入探头后其输入电阻将增大 k 倍，而输入电容减小到原来的 $1/k$，所以对被测电路的影响就要小得多。

一般情况下，将探头的衰减选择开关拨到“×10”位置（开关 S 断开）时，分压比 k 设为 $10:1$，若示波器的输入电阻为 $1\,M\Omega$，输入电容（包括电缆的分布电容等）约为 $200\,pF$，接入探头后的输入电阻增大至 $10\,M\Omega$，输入电容减少至约 $20\,pF$。

当探头的衰减开关拨到“×1”位置时，探头内部的开关 S 闭合，信号直通送到示波器的输入端，此时由探头的探针处看入的输入电阻即为示波器的输入电阻（如 $1\,M\Omega$），输入电容即为示波器的输入电容和电缆的分布电容的等效电容，可达几百 pF。可见用“×1”挡测量时对测量结果产生的影响更大。

（2）探头补偿的调整

在使用示波器探头进行测量前，或者更换示波器探头时，必须对探头的补偿进行检查和调整，使之处于最佳补偿状态。一般是以示波器的校准信号〔如图 2.2.9（a）所示〕作为标准信号。

将探头的衰减开关拨到“×10”挡，探头接到示波器的校准信号“CAL”上，调节探头的补偿电容 C_x，使所显示的波形与图 2.2.9（a）所示波形相同，即达到了最佳补偿状态。如果电路元件参数为 $R_1C_1<R_iC_2$，探头处于欠补偿状态，显示的波形则如图 2.2.9（b）所示，波形边缘变圆滑，表明到达示波器输入端的信号的高频分量遭到损失。如果元件参数为 $R_1C_1>R_iC_2$，到达示波器输入端的信号的高频分量过大，显示波形如图 2.2.9（c）所示，波形的跳变边沿出现过冲，探头处于过补偿状态。欠补偿和过补偿均会对测量结果产生影响。

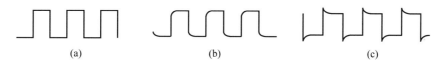

(a)	(b)	(c)

图 2.2.9　示波器的探头补偿效果

5. 示波器的多波形显示

在实际应用中，常常需要同时观察几个信号的波形。为实现这个目的，目前普遍使用多踪示波器。多踪示波器是在单踪示波器的基础上，利用一个专用电子开关快速切换多个通道的输入信号，从而实现多个波形的同时显示。

典型的双踪示波器工作原理如图 2.2.10 所示。电子开关轮流选通 1 通道和 2 通道，其输入信号 v_1，v_2 按一定的时间分割，被轮流送到垂直偏转板，在荧光屏上显示出它们的波形。电子开关的工作方式有“交替”和“断续”两种。

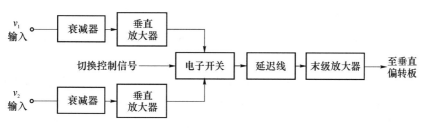

图 2.2.10　双踪显示示意图

(1)"交替"显示

如图 2.2.11 所示,在第一个扫描周期,切换控制信号使电子开关接通 1 通道的信号,荧光屏显示该时间内 1 通道的输入信号的波形。第二个扫描周期,切换控制信号使电子开关接通 2 通道的信号,荧光屏上显示 2 通道的输入信号的波形,如此重复。如果被测信号频率比较高,利用荧光屏的余辉与人眼的视觉暂留效应,就会看到荧光屏上同时显示出两个波形。

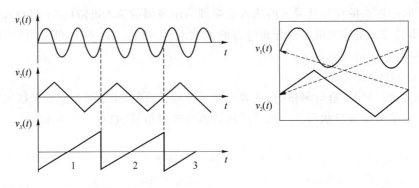

图 2.2.11 "交替"显示

显然,电子开关处于"交替"工作方式时,电子开关的转换频率与扫描信号的频率相等,即开关信号与扫描信号同步。所以,当被测信号频率较低(如低于 25 Hz)时,由于交替显示的速率很慢,图形将出现闪烁。这种情况下可以采用"断续"方式工作,改善显示闪烁的状况。

(2)"断续"显示

"断续"显示原理如图 2.2.12 所示,此时电子开关将一个扫描正程分成许多小的时间间隔,依次使 1 通道和 2 通道轮流接通,即对两路被测信号波形轮流进行实时采样显示。这样就在荧光屏上得到两条由若干个取样光点构成的"断续"的波形。由于电子开关转换速率很高,实际上在荧光屏上已经看不到波形的"断续"现象,看到的信号波形已经是连续的了。

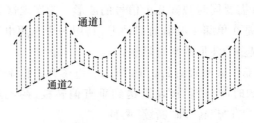

图 2.2.12 "断续"显示

为确保显示波形稳定,无论是"交替"方式还是"断续"方式,都要求被测信号频率、扫描信号频率与电子开关转换频率三者之间必须满足一定的关系。

首先,两个被测信号的频率与扫描信号的频率应该成整数倍的关系,即必须"同步",这一点与单踪示波器相同,只是现在被测信号是两个而扫描信号是一个。在实际应用时,扫描信号是由两通道中的一个信号产生同步的,所以同步信号必须从周期长的信号通道来提取。

其次,"交替"显示方式时,为使屏幕不产生闪烁,交替转换频率必须高于 100 Hz,而处于"断续"转换方式时,电子开关的转换频率要远高于扫描信号的频率。

2.2.2　通用模拟示波器的正确使用

1. 示波器的选择

在实际工作中,需要根据测量任务来正确选用示波器。反映示波器适用范围的两个基本技术指标是垂直通道的频带宽度和水平轴的扫描速度。这两个技术指标决定了示波器可以观察到的信号的最高频率或脉冲的最小宽度,是否能够"真实"地再现被测脉冲信号的跳变边沿。要使示波器能不失真地显示被测信号波形,基本条件之一就是垂直通道要有足够的频带宽度,水平通道要有足够高的扫描速度。

2. 提高示波器分辨力

示波器的测量精确度在一定程度上取决于示波管的分辨力,分辨力的高低取决于屏幕光点的大小即扫描线的粗细。要想得到较高的分辨力(即较细的扫描线),这就要求使用者要精心调整示波器的聚焦。需要注意的是,在亮度较高(即辉度较大)的情况下由于电子束密度大,难以做到良好的聚焦,因而使分辨力明显降低。所以提高分辨力,不但应仔细调整示波器聚焦使扫描线更细,还应该调辉度使扫描线的亮度适中。

3. 正确使用示波器探头

探头是示波器的重要附件,其质量的好坏直接影响示波器的测量准确度。质量优良的探头要求其内部电容必须是超高频、低损耗的优质无感电容;电阻为高稳定、低温漂、高频无感电阻。探头的电缆是精心设计制造的专用电缆。因此使用示波器进行测量时,首先应该选择质量优良的探头,最好用示波器的原配探头。

在使探头进行测量前,应根据被测电路与被测信号的具体情况,确定探头衰减器选择"×10"挡还是"×1"挡。如被测点是高阻节点或被测信号频率较高,则应选择"×10"挡进行测量,否则会使测量产生较大的误差;如果被测点为低阻节点且信号频率较低,应选择"×1"挡进行测量,在信号幅度过小时亦应选择"×1"挡。在使用探头"×10"挡进行测量前,应检查探头是否处于最佳补偿状态,必要时可调整探头上的微调电容,以免出现过补偿或欠补偿情况影响测量结果。

4. 正确调整示波器

正确调整示波器对于延长示波器的使用寿命和提高测量精度是十分重要的。

(1) 聚焦与亮度的调整

使用示波器进行测量时,首先要调整示波器的聚焦与亮度,使显示的扫描线尽可能细,这样才能保证所观察的波形清晰。由于示波器的亮度会影响其聚焦特性,亮度过高则难以良好聚焦,因此应将扫描线亮度适当调低些,以改善聚焦性能,同时可延长示波管的使用寿命。

另外,为保证在任何时候都有扫描线,扫描方式应选为"自动"扫描。

(2) 波形位置和几何尺寸调整

仔细调整示波器,使波形尽量处于示波器屏幕中心的位置,以获得较好的测量线性。正确调整 Y 通道的衰减器,尽可能使其波形的幅度占示波器屏幕的一半以上,以提高电压幅度测量的精度。正确调整扫描时间选择旋钮,以便能够在示波器屏幕上看到一个或几个完整的波形周期,波形不要过密,以保证波形周期的测量精度。

（3）正确调整触发状态

触发状态的调整包括合理地选择触发源和触发耦合方式,并且调整触发电平,使示波器处于正常触发状态,以得到稳定的波形。在选择触发源时,如果观察的信号是单通道的信号,就选择该通道信号作触发源;如果是观察两个时间相关的波形,就应将信号周期长的那个通道作为触发源。周期相同的两个波形,选幅度较大者作为触发源。

要根据被观察信号的特性来选择触发耦合方式。一般情况下,若被观察的信号为矩形脉冲信号,应选择直流耦合方式;如果被观察的信号为交流正弦信号时,可选择交流耦合;如果被观察的信号为带有高频噪声的交流信号,就应选择高频抑制的耦合方式等。

注意:触发耦合方式与输入耦合方式是两个不同的概念,输入耦合方式一般情况下选择DC 耦合,是为了观察被测信号的全部,包括直流和交流;选择 AC 耦合只能观察到被测信号的交流部分。

2.3　数字存储示波器

2.3.1　数字存储示波器原理

1. 数字存储示波器组成原理

典型的数字存储示波器原理框图如图 2.3.1 所示。

数字存储示波器的工作模式分为实时和存储两种。当处于实时工作模式时,其电路组成原理和一般模拟示波器是一样的。而处于存储工作模式时,其工作过程一般分为存储和显示两个阶段。在存储阶段,被测模拟输入信号先经过适当的放大或衰减,然后经过取样和量化两个过程的数字化处理,将被测模拟信号转化成数字化信号,最后数字化信号在逻辑控制电路的控制下一次写入 RAM 中。

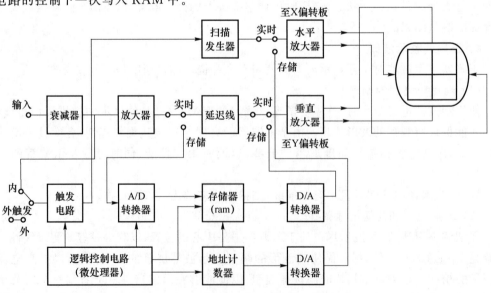

图 2.3.1　数字示波器组成原理框图

在被测模拟信号的数字化处理过程中,取样是获得模拟信号的离散值,而量化则是每个取样的离散值经 A/D 转换器转换成二进制数字。取样、量化及写入过程都在同一时钟频率下进行。

在显示工作阶段,数字信号从存储器中被读出,并经 D/A 转换器转换成模拟信号,经垂直放大器放大,加到 CRT 的 Y 偏转板。与此同时,CPU 的读地址计数脉冲通过 D/A 转换器得到一个阶梯波的扫描电压,再经过水平放大器放大,用于驱动 CRT 的 X 偏转板,从而实现在 CRT 上以稠密的光点包络重现模拟信号。

随着技术发展,目前数字存储示波器普遍采用液晶显示屏。数字信号从存储器中被读出后可直接用于显示。显示屏上显示的每个点都表示数字存储示波器捕获的一个数据字,点的垂直屏幕位置由对应的存储单元的二进制数据给出,点的水平屏幕位置由对应的存储单元二进制地址给出。若经 D/A 转换的模拟信号内插器的插值处理,还可以使点显示变为连续显示。示波器中的微处理器还可对记录波形作自动计算,在显示屏上同时显示波形的峰－峰值、上升时间、频率甚至均方根值等。通过计算机接口可将波形送至打印机或计算机作进一步处理。

2. 数字存储示波器的工作方式

(1) 数字存储示波器的存储器

数字存储示波器的随机存储器 RAM 按功能可分为信号数据存储器、参考波形存储器、测量数据存储器和显示缓冲存储器四种。信号数据存储器存放模拟信号取样数据,参考波形存储器存放参考波形的数据,它采用电池供电,或采用非易失性存储器,故可以长期保存数据。测量数据存储器存放测量数据、计算的中间数据和计算的结果,和一般微机化仪器的随机存储器作用基本相同。显示缓冲存储器存放显示的波形数据,屏幕上显示的信息均由显示缓冲存储器提供。

(2) 触发工作方式

数字存储示波器的触发方式包括常态触发和预置触发两种方式。

① 常态触发

常态触发是在存储工作方式下自动形成的,同模拟示波器基本一样,可通过面板设置触发电平的幅度和极性,触发点可处于复现波形的任何位置及存储波形的末端。

② 预置触发

预置触发即延迟触发,是人为设置触发点在复现波形上的位置,是在进行预置之后通过微处理器的控制和计算功能来实现的。由于触发点位置不同,可以观测到触发点前后不同区段上的波形。这是因为数字存储示波器的触发点只是一个存储的参考点,而不一定是取样、存储的第一点。预置触发给显示数据的选择带来了很大的灵活性。

(3) 测量和计算工作方式

数字存储示波器对波形参数的测量分为自动测量和手动测量两种。一般参数的测量为自动测量,即示波器自动完成测量工作,并将测量结果以数字的形式显示在显示屏上,特殊值的测量使用手动光标进行测量,即光标测量。光标测量指的是在显示屏上设置两条水平光标线和两条垂直光标线,四条光标线可在面板的控制下移动,光标和波形的交点对应于信号存储器中的相应的数据。测量时,示波器在测量程序控制下,根据光标的位置来完成测量,并将测量结果以数字形式显示在显示屏上。

(4) 面板按键操作方式

数字存储示波器的面板按键分为执行键和菜单键两种,按下执行键后,示波器立即执行该项操作。当按下菜单键时,屏幕下方显示一排菜单,屏幕右方则显示对应菜单的子菜单,然后按子菜单下所对应的软键执行相应的操作。

3. 数字存储示波器的显示方式

由于数字存储示波器可以对被测信号存储,波形的采集和显示可以分开进行,与宽带示波器相比,采集速度和显示速度可不相同,因此采集速度很高的数字存储示波器对其显示的速度要求不高。数字存储示波器的显示方式灵活多样,具有基本显示、抹迹显示、卷动显示、放大显示和 XY 显示等,可适应不同情况下波形观测的需要。

(1) 存储显示

存储显示方式是数字示波器的基本显示方式,适用于一般信号的观测。在一次触发形成并完成信号数据的存储后,经过显示前的缓冲存储,并控制缓冲存储器的地址顺序,依次将欲显示的数据读出并进行 D/A 变换,然后将信号稳定地显示在荧光屏上。

(2) 抹迹显示

抹迹显示适用于观测一长串波形中在一定条件才会发生的瞬态信号。抹迹显示时,应先根据预期的瞬态信号,设置触发电平和极性。观测开始后仪器工作在末端触发和预置触发相结合的方式下,当信号数据存储器被装满但瞬态信号未出现时,实现末端触发,在荧光屏上显示一个画面。保持一段时间后,被存入的数据更新。若瞬态信号仍未出现,再利用末端触发显示一个画面,这样一个个画面显示下去,如同为了查找某个内容一页页地翻书一样,一旦出现预期的瞬态信号则立即实现预置触发,将捕捉到的瞬态信号波形稳定地显示在荧光屏上,并存入参考波形存储器中。

(3) 卷动显示

卷动显示方式适于观测缓变信号中随机出现的突发信号。它包括两种方式:一种是新波形逐渐代替旧波形,变换点自左向右移动;另一种是波形从右向左移动,在左端消失,当异常波形出现时,可按下存储键将此波形存储在荧光屏或存入参考波形存储器中,以便做更细致的观测与分析。

(4) 放大显示

放大显示方式适于观测信号波形的细节,此方式是利用延迟扫描的方法实现的。此时荧光屏一分为二,上半部分显示原波形,下半部分显示放大了的部分。其放大位置可用光标控制,放大比例也可调节,还可以用光标测量放大部分的参数。

(5) XY 显示

与通用示波器的显示方法基本相同,一般用于显示李萨如图形。

(6) 显示的内插

数字存储示波器是将取样数据显示出来,由于取样点不能无限增多,能够做到正确显示的前提是足够的点来重新构成信号波形。考虑到有效存储带宽问题,一般要求每个信号显示 20~25 个点。但是较少的采样点会造成视觉误差,可能使人看不到正确的波形。数据点插入技术可以解决显示中视觉错误的问题。数据点插入技术常常使用插入器将一些数据插在所有相邻的取样点之间,主要有线性插入和曲线插入两种方式。

4. 数字存储示波器的特点

与模拟示波器相比,数字存储示波器具有以下几个特点。

(1) 波形取样存储与波形显示相互独立

在存储工作阶段,对快速信号采用较高的速率进行取样和存储,对慢速信号采用较低速率进行取样和存储,但在显示工作阶段,其读出速度可以采用一个固定的速率,不受采样速率的限制,因而可以清晰而稳定地获得波形,可以无闪烁地观测被测极慢变化信号,这是模拟示波器无法做到的。对观测极快信号来说,数字存储示波器采用低速显示,可以使用低带宽、高精度、高可靠性而低造价的光栅扫描示波管。

(2) 能长时间保存信号

由于数字存储示波器是把波形用数字方式存储起来,其存储时间在理论上可以是无限长。这种特性是对观察单次出现的瞬间信号极为重要,如单次冲击波、放电现象等。

(3) 先进的触发功能

数字存储示波器不仅能显示触发后的信号,而且能显示触发前的信号,并且可以任意选择超前或滞后的时间。除此以外,数字存储示波器还可以提供边缘触发、组合触发、状态触发、延迟触发等多种方式来实现多种触发功能。

(4) 测量准确度高

高精度数字存储示波器由于采用晶体振荡做高稳定时钟,有很高的测时准确度。采用高分辨率 A/D 转换器也能使幅度测量准确度大大提高。

(5) 数据处理能力强

数字存储示波器内含微处理器,因而能自动实现多种波形参数的测量和显示,如上升时间、下降时间、脉宽、峰峰值等参数的测量与显示;能对波形实现取平均值、取上下限值、频谱分析以及对两波形进行加、减、乘、除等多种复杂的运算处理;还具有自检与自校等多种操作功能。

(6) 具有外部数据通信接口

数字存储示波器可以很方便地将存储的数据送到计算机或其他的外部设备,进行更复杂的数据运算和分析处理,还可以通过 GPIB 接口与计算机一起构成自动测试系统。

5. 数字存储示波器的主要技术指标

数字存储示波器与波形显示有关技术指标与模拟示波器相似,下面仅讨论与波形存储部分有关的主要技术指标。

(1) 最高取样速率

最高取样速率指单位时间内的取样次数,也称数字化速率,用每秒钟完成的 A/D 转换的最高次数来衡量,常以频率来表示。取样速率越高反映了示波器捕捉高频或快速信号的能力越强,取样速率主要由 A/D 转换速率决定。数字存储示波器的测量时刻的实时取样速率可根据被测信号所设定的扫描时间因数(即扫描一格所用的时间)来推算,其推算公式为

$$f = \frac{N}{t/\text{div}} \qquad\qquad (2.3.1)$$

式中,N 为每格的取样点数,t 为扫描时间因数。

(2) 存储带宽

存储带宽与取样速率密切相关。根据取样定理,如果取样速率大于或等于二倍的信号

频率,便可重现原信号。实际上,为保证所显示波形的分辨率,往往要求增加更多的取样点,一般取 $N=4\sim10$ 倍或更多,即存储带宽。

(3) 分辨率

分辨率指示波器能分辨的最小电压增量,即量化的最小单元。它包括垂直分辨率(电压分辨率)和水平分辨率(时间分辨率)。垂直分辨率与 A/D 转换的分辨率相对应,常以屏幕每格的分级数(级/div)或百分数来表示。水平分辨率由取样速率和存储器的容量决定,常以屏幕每格含多少个取样点或用百分数来表示。取样速率决定了两个点之间的时间间隔,存储容量决定了一屏内包含的点数。一般示波管屏幕上的坐标刻度为 $8\times10\text{div}$(即屏幕垂直显示格为 8 格,水平显示格为 10 格),如果采用 8 位的 A/D 转换器(256 级),则垂直分辨率表示为 32 级/div,或用百分数来表示为 $1/256=0.39\%$。如果采用容量为 1k 的 RAM,则水平分辨率为 $1\,024/10=100$ 点/div。

(4) 存储容量

存储容量又称记录长度,它由采集存储器(主存储器)最大存储容量来表示,常以字为单位。数字存储器常采用 256、512、1K 等容量的高速半导体存储器。

(5) 读出速度

读出速度是指将数据从存储器中读出的速度,常用"时间/div"来表示,其中时间为屏幕上每格内对应的存储容量乘以读脉冲周期。

2.3.2　数字存储示波器的使用

数字示波器因具有波形触发、存储、显示、测量、波形数据分析处理等独特优点,应用越来越广泛。在操作使用方面,不同厂家和型号的数字存储示波器各不相同,但大都是采用按键或旋钮操作与菜单显示配合按键使用的方式,这与传统示波器有一定的差异。因此使用之前应认真阅读相关操作说明。

数字存储示波器用于测量单一频率正弦或低频脉冲信号时,工作于实时模式下与传统模拟示波器的工作原理大致相同,操作原则也与模拟示波器基本一致。手动操作时主要包括:

(1) 信号正确接入示波器,包括探头正确使用和输入耦合方式的选择。

(2) 正确设置示波器的触发系统,包括触发源、触发耦合方式、触发类型等的选择。

(3) 适当调节水平系统和垂直系统,包括各自的位移和灵敏度调节。

(4) 适当的触发电平。

通过以上几方面的调节,基本能够稳定显示被测信号的波形。另外数字存储示波器都设有"自动"测量功能,测量频率不是很低的大信号,启动"自动"测量示波器将自动设置垂直、水平和触发控制,可将被测信号波形稳定显示出来。

但如果被测信号幅度比较小、信噪比较低或者频率较低,"自动"测量功能将无法奏效,则在测量时按照前述几方面进行手动调节后,还需打开"带宽限制"或"高频抑制"功能,相当于输入通道接入低通滤波器,对高频干扰起到阻隔作用。

数字存储示波器有丰富的采样方式,一般观察单次信号选用实时采样方式;观察高频周期信号选用等效采样方式;希望观察信号的包络选用峰值检测方式;希望减少所显示信号的随机噪声,选用平均采样方式;观察低频信号,选择滚动模式方式;希望避免波形混淆,打开混淆抑制。

　　总之，对于基础测量来说，数字存储示波器使用了自动化的测量方法和游标自动读数，与模拟示波器网格线判读的方法相比，测量更快捷、更精确。虽然数字存储示波器入门操作变得更加容易，但其功能复杂繁多使得达到熟练使用的难度更大，需要在应用中逐步掌握。

第 2 篇　基本技能篇

本篇从电子电路的安装和调测开始,介绍了安装、调测、基本电参数测量方法以及实验数据的读取和处理等基本实验技能。目前低频电子电路实验是以使用面包板搭接电路为主,手工焊接手段作为补充手段。但从后续的学习和长远的发展的角度看,手工焊接也是学生应该掌握的基本技能之一,后面通过实验内容的设置对手工焊接技能的培养做了引导。

各种基本电参数的测量是工程实践能力的基石,熟练使用各类仪表规范测量各种电参数是实验课程的基本目标之一。

技能是通过实践培养起来的动手能力,本篇内容不是为了解决实践中遇到的所有问题,而是对实际动手能力锻炼和提高的引领。

第 3 章

电子电路的安装与调测

3.1 电子电路的安装

电子电路必须进行实际组装和调试,通过检测满足功能和性能指标要求,才能投入使用。电子电路要能够可靠稳定地工作并发挥优良性能,不仅要求原理正确、方案合理,还应安装合理、可靠。电路安装奠定一个电路正常工作的基础,能够合理有效地进行电路的安装和检测,是电子工程师的基本技能之一,也是电子电路实验的基本教学目标。

3.1.1 电子电路安装的一般原则

电子电路的安装通常采用焊接或在面包板上插接的方式。焊接是通过熔化的焊锡将元器件固定到印刷电路板上,连接成为电路结构。焊接安装的电路可靠性高,分布参数对电路性能的影响小,有利于获得优良的电路性能。但焊接后电路的调整将受到限制,器件可重复利用率低,也比较费时费力。而在面包板上进行电路的组装,分布参数影响大,只能适用于低频电路,可靠度也不如焊接,但简单易行,便于电路的调整并可提高器件重复利用率,是低频电子电路特别是结构较简单电路调测和实验的常用方法。

无论何种电子电路安装方式,都要涉及电路结构布局、元器件的安置、线路的走向及连线等方面的问题。安装好的电路应电气性能合理,物理结构可靠,外观整齐美观。

(1) 电路的整体布局与元器件布置

在电路整体布局上,应根据电路的面积合理布置元器件的密度。元器件的安置要便于调试、测量和更换。电路图中相邻的元器件,在安装时原则上应就近。如果电路分成了不同的几级,则各级电路要相对独立,不同级的元器件不要混置在一起,特别是输入级和输出级之间要保持距离,以免引起级与级之间的寄生耦合,使干扰和噪声增大。

元器件在电路中的位置和方向原则上应横平竖直,元器件的标志安装时应一律向外,以便检查。接插集成电路时应认清方向,所有集成电路的插入方向应保持一致,一般将有缺口或有小孔标志的一端朝向左侧。

发热元器件的安置要尽可能靠近电路的边缘,以利于散热,必要时加装散热片。而温度敏感的元器件要远离发热元件,以保证其免受干扰稳定工作。对于有磁场产生、可能相互影响和干扰的元器件要分开,或采取屏蔽措施。

（2）布线与连线

电子电路合理布线和连线不仅影响其外观,而且是决定电子电路性能的重要因素之一。电路工作不稳定往往由于连线的不可靠引起。而电路出现自激振荡则经常是布线的不合理所致。

布线或连线时,一般先电源线、地线,后信号线。电源线和地线在空间上要分开,颜色要有规律。布线连线应尽量呈直线排列,横平竖直并且走线尽可能短,以减小分布参数对电路的影响。规模较大的电路连线时应注意贴近电路板,不应悬空,更不应跨接在元件上面。线与线之间应避免相互重叠。

信号线不可迂回,尽量减小形成闭合回路的情况。频率较高时各信号线之间以及信号线与电源线之间不要平行,以防寄生耦合而引起电路自激。为了使连线整洁美观便于测量和检查,要尽可能选择不同颜色的线。

布线连线时要根据电路原理图和装配图从输入到输出逐级连接,切忌东一根西一根没规律,这样容易形成错线和漏线。

3.1.2 在面包板上插接电路

1. 面包板的结构

面包板外观看是一个有许多小孔的塑料板,如图 3.1.1 所示。图中面包板由两块窄条和一块宽条拼接而成,窄条和宽条分别是面包板的两种规格的单元,利用多个窄条和宽条可以拼接出更大面积的面包板,以适用于不同规模的电路。

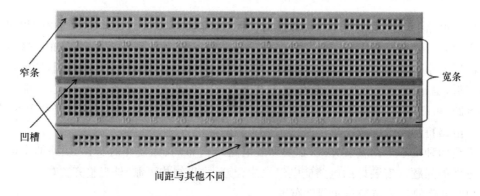

图 3.1.1　面包板外观

面包板每五个小孔为一组,内部都装有供插接元器件引脚或导线的金属簧片,形成了每组小孔之间的互通,图 3.1.2 给出面包板小孔之间的互通关系,有细线连接的小孔之间表示互相连通。

注意:图 3.1.2 中给出的面包板窄条中间不通,两侧每行各有 5 组共 25 个小孔连通。但实际上不同厂家的产品,面包板窄条的连通规则并非全是如此,使用时应加以注意,必要时可以用欧姆表测试确定。

面包板的每组插孔下面通过金属簧片相连,而面包窄条的 5 组共 25 个插孔共用一条金属簧片。这样插入同一组插孔中的导线或元器件引脚即可通过金属簧片相互连接。金属簧片与导线的连接示意如图 3.1.3 所示。

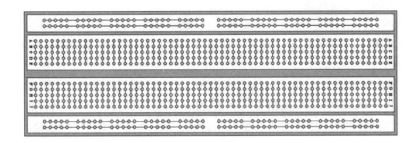

图 3.1.2　面包板小孔间的互联规律

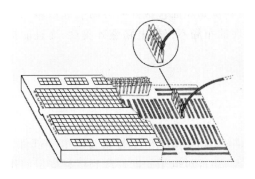

图 3.1.3　面包板内部金属簧片与导线的连接

2. 用面包板搭接电路

用面包板搭接电路前,应先根据电路规模和特点,按照前面所述电路安装的一般规则,大致规划电路在面包板上的布局。

搭建时,第一要遵循"最少连线"原则,尽量减少连接点,连接点越多出现故障的几率越大。第二要做好电源连接区域的划分,一般将面包板上的两个窄条的第一行和地线连接,第二行和电源相连。由于集成电路的电源一般在上面,接地在下面,如此布局有助于将集成电路的电源端和上面第二行窄条相连,接地端和下面窄条的第一行相连,减少连线长度和跨接线的数量。

进一步进行元器件的安置和连线可按下面步骤一一实施。

(1) 主要元器件位置的选择

① 集成电路

DIP 封装的集成电路可以直接插到面包板上使用,插接前先检查两排引脚形态和间距正常,然后将引脚插在面包板宽条中央凹槽上下两侧的孔中,使芯片紧贴面包板卧于凹槽上,以便引脚与插孔中的簧片接触良好。

电路中所有集成电路芯片的方向应一致,缺口朝左,便于正确布线和调试。

② 晶体管

TO-92 封装的小功率晶体管引脚之间距离,与面包板宽条中水平向上相邻的三个不同组的互不相通的小孔距离一致,因此插接时不应将晶体管的引脚进行弯折,以免损坏其引脚。将晶体管插接在面包板宽条上半部或下半部的中间位置,上下分别留出余地,以便插接其他元器件。

（2）按照电路图连接其他元件

根据电路图,按照电路中信号流向顺序连接其他元件。连接的过程中注意避免接触不良或短路现象的发生。按照抗干扰技术的要求,合理分布元器件,正确连接地线。

（3）导线的选用和连接

电路中尽量少用短接线以提高电路的可靠性。需要用短接线时应遵循电子电路对引线特别是电源和地线的颜色规定,选用直径合适、颜色正确的导线,以便于检查电路。

如果是使用杜邦线,应注意接头处是否正常;如果是普通的硬芯线,则可以根据电路需要,先截取适当的长度,然后用剥线钳在硬芯线的两端剥除适当长度的绝缘层,露出金属芯线。剥除的长度根据接线在面包板的插接深度决定,不能过短或过长。过短会与面包板内部金属簧片接触不良,过长则裸露在面包板外面容易引起短路。

正确的组装方法和合理的布局不仅使电路整齐美观,而且能提高电路工作的可靠性,便于检查和排除故障。

3.1.3　手工焊接电路

1. 印刷电路板

印刷电路板(Printed Circuit Board,PCB)是重要的电子部件,是电子电路的载体,不仅提供电子元器件的电气互连,而且对电子元器件起到机械固定的作用。

将高分子复合材料合成树脂和增强材料组成的绝缘层板作为基板,用粘合、过热挤压的工艺,将导电率较高、焊接性能良好的纯铜材料牢固覆于基板表面,就形成了覆铜板。

根据具体需要,利用腐蚀、雕刻等工艺将覆铜板上多余的铜箔去除,余下的部分形成电路连接,就初步得到印刷电路板,又称印制电路板。

实际使用的印刷电路还要经过一系列的工艺过程,如通过钻孔、沉铜、电镀、加厚等过程进行金属化过孔,这在双面和多层印刷电路板中至关重要。通过丝印层加工在电路板上绘出元器件封装的外轮廓并印上元器件名称、参数等,提高电路板的可读性。通过涂覆绝缘树脂形成阻焊层,以保护电路避免氧化和焊接短路;通过机械切割将电路板加工成客户所需的外形尺寸。

如果印刷电路板只有一面有敷铜,被称单面板。单面板的印制导线和焊盘都集中在敷铜面,焊接点也在敷铜面;组成电路的元器件则集中在板的另一面,两面分称焊接面和元件面,如图3.1.4所示,图中左侧为元件面,右侧为焊接面。

两面敷铜的印刷电路板称为双面板,如图3.1.5所示。双面板的两面都布有导线并且可以利用贯穿电路板的导孔(过孔)连接,解决了导线相互交错问题,布线面积也比单面板扩大了一倍,所以大大减少了电路板设计时的限制,可以实现比较复杂的电路。双面板两面都可以焊接,但为了方便,双面板也经常将大部分元件集中在其中一面。

图 3.1.4　单面板的两面　　　　　　　图 3.1.5　双面板的两面

如果多个双面板叠加,彼此之间用绝缘层绝缘并粘合,就可以形成多层板。随着电子技术的发展和电子产品向复杂化、小型化、微型化发展,多面板的应用越来越多。

在电子产品研制阶段,或电子爱好者制作电路时,由于无法构成批量,基于成本因素不可能制作印刷电路板,这样就需要通用电路板或称万能板。常见的万能板如图 3.1.6 所示。在万能板上组装电路时,不仅要合理规划元器件的位置,将各元器件焊接到板上,还要用导线焊接各元器件之间的连线。

图 3.1.6　常见万能板

2. 工具和材料

(1) 电烙铁

电烙铁是手工焊接的主要工具。按照加热的方式分,电烙铁有直热式、感应式、气体燃烧式等;按功能分有单用式、两用式、调温式等;各种电烙铁根据功率不同,又有 20 W、30 W、35 W、50 W、100 W 等不同的规格。

手工焊接常用的电烙铁为直热式。根据加热体的位置的不同,直热式电烙铁又分为外热式、内热式和恒温式三大类,如图 3.1.7(a)～(c)所示。加热体位于烙铁头外面的称为外热式。位于烙铁头内部的称为内热式。恒温式电烙铁通过内部温度传感器和开关进行恒温控制并可调节恒温温度,实现恒温焊接。电烙铁如果配有专门的调温部件,通常被称为焊台,如图 3.1.7(d)所示。焊接阻容元件、晶体管、集成电路、印制电路板的焊盘或导线时,采用 30～45W 的外热式或 20W 的内热式电烙铁即可,电烙铁接通电源后,由镍铬电阻丝绕制而成的加热体温度升高,烙铁头被加热,烙铁头温度达到 200～300 ℃后,可熔化焊锡进行焊接。

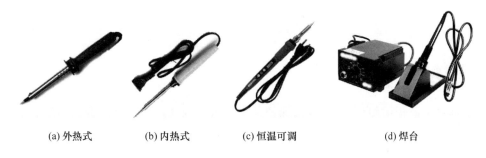

(a)外热式　　　　(b)内热式　　　　(c)恒温可调　　　　(d)焊台

图 3.1.7　各种电烙铁

(2) 吸锡器和其他工具

将焊接在电路板上的电子元器件拆卸下来的过程被称为拆焊或解焊,是焊接的相反过程。在拆焊的过程中,经常要用到吸锡器,如图 3.1.8(a)所示。吸锡器的作用是吸除所拆焊点的焊锡。

另外,还可能用到其他辅助工具,如烙铁架、尖嘴钳、剪刀、斜嘴钳、剥线钳、镊子、切刀等。烙铁架在焊接过程中放置电烙铁;剥线钳〔如图 3.1.8(b)所示〕、尖嘴钳〔如图 3.1.8(c)所示〕、剪刀、镊子用于准备导线,整理待焊元器件的管脚等;斜嘴钳〔如图 3.1.8(d)所示〕用于切剪焊接后元件管脚多余部分;切刀则主要用于刮除待焊接导线和元器件引脚的氧化层,使之易于焊接。

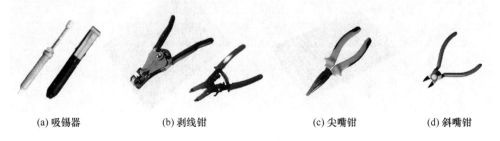

| (a) 吸锡器 | (b) 剥线钳 | (c) 尖嘴钳 | (d) 斜嘴钳 |

图 3.1.8　吸锡器和其他几种常用工具

(3) 焊料与助焊剂

焊料是熔点低于被焊金属的易熔金属,焊接时焊料被加热熔化,在被焊金属表面形成合金液而与被焊金属连接在一起。焊料按成分的不同,有锡铅焊料、铜焊料、银焊料等。一般在电子产品装配焊接中,经常使用的是铅锡焊料,通常做成丝状,俗称焊锡丝,如图 3.1.9(a)所示。

助焊剂是指焊接时添加在焊点上,起到清除被焊材料表面氧化物和污渍,防止被焊材料再氧化,保证焊接质量的添加剂。助焊剂有树脂、有机和无机三类,从植物的分泌物中提取的松香就是树脂类的助焊剂,如图 3.1.9(b)所示。

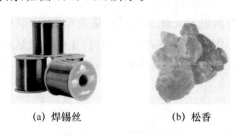

(a) 焊锡丝　　　　　(b) 松香

图 3.1.9　焊锡丝和松香

3. 焊接前的准备工作

(1) 检查印刷电路板

检查印刷电路板的图形、位孔以及孔径是否与图纸符合,有无断线、缺孔的现象。板的表面有无污染或变质,表面处理是否合格。在检查电路板的过程中,应避免手指接触电路板上裸露的焊盘而造成污染。如果焊盘被污染或存在氧化现象,应使用有机溶剂或者砂纸打磨的方式清洁焊盘,以防止焊接时不易被焊料浸润而引起虚焊。

(2) 元器件的准备

焊接前应对照原材料清单对元器件进行仔细清点和检查,以保障焊接安装的顺利有序。

清点过程中观察元器件外观,如有明显缺陷应予以更换或进一步测量确定其性能正常。阻容元件应确保参数正确;二极管和晶体管、集成电路要通过测量保障性能完好。

焊接前还应用切刀或砂纸将元器件引线的氧化层刮除或打磨掉,并进行预镀锡,然后参考电路板上留出的元件引脚间距,用镊子或尖嘴钳将元器件引脚加工成便于安装的形状。加工时注意应从距引脚根部 2 mm 左右处开始圆滑的弧状弯曲,避免折成为直角。直角弯折容易导致引线断裂或内部产生裂纹,影响其导电性能。

处理好的元器件还应该按照焊接顺序依次摆放,以避免出错并提高工作效率。元器件焊装顺序应遵循如下原则:按照元器件在电路板上的高度,先低后高;按照元器件的重量,先轻后重;按照元器件耐热程度,先耐热后不耐热。

(3) 电烙铁使用注意事项

新的电烙铁在使用前一般都需要进行处理。如果烙铁头的形状不符合使用者的要求,需要先把烙铁头锉成适当的形状,然后再接通电源。通电后烙铁头温度升高至能熔化焊锡时,将松香涂在烙铁头上,等松香冒烟后再涂上一层焊锡,如此进行二至三次,使烙铁头布满焊锡以防氧化。如果缺少此步骤或动作比较慢,烙铁头将产生一层氧化层,这样融化的焊锡就无法附着在烙铁头上,俗称"不吃锡"。如果烙铁头"不吃锡",则焊接操作将无法进行。在这种情况下应该断掉电源,待烙铁彻底冷却后,拆下烙铁头再用锉将其氧化层锉去,重新镀上焊锡。

为安全起见,电烙铁不用时应及时断电。另外,长时间通电而不使用容易使电烙铁芯加速氧化而烧断,同时烙铁头也会因长时间加热而氧化,不容易"吃锡"。

4. 手工焊接电路的要点

(1) 电烙铁的拿法

焊接时电烙铁要拿稳对准,以免烫伤、损坏被焊件。电烙铁有三种拿法:正握法、反握法和握笔法,如图 3.1.10 所示。

其中握笔法类似于写字时手拿笔的姿势,比较方便灵活,便于初学者掌握。但握笔法长时间操作容易疲劳,烙铁也较容易出现抖动现象,适用于小功率电烙铁焊接小规模印制电路板,或电子产品的维修;而反握法焊接时动作稳定,长时间操作不宜疲劳,适用于大功率烙铁焊接热容量大的被焊件;正握法则适用于带弯头的中等功率的电烙铁。

(a) 正握法　　　　　(b) 反握法　　　　　(c) 握笔法

图 3.1.10　电烙铁的拿法

(2) 焊锡丝的拿法

焊接时一手拿电烙铁,一手拿焊锡丝。焊锡丝的拿法有两种:连续焊接时拿法和断续焊接时拿法,如图 3.1.11 所示。连续焊接时用拇指和食指拿住焊锡丝,顶端留出 3~5 cm 的长度,焊接过程中可以借助其他手指连续向前送料。

焊锡丝可能含有一定比例的铅,因此操作时可戴手套或注意操作后洗手。

(a) 连续焊接   (b) 断续焊接

图 3.1.11 焊锡丝的拿法

(3) 手工焊接的五步操作法

手工焊接的操作可以划分为五个步骤,简称五步操作法。如图 3.1.12 所示,图中从左往右,分别为步骤1~步骤5。

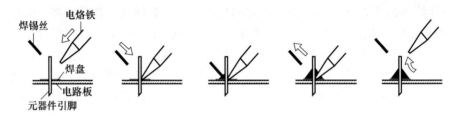

图 3.1.12 手工焊五步操作法图示

步骤 1:准备施焊

左手拿焊锡丝,右手持电烙铁,电烙铁已经通电预热,可以随时施焊。烙铁头洁净无焊渣等氧化物,表面镀有一层焊锡。待焊接元件已处理好并安置于待焊接位置。

步骤 2:加热焊件

将烙铁头放在被焊接的两焊件连接处,使两个焊件都与烙铁头相接触,同时加热两个焊件焊接面至一定温度,时间为 1~2 s。

注意:此步骤中不要用烙铁头对焊件过度施加压力,过度施压并不能加快传热,却加速了烙铁头的损耗,更严重的是对被焊接的元器件造成不易察觉的损伤,埋下隐患。

步骤 3:送入焊锡丝

焊件的焊接面被加热到一定温度时,焊锡丝应从烙铁对面接触焊件,焊件的高温使焊锡丝融化并浸润焊接面。

注意:不要把焊锡丝送到烙铁头上!

步骤 4:移开焊锡丝

当焊锡丝熔化一定的量,使焊接面布满液态焊锡后,立即向左上 45°方向移开焊锡丝。

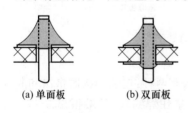

(a) 单面板   (b) 双面板

图 3.1.13 单面板和双面板的焊点

注意:焊锡熔化的量要适中,过量焊锡不但造成浪费,还增加了焊接时间,降低了工作速度,并容易造成焊点与焊点之间的短路。而焊锡过少则焊件之间不能形成牢固结合,影响焊点的质量。在印刷电路板上焊接时,原则上熔化的焊锡应刚好布满焊盘,而双面板则焊锡还要充满孔的缝隙,所以同样大小的焊盘,双面板比单面板需要更多的焊锡,而双面板的焊点比单面板的焊点电气连接更可靠,机械连接强度更高,质量更好。二者的区别如图 3.1.13 所示,图中灰色部分为焊锡形成的合金层。

步骤 5:移开烙铁

焊锡丝移开后,融化的焊锡应同时也浸润焊件的施焊部位。此时应迅速将烙铁头贴刮着被焊接的焊件(元件引脚或导线)移离焊点,这样可以使焊点保持适当量的焊料。从第三步开始到第五步结束,时间 1～2 s。如果时间太长容易使焊件和焊盘因温度过高而损坏。

注意:烙铁移开后至焊锡凝固之前,应保持焊件静止,如果焊接时用镊子或钳子等工具帮助固定焊件,一定等焊锡凝固后才松开固定工具,因为焊锡的凝固过程是结晶的过程,在金属结晶期间受到外力(焊件移动或抖动)会改变结晶的条件,形成大粒结晶,造成所谓的"冷焊",使焊点内部结构疏松,机械强度降低,导电性变差。

5. 焊接后的检查和处理

元器件焊接完毕后,要仔细检查确认各个元件焊接正确,如发现有误应及时拆焊。确认无误后,可以用斜嘴钳剪断多余的引线。注意剪线时握住斜嘴钳用力剪下即可,不可有拉、拽的动作,以免对焊点产生破坏作用。

检查所有的焊点,修补焊点缺陷。电路板焊接过程中可能粘有细小的锡珠,也可能有焊锡熔化后拉出的锡丝,这些都要彻底清除,否则将会引起电路的短路。

3.2　电子电路的调测

3.2.1　电子电路调测的仪表及方法

1. 电路调测常用仪表

(1)万用表

万用表可以用于测量交流电压、交流电流、直流电压、直流电流、电阻值,用于判断电容好坏和检测二极管、晶体管的极性、管脚以及性能,用于判断线路的通断等,是电子线路调试中不可缺少的仪器。

(2)示波器

示波器可以用来观察和对比信号波形,测量信号幅度、频率、周期、相位等参数,是测量信号时域特性必不可少的仪器,特别是数字存储示波器,功能强大,测量精度高,使用范围广,具有很高的灵敏度和交流输入阻抗,在电路调测中发挥越来越重要的作用。

(3)函数信号发生器

在电路调测过程中,信号发生器可以为被测电路提供各种电信号,如方波、正弦波、三角波、脉冲信号等,用来检测电路的工作性能。

(4)稳压电源

稳压电源为电路提供电源。

除以上常用仪表外,电路调测可能还会用到更复杂的一些仪表,如测量数字信号的逻辑分析仪、测量信号频域特性的频谱仪等。

2. 电路调测的一般方法和步骤

一般小规模的电子电路或者已经定型的、设计方法较成熟的电路,在安装检查完毕后可以一次性整体调测。有的电路系统虽然规模大,但需要各部分电路相互配合,也必须整体调测。但一般具有一定规模的电路,都应分模块调测。将整体电路系统按功能分成若干个模块,对每个模块按照在系统中的工作状态分别进行调测。调测顺序是:按信号的流向,逐模块进行或逐步扩大调试范围,最后完成总体调测。分块调测的优点是:电路工作条件简单,问题出现的范围小,易于判断解决。

不论分模块调测还是整体调测,电路调测一般都遵循以下步骤。

(1) 不通电检查

电路安装完毕,不要急于通电,先从以下几个方面认真检查。

① 连线或焊接是否正确,是否有错线、少线和多线的现象

对照电路原理图,按一定顺序在安装好的电路中逐一对应检查。采用这种方法比较容易找出错线和少线。

或者按照实际电路中主要元器件各个引脚连线的去向和相连元件,查找每个去向和连接元件在原理图上是否存在。采用这种方法不但能查出错线和少线,还能查出多线。

不论采用哪种查线方法,一定要在原理图上对检查过的线做出标记。

② 直观检查电源、地线、信号线、各元器件引脚之间有无短路

对于电路的电源线和地线一定要特别注意,谨防极性接错。观察各个连线处有无接触不良,晶体管、电解电容等器件的引脚有无错接,集成电路芯片是否插错等。可以轻拨元器件,观察插接是否牢固可靠。

③ 用万用表电阻挡检查电路的通、断情况

在不通电的情况下,用万用表电阻挡可以方便地检查焊接和接插是否良好,元器件引脚之间有无短路,连接处有无接触不良等,还可以通过测量电路的电源端和接地端之间的电阻值,判断电路是否存在短路,如果阻值过小则存在短路,必须马上检查排除。

(2) 通电检查

电路经过不通电检查正常后,把经过准确测量符合要求的电源电压接入电路,电源接入的瞬间,要注意观察稳压电源或电路是否有异常现象发生。一般稳压电源都有输出电压和输出电流显示,如果稳压电源接入电路后出现输出电流过大、输出电压下降现象,说明电路存在短路现象,应立即切断电源,排查故障。同样,如果电路出现冒烟、异常气味、元器件发烫等现象,则可能出现器件烧毁现象,同样应立即切断电源,待故障排除后方可再次通电。

在整个电路调测过程中,还应注意观察稳压电源的输出电压和输出电流显示,若出现输出电流增大、输出电压下降的现象,说明电路发生短路,应及时断电处理。

(3) 静态调测

电源接入电路后无异常现象,即可检测电路的直流参数,如有需要可以进行直流参数的调整,使电路处于正常的直流工作状态。例如,调整晶体管放大电路的静态工作点、差分电路的对称性、运算放大器各管脚直流电位等。调测过程中若出现异常,应及时查找原因并排除。

(4) 动态及指标调试

电路的静态测试正常,静态参数调整适当后,电路才可以进入动态工作状态,进行功能指标的测试。应根据电路的工作特性和具体测量项目,选择适当类型、幅度和频率的输入信

号。例如,进行差分电路的调测,测量其电压放大倍数时,输入信号应选用中频小信号正弦波,而在测其电压传输特性时,则应选择中频大信号,波形则不一定非是正弦波。所以应根据不同的测量任务选择适当的输入信号,否则达不到期望的测量效果。

进行电路动态测量时,应用示波器监测输入、输出波形,根据输入、输出波形判断电路工作正常后,才进行有效值、峰峰值、频率、周期、相位等的测量。在测试的过程中,应认真规范记录和分析测试数据,做出测试结论。如发现性能指标与要求不符,应分析问题所在并对电路进行调整,最终使电路的各项指标符合要求。

3. 电路调测注意事项

(1) 测量电压所用仪器的输入阻抗必须远大于被测的测试点的等效阻抗,否则会引起分流,给测量结果带来较大的误差或引起测量错误。

(2) 测量仪器的带宽必须大于被测电路的带宽。例如,某种型号的示波器工作频率范围为 DC～20 MHz。如果放大器的上限截止频率为 20 MHz,上述示波器就不适合用于测量此放大器的幅频特性。

(3) 电路调测时应注意仪器的地线与被测试电路的地线需可靠连接。使用接地端接机壳的电子仪器进行测量时,仪器的接地端应和被测电路的接地端相连,否则仪器机壳引入的干扰会影响电路的正常工作,导致测量结果出现误差。例如,在调节差分电路的对称性时,不能用示波器的一个探头直接接在差分电路的两个输出端之间测量其双端输出量,而应分别测出 u_{o1}、u_{o2},然后将二者相减得双端输出量。若使用万用表测量双端输出的直流量,由于万用表的两个表笔是浮地的,所以可以直接接到两个输出端之间进行测量。

(4) 电路进行调整时应避免带电操作。更换元器件或更改连线时,电路一定要先断开电源,否则容易引起元器件的损坏或电路的短路。注意断开电源并不是关掉稳压电源,因为稳压电源在开与关的瞬间往往出现瞬态过冲的现象。电路中的集成电路或元件受到这一冲击后易造成损坏。因此电路调测过程中如需断开电源,正确的做法是去掉电路中的电源接线。

(5) 电路调试时应细致观察、认真记录。实验记录是十分重要的实验手段,记录的信息也是重要的技术资料。初学者往往只注重最后的技术指标测试记录,而不注意对调试中出现的非正常现象和分析排除过程进行记录,比如故障现象、故障原因分析、解决措施和效果等,而这些细节往往是进行科学分析的重要依据。

电子电路是由电子元器件与连线按一定的电路图组装起来的。因此设计方案的合理性、元器件质量和性能、连线和安装的正确性与可靠性等任一方面如果存在问题,都将导致电路无法正常工作。所以一个新组装的电路出现故障是难免的,分析、寻找和排除电路的故障是电气工程人员必备的实际技能,也是电子电路实验课程的重要内容,只有通过不断地认真实践才能掌握。

3.2.2　电子电路常见故障的诊断

1. 电子电路常见故障的原因

电子电路故障产生的原因很多,情况也较复杂,有的故障是一种原因引起的,有的则是多种因素相互作用产生的。因此很难将引起电子电路故障的原因进行简单分类,所以对故障的诊断只能从以下几个方面进行考虑:

- 电路设计本身存在缺陷,不能满足技术要求;
- 实际安装电路与设计原理图不符,元器件或连线错误;
- 元器件使用不当,引脚接错或已损坏;
- 连线发生短路或断路,虚焊或错焊;
- 接插件接触不良;
- 接地处理不当或隔离和屏蔽不够引入干扰;
- 工作状态设置不正确;
- 测试仪器使用不当等。

2. 电子电路故障诊断的一般方法

对电子电路故障的诊断和排查可以从输入到输出,也可以从输出到输入,具体方法有如下几种。

(1) 直接观察法

直接观察法是指不用任何仪器,仅利用人的视、听、嗅、触等作为手段去发现问题,并寻找和分析故障。例如,在电路不通电源的情况下检查仪器以及功能和挡位的选择是否正确;电源电压的数值和极性、电解电容的极性、二极管和晶体管的管脚、集成电路的引脚有无错接、漏接、互碰等现象;电路布线是否合理;元器件有无烧焦和炸裂现象;等等。在接通电源时观察电路是否有异常发热、冒烟、打火等现象。

(2) 静态测试法

在不加输入信号情况下,测量电路中的二极管、晶体管、集成芯片的直流工作状态,电路中的各元件的电压值等。可使用万用表直流电压挡,也可以将示波器置于直流输入耦合方式进行测量,示波器能同时观察被测点上的直流情况和可能存在的干扰,便于分析查找故障原因。

(3) 动态逐级跟踪法

在输入端接入一个有规律的信号(例如,对多级放大器,可在其输入端接入适当频率和幅度的正弦波),按信号流向用示波器依次观察各级波形是否正常,哪一级异常则故障就发生在哪一级。对于复杂电路,也可将各单元电路前后级断开,在单元电路输入端加入适当信号,检查输出端的输出是否满足设计要求。

(4) 对比法

若怀疑某一电路存在问题,可将此电路的参数和工作状态与相同的正常电路中的参数,或理论分析计算的电流、电压、波形等进行对比,从而判断故障点。

(5) 替换法

将能够正常工作的电路中的元器件、插件等替换有故障电路的相应部件,观察故障电路的反应,以缩小故障范围判定故障原因。

(6) 旁路法

当有寄生振荡存在时,可用适当容量的电容器,选择适当的检查点,将电容临时跨接在检查点与参考地点之间。若振荡消失,表明振荡是产生在此附近或前级电路中。否则就在后级,再移动检查点寻找。

(7) 断路法

断路法是一种缩小故障怀疑范围的方法,用于检测短路故障最有效。例如,某稳压电源接入一个带有故障的电路,其输出电流过大时,可采取依次断开电路中某一支路的办法来检查故障。若断开某支路后电流恢复正常,说明故障就发生在该支路。

（8）加速暴露法

在故障不明显、时有时无难以确定或要较长时间才能出现的情况下,可采用加速暴露法。如通过敲击元件或电路板来检查接触不良、虚焊,用加热的方法检查热稳定性等。

总之,电子电路故障的原因是多方面的,电路故障的排查也是一项理论性和经验性并重的工作能力,需要不断地在实践锻炼中培养和提高。

3.3　电子电路中的抗干扰技术

3.3.1　噪声与干扰

在电子技术中,把一切来自系统内外的无关信号统称为噪声。噪声往往会对电子系统的有用信号产生干扰和破坏。

电子测量中噪声可能会影响有用信号的测量精度,特别是妨碍对微弱信号的检测。在通信系统中,噪声直接影响接收系统的灵敏度和传输系统的最小允许传输电平。在电子计算机中噪声极易造成系统的误动作等。所以可以认为干扰是噪声造成的不良影响。当某个噪声电压极大地影响电路的工作性能或使电路不能正常工作时,该噪声电压就称为干扰电压。一般来说,噪声是很难消除的,但是可以降低噪声的强度,使其不致形成干扰。

要想掌握抑制噪声和干扰的技术,必须首先了解噪声的特点,了解形成噪声的三要素（即噪声的来源、对噪声敏感的接收电路、噪声的耦合通道和方式）。抗干扰技术就是针对这三要素采取措施:抑制噪声源产生噪声;采取措施使接收电路对噪声不敏感;抑制耦合通道的传输。

（1）噪声的来源

噪声的来源多种多样,可笼统地分为系统内部的噪声和系统外部的噪声。

系统中各种元器件本身就是噪声源,如电阻的热噪声、晶体管的散粒噪声、低频噪声等。电阻的热噪声是电阻内部的自由电子无规则热运动造成的几乎覆盖整个频谱的噪声。热噪声除超低温情况外,几乎是不可避免的,但温度越低噪声越小。所以要尽量抑制电阻等元件温度的升高。另外,在系统运行过程中电流的突变、电路中的接触不良都会引起噪声。电子电路实验中最常见的是,由于电路布线的原因使电路存在寄生耦合,电路形成自激振荡产生噪声干扰。

系统外部的干扰因素非常多。例如,来自太阳或其他恒星辐射的电磁波产生的天体噪声;雷电等天气现象或大气层电气现象产生的电磁波或空间电位变化而引起的噪声;来自其他设备的电磁干扰等。电子电路实验中常见的噪声源有电源变压器、继电器、处于开关工作状态的集成电路、日光灯、运转的电机等。

（2）噪声的耦合方式

噪声的耦合方式是指噪声源以什么方式耦合到电路中,即噪声的引入渠道。噪声耦合方式有传导耦合、公共阻抗耦合、电磁场耦合三种形式。

- 传导耦合是指导线经过具有噪声的环境时,拾取到噪声并传送到电路造成干扰。电路输入引线或电源引线将噪声传至电路的情况最为常见。
- 公共阻抗耦合是指是通过电路系统中公共阻抗产生了寄生反馈。电路系统中最常见的公共阻抗是地线和电源内阻。公共阻抗耦合可以造成一个电路系统中不同单元电路间信号的串扰,还可能引起低频的自激振荡。
- 电磁场耦合即感应噪声产生的干扰,包括电场、磁场和电磁感应。电磁场耦合根据辐射源的远近可分为近场感应和远场辐射。近场感应:如电力线通过相互间电容耦合来传播,磁力线通过相互间电感耦合来传播。远场辐射是以电磁波方式传播。电容性耦合和电感性耦合往往同时存在,一般高电压回路易产生电容性耦合;大电流回路易产生电感性耦合。

3.3.2 抑制噪声的方法

1. 采用屏蔽措施屏蔽噪声源或保护电路

屏蔽就是对两个指定空间区域进行金属隔离,以抑制电场、磁场和电磁波由一个区域对另一个区域的感应和传播。按所需屏蔽的场的性质不同,屏蔽分为电场屏蔽、磁场屏蔽和电磁场屏蔽。

电场屏蔽是为了消除或抑制由于电场耦合引起的干扰。通常用铜和铝等导电性能良好的金属材料作屏蔽体,屏蔽体结构应尽量完整、严密并保持良好地接地。很多电子器件或测量设备为了免除干扰,都要实行电场屏蔽,如室内高压设备罩上接地的金属罩或较密的金属网罩、电子管用金属管壳等。

磁场屏蔽是为了消除或抑制由于磁场耦合引起的干扰,对静磁场及低频交变磁场,可用高磁导率的材料作屏蔽体,并保证磁路畅通。对高频交变磁场,由于主要靠屏蔽体壳体上感生的涡流所产生的反磁场起排斥原磁场的作用,材料也是选用铜、铝等良导体。

为防止在信号传输过程中受到电磁干扰,通常会用到有屏蔽层的同轴电缆线,其外观和结构如图 3.3.1 所示。信号通过芯线传输,而屏蔽层与电路的参考地以及仪表的机壳相连。芯线电流产生的磁场被局限在外层导体和芯线之间的空间中,不会传播到同轴电缆以外的空间。而电缆外的磁场干扰信号在同轴电缆的芯线和外层导体中产生的干扰电势方向相同,使电流一个增大,一个减小而相互抵消,总的电流增量为零。许多通信电缆还在外面包裹一层导体薄膜以提高屏蔽外界电磁干扰的作用。

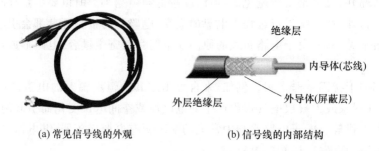

(a) 常见信号线的外观　　　　　(b) 信号线的内部结构

图 3.3.1　有屏蔽层的同轴信号线

2. 采用隔离技术阻断噪声耦合通道

使用光电隔离、变压器隔离和继电器隔离等方法把干扰源与接收系统隔离开来,使有用信号正常传输,而干扰耦合通道被切断,达到抑制干扰的目的。

（1）使用光耦合器件

光耦合器件是 20 世纪七八十年代发展起来的光电隔离器件,它输入、输出间互相隔离,采用光为媒介传输电信号,对输入、输出电信号有良好的隔离作用,具有良好的电绝缘能力和抗干扰能力,在各种电路中得到广泛的应用。

（2）使用隔离变压器

电子系统采用工频交流信号供电时,可以使用隔离变压器阻断工频交流信号引入的干扰。隔离变压器输入绕组与输出绕组带电气隔离,其输出端跟输入端完全"断路",对变压器输入端电压（电网供给的电源电压）起到了一个良好的过滤作用,从而给用电设备提供了纯净的电源电压。隔离变压器的次级对地悬浮,只能用在供电范围较小、线路较短的场合。

（3）使用继电器

继电器是一种电控制器件,当输入量（激励量）的变化达到规定要求时,在电气输出电路中使被控量发生预定的阶跃变化。它能实现控制系统（又称输入回路）和被控制系统（又称输出回路）之间的互动关系,是用小电流去控制大电流运作的一种"自动开关",在电路中起着耦合隔离、自动调节、安全保护、转换电路等作用。继电器由线圈和触点组两部分组成,线圈和触点仅有机械上的联系,而没有直接的电气联系,因此可利用继电器线圈接收电信号,而利用其触点控制和传输电信号,从而可实现输入和输出、强电和弱电的隔离。同时继电器触点形式多样,且其触点能承受较大的负载电流,因此应用非常广泛。

3. 采用滤波技术抑制噪声的传导

滤波是抑制噪声干扰的一种重要方法。噪声源发出的电磁噪声干扰的频谱往往比电子系统需要接收的有用信号频谱宽得多,因此当接收器接收有用信号时,也会同时接收到那些无用的噪声干扰。此时采用滤波的方法,可以让所需要的频率成分通过,而将干扰频率成分加以抑制。常用滤波器根据其频率特性可分为低通、高通、带通、带阻等类型。

下面介绍抑制来自电源的噪声和干扰。

电子电路的供电要求电源稳定,而实际供电电源存在低频纹波并夹杂高频噪声,有可能干扰电路的正常运行。

当电子系统中多种电路共用一个电压源时,某一部分电路产生的干扰信号会通过电源回路耦合到电路中。例如,数字电路在电平翻转的瞬间会有较大的瞬时电流,从而在供电线路上产生自感电压;功率放大电路因其工作电流较大可能会在电源的内阻、公共地和电源线等公共阻抗上产生电压,使得电源电压有波动;高频电路可能会产生高频辐射和耦合在电源上产生干扰;等等。以上这些干扰都可能会对同一供电电路中的对电源电压较敏感或精度要求较高的部分（如微弱小信号放大器、AD 转换器等）产生不良影响,严重时使整个电路无法工作。为了阻止这种干扰,可以加电源滤波去耦（退耦）电路来解决。一般常用的电源去耦电路有 RC、LC 电路,要求较高的则另加用稳压电路。

图 3.3.2 为常见滤波去耦用 π 型滤波器,其中电感 L 的直流阻抗为零,对交流呈现较大的阻抗,可以有效地阻隔电源和电路之间的高频串扰。L 一般取几毫亨到几十毫亨;C_1 为几十微法至几百微法电解电容,用于滤除直流电源中 50 Hz 和 100 Hz 的低频纹波,减小直流电的波动程度;C_2 通常选用 $0.01 \sim 0.1 \mu F$ 的小电容,用于滤除电路在工作时产生的高频谐波成分。在实际应用中,也可以省略电感 L 而只用两个电容并联,构成电容并联去耦电路。

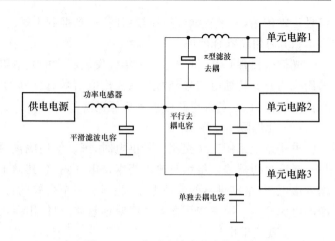

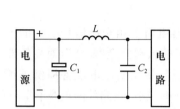

图 3.3.2　电源去耦用 π 型滤波器　　　　图 3.3.3　电子电路中的去耦电路

在比较复杂的电路系统中,每个单元电路或集成芯片的供电端都连接去耦电路,以保障电路的正常工作。在系统供电足够理想情的况下,也可只用一个 $0.01\sim0.1\ \mu\text{F}$ 的去耦电容,如图 3.3.3 中的单元电路 3。在图 3.3.3 中的单元电路 1 所采用的 π 型滤波去耦电路中,电感器可采用铁氧体磁珠。

3.3.3　接地技术

所谓接地,就是按一定的要求,用金属导体或导线把电路中的某些"地"电位点连接起来,或是将电子电气设备的某一部位(如外壳)和大地连接起来。狭义上的接地即与地球保持同一电位;而广义上的接地则是连接电路系统中作为基准电位的某一等电位点或等电位面,不一定为大地电位。

接地是提高电子设备电磁兼容性的有效手段之一,正确的接地既能抑制外部电磁干扰的影响,又能防止电子设备向外部发射电磁波;而错误的接地常常会引入非常严重的干扰,甚至会使电子设备无法正常工作。电子设备接地的目的:一是出于安全的考虑,二是为了抑制外部的干扰。

1. 安全接地

安全接地又称为保护接地,是以确保人员和设备的安全为目的的。安全接地是指将电子设备的金属外壳、底盘、机座都用良好导体可靠连接到大地电位上。安全接地对电子设备的安全运行和维护人员的生命安全起到十分重要的作用。电子设备的某些部位与大地相连也可以起到抑制外部干扰的作用(例如,静电屏蔽层接地可以抑制变化的电场的干扰);电磁屏蔽用的导线原则上可以不接地,但不接地的屏蔽导线时常会带来静电耦合而产生所谓的"静电屏蔽"效应,所以仍需要接地。电子设备的安全接地有两种方式。

(1) 保护接零

三相四线制供电系统中的中性线即为保护接零线,它是电路环路的重要组成部分。

(2) 保护接地

除零线以外,另外配备一根保护接地线,它与电子设备的金属外壳、底盘、机座等金属部件相连。一般情况下,保护接地线是没有电流流动的,即使有电流流动也是非常小量的漏电流,所以说,一般情况下保护接地线上是没有电压降的,与之相连的电子设备的金属外壳都呈现地电位,保证了人身和设备的安全。

根据相关规范,建筑物在建造时应用角钢等良导体埋入地下作为接地装置,并在回填土中掺入碳粉或电解质等导电物质使其接地电阻接近于零,以达到建筑物防雷电的目的。该接地装置应和建筑物中电气设备接地装置共用。因此建筑物中的三孔插座中间的一个插孔是与建筑物附近的大地实际相连的,而另外两个插孔分别是 50 Hz 市电的相线(火线)和中线(零线)。在使用电子设备时,要避免因设备漏电引起安全事故,所以应采用三孔插头,三孔插头中间一根较粗的插头与仪器设备的外机壳相连。这样插头接入插座后,相线(火线)和中线(零线)为仪器设备供电,而地线则将仪器设备的外壳可靠地与大地相连,使仪器设备的外壳始终保持大地电位,避免了由于偶然漏电引起的触电事故。

2. 系统接地

"系统接地"又称"技术接地"或"工作接地"。为了保证电子系统稳定和可靠地运行,必须处理好系统中各个电路工作的参考电位,这类基准参考电位的连接称为"系统接地"。在电子系统中经常遇到的大量的接地问题是系统接地问题。

系统接地线既是各电路中的静态动态电流通道,又是各级电路通过共同的接地阻抗而相互耦合的途径,从而形成电路间相互干扰的薄弱环节。可以说电子设备中的一切抗干扰措施,几乎都与接地有关。因此,正确接地是抑制噪声和防止干扰的主要途径,它不仅能保证电子设备稳定和可靠地工作,而且能提高电路的工作精度。而不正确的接地,会使电路的工作不稳定,甚至导致电子电路无法正常工作。

(1) 电子电路的接地

电子电路正确可靠接地是电子电路正常工作的基础。根据电路工作频率的不同,接地应遵循不同的原则和方式。

低频电路应坚持一点接地的原则,一点接地有串联一点接地和并联一点接地两种形式,如图 3.3.4 所示。串联一点接地方式从防止干扰角度来说是不合理的,因串联时地线呈现的电阻容易形成公共地线干扰。但由于串联一点接地方式比较简单,当各电路的电平相差不大,电路工作频率低于 1 MHz 时可以使用。并联一点接地同样适用于低于 1 MHz 的低频电路,它没有公共阻抗支路,不容易形成公共地线干扰,但因为各个电路的地线需要并联至一点,因此需要连很多导线,且导线较长,地线阻抗较大,所以不适用于高频电路。

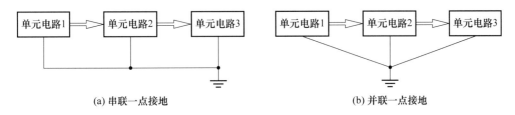

(a) 串联一点接地　　　　　　　　　　　　　　(b) 并联一点接地

图 3.3.4　一点接地

对于工作频率高于 10 MHz 的高频电路或数字电路,由于各元器件的引线和电路的布局本身的电感效应,若使用一点接地的方法,则容易增加接地线的阻抗,而且地线间的杂散电感和分布电容也会造成电路间的相互耦合,从而使电路工作不稳定。因此高频电路应采用就近接地,即多点接地的方法,把设备(或系统)中各个接地点都直接接到距它最近的接地线上,使接地引线的长度最短。

多点接地系统的优点是电路构成比单点接地简单。而且由于采用了多点接地,接地线出现高频驻波现象的可能性显著减少。但采用多点接地后电路系统会增加许多地线回路,它们会对系统内较低电平的信号单元产生不良影响。

在复杂电路中既有低频部分,又有高频部分时,应采用混合接地措施。即低频电路采用单点接地方式,而高频电路需采用多点接地。对于单元电路一般采用单点接地方式,但多级电路地线设计,应根据信号通过频率的高低灵活采用各种不同的接地方式。

特别要注意的是,交流电源的地线不能用作信号地线,因为在一段电源地线的两点间会有数百毫伏、甚至几伏的电压,这对低电平电路来说是一个非常严重的干扰。

简单地说,工作频率在1 MHz以下时,可以用单点接地;10 MHz以上时,可以用多点接地。而在1 MHz和10 MHz之间时,可以考察接地线的具体长度,如果最长的接地线不超过波长的1/20,可以用单点接地,否则用多点接地。

(2) 电子电气设备的系统接地

① 悬浮地

悬浮地简称浮地,是使电路的某一部分与"大地电位"完全隔离,从而抑制来自接地线的干扰。图3.3.5是两种悬浮地方式,这种情况下电路与大地电位没有电气上的联系,因而不可能形成地环路电流而产生地阻抗的耦合干扰。但是,此时电子系统也可能存在较大的对地分布电容,它的基准电位将会受电磁场的干扰(通过分布电容),使得电路产生位移电流而难以正常工作,如图3.3.6所示。在电子电气设备工作速度提高、感应增大、输入输出增多的情况下,其对地分布电容就会增大,继而加大位移干扰电流。另外,由于分布电容的存在,容易产生静电积累和静电放电,在雷电情况下,还会在机箱和单元之间产生飞弧,甚至使操作人员遭到电击。所以对于比较复杂的电磁环境,"浮地方式"是不适宜的。

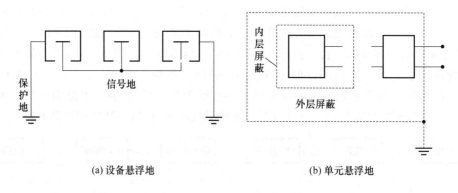

(a) 设备悬浮地　　　　　　　　　　　　　　(b) 单元悬浮地

图3.3.5　悬浮地

② 直接接地

这种接地方式的优缺点恰好与"浮空地"方式相反,当电子电气控制设备的分布电容较大时,宜采用直接与大地相连的方式。合理选择接地点的位置及其接地点的多少,把干扰降到最低。

③ 通过电容接地

将"系统地"通过电容与"大地"相连,电容多为高频电容,它提供对"系统地"至"大地"高频干扰分量的通路,相当于一个高通滤波器,从而抑制了由对地分布电容所造成的影响。这

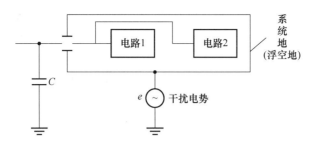

图 3.3.6　浮地电位波动产生干扰

种接地方式只适合于低频系统,所用电容应具有良好的高频特性和足够的耐压值,电容量一般 $2\sim10\,\mu\mathrm{F}$ 。

3. 电子系统中的各种"地"

电子系统中的"地"由于其性质和用途不同,有多种不同的类型,以下列出几种不同的"地",在特殊的电路中还可能有其他类型。

- 交流地:交流电的零线,这种地通常是产生噪声的地,应与真正的大地区别开。
- 直流地:直流电路"地",零电位参考点。
- 模拟地:各种模拟量信号的零电位。
- 数字地:也叫逻辑"地",是数字电路各种开关量(数字量)信号的零电位。
- 热地:电源电路中变压器的初级地,与电网不隔离。
- 冷地:电源电路中变压器次级地,跟电网隔离,不带电。
- 功率地:大电流网络器件、功率电子与磁性器件的零电位参考点。
- 安全地:真正的大地电位。
- 屏蔽地:也叫机壳"地",为防止静电感应和磁场感应而设。

在电路图中用不同的符号表示不同类型的地,如图 3.3.7 所示。图中(a)一般表示弱电地,即电路的参考地,在电路原理图中经常用到;(b)通常表示数字接地,即逻辑地;(c)一般表示强电地,如交流供电电路的地;(d)表示真正的大地,如机壳的保护接地。

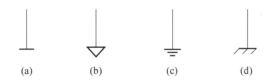

(a)　　　(b)　　　(c)　　　(d)

图 3.3.7　常用接地符号

一个复杂的电路系统可能存在各种各样的地,应根据实际应用分清楚地线的种类,然后选择不同的接地方式。其中最基本的有两点:

(1)强电地与信号地不能共用

由于在一段交流电源地线(零线)的两点间会有数 mV 甚至几 V 电压,对低电平信号电路来说,这是一个非常重要的干扰,因此必须加以隔离。

(2)模拟地和数字地要分开

因为数字信号变化速度快,从而在数字地上引起的噪声就会很大,如果模拟地和数字地混在一起,数字信号产生的噪声就会影响到模拟信号。一般将二者地线分开,采用模拟地线和数字地线,使模拟电路和数字电路自成回路,或将模拟地和数字地分开处理,然后通过细的走线连在一起,或者单点接在一起,尽量阻隔数字地上的噪声窜到模拟地而影响模拟电路的正常工作。

　　总之,对于电子系统的接地要按其要求和目的进行分类处理,不能将不同的"地"简单任意连接在一起。要根据功能将电子系统分成若干独立的接地子系统,每个子系统有其共同的接地点或接地干线,最后才连接在一起,实行总接地。

第 4 章
基本电子测量方法

狭义的电子测量,包括与能量相关的参数(如电压、电流、功率等)的测量,与元器件相关的参数(如电阻、电感、电容、阻抗、品质因数、损耗率等)的测量,与信号特性相关的参数(如频率、周期、时间、相位、调制系数、失真度等)的测量,与电子设备性能相关的参数(如通频带、选择性、放大倍数、输入输出阻抗、效率、衰减量、灵敏度、信噪比等)的测量,各种特性曲线(如对幅频特性曲线、相频特性曲线、器件特性曲线)的测量,等等。其中,元器件参数和基本电参数(如电压、电流、周期、相位等)的测量是基础,其他电路或设备的各种特性的测量是基本电参数测量的综合或组合。

4.1 电压的测量

4.1.1 直流电压的测量

直流电压的测量分为直接测量法和间接测量法两种。

- 直接测量法

将电压表直接并联在被测支路的两端,如图 4.1.1(a)所示。如果电压表的内阻为无限大,则电压表的示数即是被测两点间的电压值。

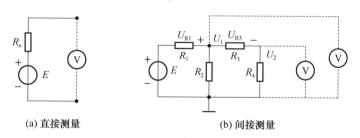

(a) 直接测量　　　　(b) 间接测量

图 4.1.1　直流电压的测量

实际电压表的内阻不可能为无穷大,因此直接测量法必定会影响被测电路,造成测量误差。

- 间接测量法

如图 4.1.1(b)所示,要测量 R_3 两端的电压 U_{R3},可以分别测出 R_3 两端对地的电位 U_1

和 U_2, 然后利用公式 $U_{R3}＝U_1－U_2$ 求出要测量的电压值。

有多种类型的仪表可以用于测量直流电压, 不同类型的仪表有不同的测量方法和注意事项。

1. 数字式万用表测量直流电压

直流电压的测量是数字万用表的基本功能, 不同型号的数字万用表测量直流电压的步骤大致相同, 具体如下。

(1) 正确选择测量挡位

通过按钮或旋钮将数字万用表选择至直流电压测量挡, 不同型号的数字万用表的直流电压测量挡有的用"DCV"表示, 有的用符号 V⎓ 表示。

(2) 表笔正确与万用表连接

将黑表笔插入"COM"输入端, 红表笔插入电压测量输入端——不同型号的数字万用表电压测量会和其他不同的测量共用一个输入端。有的和测电阻共用标以"VΩ"; 有的还加上频率标以"VΩHz"; 有的则是和电阻、二极管测量共用标以"VΩ ▸|"; 等等。

(3) 待测电压接入万用表

将红、黑两支表笔并联到被测电路或电源上, 被测电压值将显示在显示屏上, 如果电压显示为正值, 说明红表笔所接电位比黑表笔所接电位高; 如果电压显示为负值, 则红表笔所接电位比黑表笔所接电位低。

如果处于手动挡位调节模式, 当被测电压超出量程时会显示"OL"表示溢出, 应改用较大量程进行测量。目前很多型号的数字万用表具有自动量程调节功能, 在测量时可以自动切换到适当的量程, 简化了操作。

(4) 读出测量结果

数字式仪表显示的测量结果位数较多, 有时最后一两位数字不能稳定, 读数时可以按照实际测量情况进行取舍。数字万用表直流电压挡的输入电阻较高, 测量误差小。

2. 零示法测量直流电压

直流电压的测量要求电压表的内阻越大越好, 表的内阻越大, 测量数据越精确。但在没有高内阻高精度电压表的情况下, 可采用零示法测量直流电压, 以避免由于电压表内阻不够大而引起的测量误差。

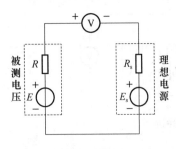

图 4.1.2 零示法测量直流电压

零示法的测量原理如图 4.1.2 所示, 图中 E_s 为大小可调, 内阻 R_s 接近零的标准直流电源, V 为普通直流电压表, 测量步骤如下:

(1) 先调标准电源电压 E_s 为零, 电压表选择较大量程, 按如图 4.1.2 所示的极性接入电路。

(2) 缓慢增加标准电源的电压 E_s, 并逐步减小电压表的量程, 直到电压表在最小量程指示为零, 此时 $E＝E_s$, 电压表没有电流流过, 电压表的内阻对被测电路无影响。

(3) 断开电路, 用电压表测量标准电源 E_s 的大小, 该电压值即为被测 E 的大小。

在上述测量中, 由于标准直流电源的内阻 R_s 很小, 接近于零, 而电压表的内阻一般在 kΩ 量级以上, 所以用电压表直接测量标准电源的输出电压, 电压表内阻引起的误差完全可以忽略不计。

3. 示波器测量直流电压

用示波器测量直流电压步骤如下：

（1）示波器的输入耦合方式选择"GND"，调节示波器的时间基线在显示屏中间位置，或者直接将显示屏上的零电压标识调至屏幕中间。

（2）将被测直流电压接至示波器的垂直输入端（探头），调整垂直灵敏度于适当挡位。

（3）示波器的输入耦合开关置于"DC"挡，观察屏幕上水平亮线相对于零电压的位置，若在零电压之上，则被测直流电压为正极性；若在零电压下方，则被测直流电压为负极性。

（4）将示波器屏幕上零电压的位置调向与被测电压极性相反的方向，如果被测电压为正，零电压位置往下移至最底的第一条或第二条刻度线；如果被测电压为负，则零电压位置往上移至最顶端第一条或第二条刻度线。

在此后的测量中不能再移动屏幕上零电压位置，即不能再调节垂直位移旋钮。

（5）调整垂直灵敏度开关，使屏幕显示的水平亮线相对于零电压位置偏移最大。

（6）读出此时屏幕上水平亮线与零电压线之间的垂直距离 y，如图 4.1.3 所示，将 y 乘以示波器的垂直灵敏度即可得到被测电压 U 的大小，$U = S_y \cdot y$。

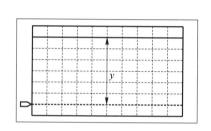
图 4.1.3　示波器测量直流电压

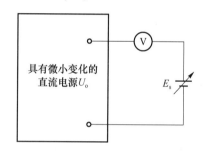
图 4.1.4　微差法测量直流电压

用以上操作示波器也可以测量包含交流成分的直流电压。

4. 微差法测量直流电压的微小变化

为了准确地测量大电压中的微小变化量，可以用如图 4.1.4 所示的微差法来测量。图中 E_s 为大小可调的标准电源。测量时，调节 E_s 的大小，使电压表在最小量程（分辨率最高）上有一个微小的读数 ΔU，则 $U_o = E_s + \Delta U$，当 $\Delta U \ll U_o$ 时，电压表的测量误差对 U_o 的影响极小，且电压表中流过的电流很小，对被测电压 U_o 不会产生大的影响。同时，U_o 的微小变化可由电压表的示数变化反应出来。

4.1.2　交流电压的测量

交流电压是指电压值随着时间的变化而发生变化的信号。表征交流电压的大小有若干参数，不同的情况下需要测量交流电压的不同参数，不同的参数也需要不同的测量仪表进行测量。

• 有效值 U

如果一个交流电压和一个直流电压分别加在同一个电阻上，它们产生的热量相等，则交流电压的有效值 U 等于该直流电压值。

正弦交流信号 $u(t)$ 的有效值 U 可以通过 $U = \sqrt{\dfrac{1}{T}\displaystyle\int_0^T u^2(t)\,\mathrm{d}t}$ 计算得到。任意波形的交流信号则需要通过傅里叶分析,将信号分解为不同频率的正弦信号以后,再分别通过以上公式计算合计而成。

- 峰值 U_p、峰峰值 U_pp

峰值是任意一个交变电压在所观察的时间或一个周期内所能达到的最大值,记为 U_p,如图 4.1.5 所示,峰值是从参考零电平开始计算的,有正峰值 $U_\mathrm{p+}$ 和负峰值 $U_\mathrm{p-}$ 之分。正峰值与负峰值之间的差值称为峰峰值 U_pp。

常用的还有振幅 U_m,它是以直流电压为参考电平计算的。当电压中包含直流成分时,U_p 与 U_m 是不相同的,只有纯交流电压才有 $U_\mathrm{p} = U_\mathrm{m}$。

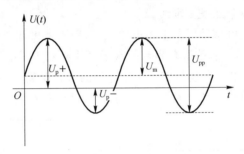

图 4.1.5　交流电压的峰值和幅度

- 平均值 $\overline{U}$

交流信号 $u(t)$ 的平均值 $\overline{U}$ 在数学上的定义为 $\overline{U} = \dfrac{1}{T}\displaystyle\int_0^T u(t)\,\mathrm{d}t$。原则上平均值的时间为任意时间,对周期信号而言,$T$ 为信号周期。

据以上定义,若 $u(t)$ 包含直流成分 U_-,则 $\overline{U} = U_-$;若仅含有交流成分,则 $\overline{U} = 0$。这样对纯粹的交流电压来说,由于 $\overline{U} = 0$,将无法用平均值 $\overline{U}$ 来表征它的大小。但是在实际测量中总是将交流电压通过检波器变换成直流电压后再进行测量的,因此平均值通常是指检波后的平均值。根据检波器的不同又可分为全波平均值和半波平均值,一般不加特别说明时,平均值都是指全波平均值,即 $\overline{U} = \dfrac{1}{T}\displaystyle\int_0^T |u(t)|\,\mathrm{d}t$。

在以上介绍的几种参数中,交流电压的有效值是非常重要的参数,在实际应用中比交流电压的峰值、峰峰值、平均值用得更为普遍。当不特别指明时,交流电压的量值均指有效值,各类交流电压表的示值,除特殊情况外,都是按正弦波的有效值来刻度的。

1. 交流毫伏表测量正弦电压有效值

交流毫伏表就是交流电压表,用来测量正弦电压有效值。常见的交流毫伏表有指针式晶体管毫伏表和数字交流毫伏表两大类。指针式晶体管毫伏表采用阻抗变换技术、交流放大器技术和检波器技术,把被测交流正弦信号经过放大和检波后,变为直流信号,使直流电流流过表头从而推动指针偏转,指示被测正弦信号的有效值。数字交流毫伏表采用微处理器控制和液晶显示技术,结合了模拟电路技术和数字电路技术,将被测交流信号的电压有效值转化成数字量,测量结果以数字形式显示。

各类交流毫伏表均为非平衡式仪表,仪表的输入电缆线正极为被测量信号输入端,负极与仪表的机壳相连,只能接被测电路的参考地。因此毫伏表只能测量电路中各点对地的正弦交流电压有效值,不能直接测量任意两点间的电压有效值。

交流毫伏表测量频率范围广,一般从几 Hz 到几 MHz,高频毫伏表可达几 GHz;量程范围大,可以测量从 μV 量级到几百 V 的正弦电压有效值;输入阻抗高,一般为几十 MΩ 以上,所以测量精度较高。

使用交流毫伏表测量正弦交流信号有效值的方法如下:

(1) 选择适当的量程(有的数字交流毫伏表有自动切换量程功能),然后输入电缆线的正负两端(红黑两夹子)对接,观察测量结果是否为零,为零则表示交流毫伏表工作正常,否则要查找原因,排除故障。

(2) 将交流毫伏表输入电缆线的负端(黑夹子)与被测电路的参考地相连,正端(红夹子)与被测信号相连。

(3) 指针式毫伏表在测量时,应变换量程使指针偏转超过满刻度的 2/3 以上,但也要避免指针过偏打表。

(4) 读出测量结果。指针式仪表读数时视线应和刻度线垂直,有镜面的刻度盘应使指针和镜面中的影子重合,以便尽量减小读数误差。数字式仪表显示的数值位数较多,有时最后一两位数字不能稳定,可以按照实际情况进行取舍。

2. 万用表测量低频交流大信号有效值

万用表测量交流电压的原理是将交流电压通过检波器转换成直流后,推动磁电式微安表头,由表头指针指示出被测交流电压的大小,表盘刻度按正弦有效值规律来表示,所以读数为正弦交流信号有效值。数字万用表是在此基础上通过 A/D 转换电路,将检波后的直流模拟量转换为数字量,再通过一定的处理,最后以十进制数字的形式显示出测量结果。

万用表测量交流电压的频率范围较小,一般只能测量频率 1 kHz 以下的交流信号。数字万用表交流电压挡输入阻抗能达到 MΩ 的量级,测量误差较小,但一般情况下万用表交流电压挡只用来测量 50 Hz 工频大信号,因为它的量程范围无法覆盖毫伏级小信号,因此不能用来测量交流小信号有效值。

万用表可以直接测量电路两点之间的交流电压,步骤如下:

(1) 万用表选择交流电压测量挡,并根据对测量值的估计,选择适当的量程。不同类型的万用表的交流电压挡以及量程有的用"ACV"表示,有的用符号 $\underset{\sim}{V}$ 表示。有些数字万用表具有自动切换量程的功能。

(2) 将红、黑两支表笔与万用表正确相连,然后将红、黑两只表笔连接到被测交流电压的两端,不需要考虑表笔极性。

(3) 如果需要转换量程,应在断开被测信号的情况下进行。用指针式万用表测量时,当指针偏转角度达到或超过满刻度的 1/3 时,尽量选择大量程,因为量程越大,内阻越大,对被测电路的影响越小,测量误差越小。

(4) 读出测量结果,指针式仪表读数时视线应和刻度线垂直,有镜面的刻度盘应使指针和镜面中的影子重合,以便尽量减小读数误差。数字式仪表显示的数值位数较多,有时最后一两位数字不能稳定,可以按照实际情况进行取舍。

3. 示波器测量交流电压的幅度及有效值

示波器可以方便地测出振荡电路、信号发生器或其他电子设备输出的各种交流电压波形,如正弦波、三角波、矩形波和方波等。现在高性能的数字示波器还能同时测量交流信号的各种参数,如有效值、周期、频率等,能够进行频谱分析和各种函数运算,用示波器测量交流电压是最基础的一种电子测量。

示波器的类型繁多,不同类型的示波器在操作时有细节上的不同,但测量方法原则上是一致的,一般说来都有如下要点:

(1) 将待测信号与示波器输入探头正确连接,注意探头小黑夹子与信号参考地连接,探针接信号。

(2) 输入耦合方式一般选"DC",只有在观察含有很大直流分量的交流小信号时,可以选用"AC"方式将直流滤掉,以利于观察交流成分的细节。

(3) 正确进行示波器的设置,如触发源、触发类型、水平控制信号耦合方式等。

(4) 调整垂直位置和垂直灵敏度,使信号波形在屏幕范围内显示最大尺寸,但不超出屏幕。

(5) 调节触发同步系统的触发电平等,使被测波形在屏幕上稳定显示。

(6) 调整水平位置和水平灵敏度,使信号波形在屏幕水平范围内显示 2~3 个周期。

(7) 如果是人工读数,则根据波形上各点相对于零电平位置在垂直方向的偏移,结合电压灵敏度,利用公式 $U = S_y \cdot y$ 得到各点的电压。数字存储示波器还可以利用标尺,将一对水平标尺调到合适的位置,示波器将自动给出两根标尺之间的电压之差。

(8) 使用数字存储示波器,可以通过测量所显示波形的均方根和周期均方根,得到被测信号的有效值。注意周期均方根是触发点后的第一个周期波形的均方根电压值,如果屏幕上触发点后波形不足一个周期,这个值会为零。而均方根测量的是示波器整个记录空间中波形的电压均方根值,如果显示的波形刚好是周期的整数倍,则均方根测量值与周期均方根的测量值一致,可以认为是信号的电压有效值。

与各种电压表测交流电压的方法比起来,示波器法测量交流电压具有速度快、直观性强的特点,并且测量范围广,能测量各种波形的电压。电压表一般只能测量失真很小的正弦电压,而示波器不但能测量失真很大的正弦电压,还能测量脉冲电压、调幅电压,同时测量直流电压和交流电压等,甚至能够测量单次出现的信号电压。虽然传统的模拟示波器存在测量误差较大的问题,但现代高性能数字示波器已经能够使测量误差降低至 1% 以下。

4.1.3 噪声电压的测量

1. 交流电压表测量噪声电压

在电子测量中,习惯上把信号电压以外的电压统称为噪声。从这个意义上说,噪声包括外界干扰和内部噪声两大部分。电路内部噪声主要有热噪声、散弹噪声和闪烁噪声等,闪烁噪声又称为 $1/f$ 噪声,主要对低频有影响,又称为低频噪声。热噪声和散弹噪声在线性频率范围内能量分布是均匀的,因而被称为白噪声。

噪声电压一般指有效值(均方值),因此用真有效值电压表测量噪声电压有效值是很方便的。而使用平均值电压表(如放大-检波式交流毫伏表)进行噪声电压的测量时,则需要一定的换算。指针式平均值电压表的指针偏转角与被测电压的平均值成正比,但表盘刻度则是按正弦波电压有效值刻度的,因此用这种电压表测量非正弦的噪声电压时,其表针指示数没有直接意义,必须经过换算才能得到被测噪声电压的有效值。换算的原则是无论被测电压是何种波形,只要平均值相等,表盘指针示数就是相同的。

　　用平均值电压表进行噪声电压测量时,设表针指示值为 U_α,先将 U_α 换算成噪声的平均值 $\overline{U}$,根据平均值相等示数相同的原则,$\overline{U}$ 应等于用此平均值电压表测量正弦波电压示数为 U_α 时正弦波的平均值,即:

$$\overline{U}=\overline{U}_\sim=\frac{U_\alpha}{K_{F\sim}} \tag{4.1.1}$$

式中,$K_{F\sim}$ 为正弦波的波形因数:

$$K_{F\sim}=\frac{\pi}{2\sqrt{2}} \tag{4.1.2}$$

而噪声电压的有效值 U 为

$$U=K_F\overline{U}=\frac{K_F}{K_{F\sim}}U_\alpha \tag{4.1.3}$$

式中,K_F 为噪声电压的波形因数:

$$K_F=\sqrt{\frac{\pi}{2}} \tag{4.1.4}$$

则噪声电压有效值与表针指示值的关系为

$$U=\frac{2}{\sqrt{\pi}}U_\alpha=1.13U_\alpha \tag{4.1.5}$$

　　也就是说,用平均值电压表测量噪声电压时,表针示数乘以 1.13 就是噪声电压的有效值。

2. 示波器测量噪声电压

　　频带很宽的示波器可以方便地用来测量噪声电压,尤其适用于噪声电压峰峰值的测量。测量时,使用 1∶1 探头并避免过长的接地线,输入耦合方式选择 AC,将噪声信号送入示波器的垂直通道。调示波器的垂直灵敏度至合适挡位,当扫描速度置较低挡时,显示屏上即可看到一条水平移动的垂直亮线,这条亮线垂直方向的长度乘以示波器相应的电压灵敏度就是被测噪声电压的峰峰值 U_{PP},而噪声电压的有效值为 $U=\dfrac{U_{PP}}{6}$。如果是数字示波器测量,除上述测量外,还可以使用均方根测量得到噪声信号的有效值。

4.2　电流的测量

4.2.1　直流电流的测量

1. 数字式万用表测量直流电流

　　数字式万用表直流电流挡的基础是数字电压表,它通过电流-电压转换电路,使被测电流流过标准电阻而将电流转换成电压来进行测量。如图 4.2.1 所示,由于运算放大器的输入阻抗很高,可以认为被测电流 i_x 全部流经标准采样电阻 R_N,这样 R_N 上的电压与被测电流 I_x 成正比,经放大器放大后输出电压 u_o($u_o=(1+R_3/R_2)R_N I_x$)就可以作为数字式电压表的输入电压来进行测量。

数字式万用表的直流电流挡的量程切换通过切换不同的取样电阻 R_N 来实现。量程越小,取样电阻越大,因此数字万用表直流电流挡量程越大内阻越小。当数字式万用表串联在被测电路中测量直流电流时,内阻会对被测电路的工作状态产生一定的影响,在使用时应注意。使用数字万用表测直流电流的步骤如下:

(1)通过按钮或旋钮将数字万用表选择至直流电流测量挡,不同型号的数字万用表的直流电流挡有的用"DCI"表示,有的用符号 A表示。

(2)将黑表笔插入"COM"输入端,红表笔插入电流测量输入端——一般数字万用表有两个电流输入端:一个是大电流输入端,标以"A"或"10A""20A"字样;另一个是小电流输入端,标有"mA"或者"μAmA"字样。根据被测电流的大小选择,将红表笔插入正确的输入端。

(3)通过红、黑两支表笔将万用表串联到被测支路中,被测电流值将显示在显示屏上,如果显示为正值,说明电流从红表笔流入黑表笔流出;如果显示为负值,则电流从黑表笔流入红表笔流出。

(4)如果处于手动量程调节模式,当被测电流超出量程时会显示"OL"表示溢出,应改用较大量程进行测量。目前一些型号的数字万用表具有自动量程调节功能,在测量时可以自动切换到适当的量程,简化了操作。

(5)读出测量结果,数字式仪表显示的测量结果位数较多,有时最后一两位数字不能稳定,读数时可以按照实际测量情况进行取舍。

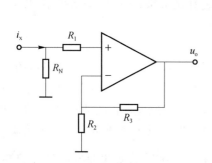

图 4.2.1　电流-电压转换电路

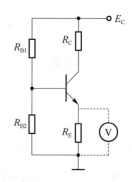

图 4.2.2　间接测量法测晶体管放大器直流工作点

2. 直流电压表间接测量直流电流

使用电流表测量电流时,需要断开电路连接将电流表串联到被测支路,这在操作上比较麻烦,有时甚至是不可能做到的。因此,实际测量中常常利用被测支路的已知电阻 R,用直流电压表测量该电阻上的直流电压 U_R,然后利用欧姆定律 $I = \dfrac{U_R}{R}$,计算出该支路的直流电流,这就是直流电流的间接测量法。在这个测量过程中,电阻上的直流电压为直接测量量,支路上的直流电流 I 为间接测量量,电阻 R 被称为取样电阻。当只有电压表而无电流表可用,被测支路又无现成的取样电阻时,可以在被测支路中串接一个取样电阻,再利用以上间接测量法测量该支路的电流值。取样电阻的取值应以对原电路的影响尽量小为原则,一般取 $1\sim 10\ \Omega$。

在测量晶体管放大电路的静态工作电流 I_{CQ} 或 I_{EQ} 时,就经常用间接测量法,如图 4.2.2 所示。直流电压表测出电阻 R_E 上的直流电压 U_E,然后利用欧姆定律,用 U_E 除以电阻 R_E,

得到直流电流 I_{EQ} 的值,也近似为集电极工作电流 I_{CQ} 的值。

3. 并联法测量恒流源电流

当被测电流是一个恒流源,而电流表的内阻又远小于被测电路中某一串联电阻时,电流表可以并接在这个电阻上测量电流,此时电路中的电流绝大都分流过电阻小的电流表,而恒流源的电流是不会因外接电阻的减小而改变的。

进行这种非常规测量时,应概念明确、分析正确、思想集中,否则会造成电路或电流表的损坏。

4.2.2　交流电流的测量

交流电流按其频率可分为低频、高频和超高频电流,不同频率的电流特点不同,有不同的测量方法。测量 45～500 Hz 低频交流电流,可以用交流电流表或具有交流电流测量挡的万用表串联在被测电路中进行直接测量。在高频、超高频段,电路或元件受分布参数的影响,电流分布是不均匀的,无法用电流表来直接测量各处的电流值,一般采用间接测量。

1. 万用表交流电流挡测低频交流电流

频率为 45～500 Hz 低频电流的测量中,可以用万用表的交流电流挡串联在被测电路中,直接进行交流电流的直接测量。但万用表的交流电流挡量程一般不超过 20 A,超过 20 A 的大电流要用到钳形电流表。

万用表测量交流电流的步骤与测直流电流相似:

(1) 万用表选择交流电流测量挡,并根据对测量值的估计,选择适当的量程。不同类型和型号的万用表的交流电流挡和量程标记各不相同,但都是用"A""mA"表示电流,"～"表示交流。

(2) 将红、黑两支表笔正确与万用表相连,然后将红、黑两只表笔串连到被测支路,无须考虑表笔极性。

(3) 如果需要转换量程,应在断开被测信号的情况下进行。

(4) 读出测量结果,数字式仪表显示的数值位数较多,有时最后一两位数字不能稳定,可以按照实际情况进行取舍。

2. 交流毫伏表间接测量交流电流

因为交流毫伏表具有工作频率范围广、输入阻抗高的特点,因此被广泛应用于各种交流电流的间接测量中。间接法测量交流电流的方法与间接法测量直流电流的方法相同,即先用交流毫伏表测出取样电阻上的电压后,用欧姆定律换算成电流。但使用间接法测量交流电流时,对取样电阻有一定的要求:

- 当被测交流电流频率比较高(如 20 kHz 以上)时,不能选用普通线绕电阻作为取样电阻,而应使用薄膜电阻。
- 由于交流毫伏表为非平衡式仪表,在测量中必须共地,因此取样电阻要有一端连接电路的接地端。

通过取样电阻将交流电流的测量转换成交流电压的测量,就可以利用一切测量交流电压的方法来完成交流电流的测量。例如,用示波器进行波形和均方根的测量,这种方法同时可以利用示波器观察和测量电路中电压和电流的相位关系。

4.3 与时间相关的参数的测量

重复变化的交流信号在单位时间内重复变化的次数为频率,用字母 f 表示,重复变化一次所需要的时间称为周期,用字母 T 表示,频率和周期之间互为倒数关系,即 $f = \dfrac{1}{T}$。周期和频率都是表征信号变化快慢的物理量,都与时间有关。与时间有关的还有脉冲信号的脉冲宽度、上升时间、下降时间、一个信号两点之间或两个信号上两点之间的时间差。

功能全面的数字示波器可以方便地测量信号与时间相关的参数。测量时,信号稳定显示后即可通过标尺定位,测量屏幕上任意两点之间的时间间隔;也可以选择测量显示信号的频率、周期,脉冲信号的脉宽、占空比、上升时间、下降时间,两个信号之间的相位差等。但在不具备数字式示波器的情况下,与时间相关的参数测量也有特定的方法和相关仪表,本节将有选择性地加以简单介绍。

4.3.1 周期的测量

1. 电子计数器测量信号周期

电子计数器是通过计数法对信号进行周期或频率测量的仪器。目前先进的电子计数器应用微控制器技术,采用专用集成电路,不仅可进行周期或时间间隔测量、频率的测量和脉冲的计数,还可完成多周期平均、时间间隔平均、频率比值和频率扩展等功能。

电子计数器测量周期的原理如图 4.3.1 所示。被测信号经放大整形后变成方波脉冲,此方波脉冲控制门控电路,使主门开放时间等于被测信号周期 T_x,由晶体振荡器(或经分频电路)输出周期为 T_s 的时标脉冲在主门开放时间进入计数电路,若在 T_x 期间内计数电路的计数值为 N,则被测信号周期 $T_x = NT_s$。

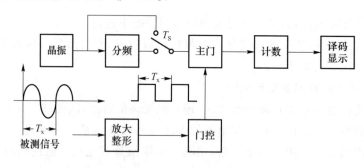

图 4.3.1 计数法测量周期

实际使用电子计数器测量信号周期时,如果被测信号的频率较高,则上述方法测量误差将会加大,因此高频时一般采取测频率然后转换为周期的方式减少测量误差。

2. 示波器测量信号周期

示波器处于 $Y-T$ 工作方式时,示波器显示屏上的横轴是时间轴,因而用示波器可以方便地测量时间。示波器测量信号周期时,将被测信号接到示波器垂直输入端,调节垂直灵敏度和扫描速度旋钮,使显示波形的高度和宽度均较合适于观察。选择波形一个周期的起点和终点,无标尺读数功能的示波器,可以调节示波器的水平位移旋钮将起点或终点移到某一刻度线上以便于肉眼观察读数,如图 4.3.2 所示,读出信号一个周期在荧光屏水平方向所占的距离 X_T 和扫描速度旋钮所指的值 S_x,则被测信号周期 T 为

$$T = S_X \cdot X_T \tag{4.3.1}$$

目前很多示波器都具有标尺读数功能,将两个标尺分别移到波形一个周期的起点和终点,示波器将自动显示出两标尺之间的时间差,也就是该波形的周期。

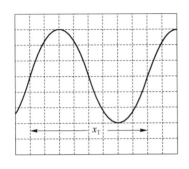

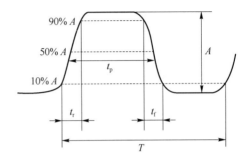

图 4.3.2　示波器法测量周期　　　　　图 4.3.3　脉冲信号的参数

数字示波器在被测波形稳定显示后,可以选择测量并直接显示被测信号的周期。

4.3.2　时间间隔的测量

时间间隔包括两种情况:一种是同一信号任意两点间的时间差(如脉冲宽度、脉冲上升或下降时间等);另一种是两信号之间的时间差(相位差)。

1. 示波器测量脉冲宽度、上升、下降时间

在脉冲信号中,脉冲宽度也称为脉冲持续时间,是指脉冲从上升沿的脉冲幅度的 50% 到下降沿的脉冲幅度的 50% 之间的时间,记为 t_p;脉冲上升时间和下降时间分别是脉冲的上升沿和下降沿幅度的 10%~90% 之间的时间间隔,分别记为 t_r 和 t_f,如图 4.3.3 所示。示波器测量脉冲信号这些时间参数的方法与测量周期的方法相同,还可以将此方法推广到同一波形任意时间间隔的测量。如图 4.3.4(a)所示,图中波形上 A、B 两点的时间 t_{AB} 为

$$t_{AB} = S_X \cdot x_{AB} \tag{4.3.2}$$

若 A、B 分别为脉冲信号上升、下降沿的中点,则所测时间间隔即为脉冲宽度 t_p,如图 4.3.4(b)所示;若 A、B 分别为脉冲信号上升沿上 10% 幅度和 90% 幅度的位置,则所测时间间隔即为脉冲上升时间 t_r,如图 4.3.4(c)所示;同理测脉冲下降时间。

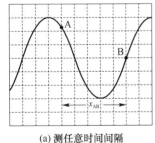
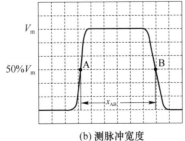
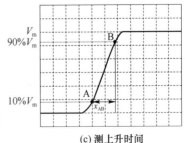

(a) 测任意时间间隔　　　　　(b) 测脉冲宽度　　　　　(c) 测上升时间

图 4.3.4　示波器测量有关时间参数

在测量脉冲上升或下降时间时应注意示波器垂直通道自身固有的上升时间,这对测量结果有影响。当被测脉冲的上升(或下降)时间比示波器上升时间大三倍以上时,被测脉冲的上升(或下降)时间可以由上面的方法直接测得,否则应按下式计算求得脉冲的上升(或下降)时间

$$t_r = \sqrt{t^2 - t_s^2}$$ (4.3.3)

式中,t_r 为被测脉冲实际上升(或下降)时间,t 为示波器读数计算得到的上升(或下降)时间,t_s 为示波器自身的上升时间。

2. 示波器测量两个信号的时间差

用双踪示波器测量两信号的时间差,这两个信号的周期应该有整数倍的关系,否则无法测量。一般情况下,测两个信号的时间差是在相同周期的两个信号之间进行。

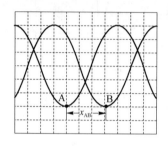

图 4.3.5　示波器测量两信号的时间差

将被测的两个周期相同的信号分别输入两个通道,采用双踪显示方式,将两信号中幅度大的作为内触发源,调节相关旋钮使波形显示稳定且便于观察,可以利用水平位置调节将任一被测波形的起始点移到荧光屏左端的某一刻度线上,读出两被测信号相同相位点的水平距离,根据距离和相应的灵敏度即可计算得两被测信号的时间差,如图 4.3.5 所示。如果有标尺读数功能的示波器,可以将两个时间轴上的标尺分别移动到 A 和 B 两点,示波器自动读出两点之间的时间差。

目前数字示波器可以直接测量出两个信号之间的相位差。

3. 电子计数器测量脉冲宽度、上升时间、下降时间和两个信号的时间差

电子计数器不仅可以用来测量一个周期信号的周期,还可以测量脉冲信号的宽度、占空比、上升时间和下降时间,这些功能的基础就是测量两个信号上任意两点之间的时间间隔量,电子计数器测量时间间隔的原理如图 4.3.6 所示。

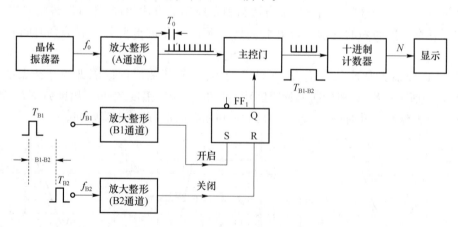

图 4.3.6　电子计数器测量时间间隔原理

时间间隔的测量需要电子计数器具有两个辅助通道 B1 和 B2,只有一个辅助通道的计数器,在测量时间间隔时要再用一个测量时间间隔的插件来配合使用。测量时,晶体振荡器产生频率为 f_0 的标准信号,经 A 通道放大整形后形成一个周期为 T_0 的标准脉冲序列。需

要测量时间间隔的两个信号分别送入辅助通道 B1 和 B2,通道 B1 将输入信号 1 整形为脉冲波 1 后,连接触发器的 S 端,在脉冲波 1 的有效电平到来时,S＝1 使触发器置位 Q＝1,将主控门打开,随后 Q 的值保持不变。B2 通道将输入信号 2 整形为脉冲波 2 后,连接触发器的 R 端,在脉冲波 2 的有效电平到来时,R＝1 使触发器复位 Q＝0,将主控门关闭,随后 Q 的输出值不变,完成一次对主控门的控制。在主控门开启的时间内,A 通道的标准脉冲通过,送入计数器进行脉冲计数,得到标准脉冲个数 N,显然主控门开启的时间 $T_{B1\text{-}B2}$ 就是被测量的时间间隔,其值为

$$T_{B1\text{-}B2} = NT_0 \tag{4.3.4}$$

电子计数器的 B1 和 B2 通道内还分别设有极性选择和电平调节旋钮,可以选择两个输入信号的上升沿或下降沿上某一点作为时间间隔的起点和终点,因而可以测量两输入信号上任意两点的时间间隔 $T_{B1\text{-}B2}$。若需要测量脉冲信号的脉冲宽度,则 B1 和 B2 通道接同一个被测信号,B1 通道选择触发极性为"＋",也就是上升沿触发,触发电平为 50％,B2 通道选择触发极性为"－",也就是下降沿触发,触发电平为 50％,测出的 $T_{B1\text{-}B2}$ 就是脉冲宽度;如果 B1 通道选择触发极性为"＋",触发电平为 10％,B2 通道选择触发极性也为"＋",触发电平选择 90％,测出的 $T_{B1\text{-}B2}$ 就是上升时间;如果 B1 、B2 通道都选择触发极性为"－",触发电平分别为 10％ 和 90％,则测出的 $T_{B1\text{-}B2}$ 就是下降时间。

4.3.3　频率的测量

1. 示波器直接、间接或 Lissajous 图形法测量频率

（1）直接测量频率或者根据周期间接测量频率

目前许多示波器都可以直接测量周期性信号的频率,但前提是被测信号已经与示波器水平扫描信号同步,也就是通过正确地设置触发条件、触发模式、触发源和触发电平等一系列操作,使被测信号的波形稳定显示在示波器显示屏上后,显示屏上也同时会显示出该被测信号的频率值。如果被测信号还没有稳定显示,则屏幕显示的频率值是无意义的,与被测信号无关。

如果示波器不具有直接测量频率的功能,则可以用前面介绍的方法,先测得信号的周期,然后根据频率与周期的倒数关系,求得信号的频率。这种测量方法虽然精度不太高,但很方便,常用作频率的粗略测量。

（2）Lissajous 图形法测信号频率

在示波器 $X-Y$ 工作方式下,X、Y 轴通道上同时加入两个正弦信号时,荧光屏上显示的图形称为 Lissajous 图形。Lissajous 图形的形状与输入的两个正弦信号的频率和相位差有关,因而可以通过对图形的分析来确定信号的频率及相位差。Lissajous 图形法的操作步骤:

- 示波器置于 $X-Y$ 工作方式;
- 被测信号 $u_y(t)$ 接于 Y 通道,频率已知且可调的标准频率信号 $u_x(t)$ 接于 X 通道;
- 调节 $u_x(t)$ 信号的频率,使荧光屏上显示稳定的图形,如果荧光屏上显示的图形不稳定或旋转变化,则表明 f_y 与 f_x 不成比例关系,只有当 $f_y:f_x=m:n(m、n$ 为整数)时,荧光屏上才能显示稳定的图形。表 4.3.1 为不同频率比情况下,不同的初相位

和初相差时的 Lissajous 图形。通过这些图形,可以确定比值 m/n,从而算出被测信号频率:

$$f_y = \frac{m}{n} f_x$$

确定 m/n 的具体的做法是:在 Lissajous 图形上分别作水平线和垂直线,这两条线既不能通过图形本身的交点,也不能与图形相切,数出图形与水平线的交点个数为 m,与垂直线的交点个数为 n,即可确定 m/n 的值,如图 4.3.7 所示。

表 4.3.1 不同的初相位和初相差时的 Lissajous 图形

初相 频率比	$\varphi_x=0°$ $\varphi_y=0°$	$\varphi_x=0°$ $\varphi_y=45°$	$\varphi_x=0°$ $\varphi_y=90°$	$\varphi_x=0°$ $\varphi_y=135°$	$\varphi_x=0°$ $\varphi_y=180°$	$\varphi_x=0°$ $\varphi_y=225°$	$\varphi_x=0°$ $\varphi_y=270°$	$\varphi_x=0°$ $\varphi_y=315°$
$f_y:f_x=1:1$								
$f_y:f_x=2:1$								
$f_y:f_x=3:1$								
$f_y:f_x=3:2$								

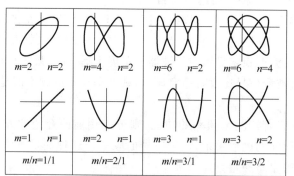

图 4.3.7 通过 Lissajous 图形确定频率比 m/n

2. 频率计测量信号频率

频率计又称为频率计数器,是电子计数器的一种,是专门测量信号频率的电子测量仪器。频率计测量频率是严格按照频率的定义进行测量的,在某个已知标准时间间隔 T_s 内,测出被测信号重复出现的次数 N,然后计算出频率 $f=N/T_s$,也被称为计数法。

目前广泛使用数字式频率计的测试原理如图 4.3.8 所示,图中晶振电路产生高度稳定的振荡信号,经分频后产生准确的时间间隔 T_s,用这个 T_s 作为门控信号去控制主门的开启时间,被测信号经过放大整形后,变换成方波脉冲,在主门开启时间 T_s 内通过主门,由计数器对通过主门的方波脉冲的个数进行计数,若在时间间隔 T_s 内计数值为 N,则被测信号的

频率 $f = N/T_s$,由译码显示电路将测量结果显示出来。

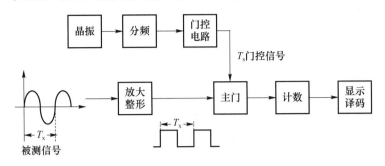

图 4.3.8 计数法测量频率

使用频率计进行测量时,应注意频率计开机后需经过充分预热,使内部晶振电路稳定工作,然后选择频率测量功能,并选择适当的输入通道,将被测信号正确接入频率计。有些型号的频率计还需根据被测信号的频率高低选择耦合方式 AC/DC;根据被测信号幅度的大小选择是否对被测信号进行衰减。最后选择适当的闸门时间,频率计进入测量状态,即可显示出测量结果。

4.3.4 相位差的测量

1. 双踪法测量相位差

利用示波器的多波形显示进行测量,是测量相位差的最直观、最简便的方法。利用双踪示波器测量相位差的具体方法是,将两个同频率被测信号 $u_1(t)$、$u_2(t)$ 分别接入示波器的两个通道,示波器置双路显示方式,同步触发源信号选择两个被测信号之一(一般选其中幅度较大的一个),调节触发电平,使两个波形与水平扫描信号同步,调节水平、垂直两个方向上的位置和灵敏度,使两个被测信号波形在垂直方向上尺寸最大显示完整,在水平方向上显示1~2个周期左右,如图 4.3.9 所示。然后利用荧光屏上的坐标测出波形的一个周期在水平方向所占的长度 x_T,再测出两波形上对应点(如过零点、峰值点等)之间的水平距离 x,即可计算相位差 $\Delta\varphi$:

$$\Delta\varphi = \frac{x}{x_T} \times 360°$$

最后根据波形的超前滞后关系确定相位差的符号,从图 4.3.9 可以看到 $u_2(t)$ 滞后于 $u_1(t)$,则 $\Delta\varphi = \varphi_2 - \varphi_1$ 为负,而 $\Delta\varphi = \varphi_1 - \varphi_2$ 为正。

由于相位是按周期性重复的,因而可用多种方法描述同一相位关系。例如,如果 $u_1(t)$ 超前 $u_2(t)90°$,也可以说 $u_1(t)$ 滞后 $u_2(t)270°$。这两种说法是一致的,但一般将相位差定在 $\pm 180°$ 范围之内,因此 $u_1(t)$ 超前 $u_2(t)90°$ 的说法比较常见。

2. 椭圆法(Lissajous 图形法)测量相位差

从表 4.3.1 中的 Lissajous 图形可以看到,当加到示波器 Y 轴和 X 轴的两个正弦交流信号频率相等,但

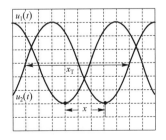

图 4.3.9 双踪示波法测两信号相位差

初相位不同时,所得到的 Lissajous 图形形状不同,可以是直线、正椭圆、斜椭圆等。根据这些图形,可以确定出加在示波器 X、Y 轴输入的两个频率相等的正弦交流信号之间的相位差。

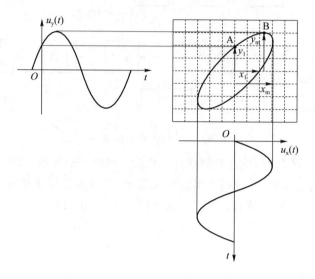

图 4.3.10　Lissajous 图形法测相位差

图 4.3.10 显示出了 Lissajous 图形的形成过程和测相位差的原理。电压 $u_y(t) = U_{m1} \sin(\omega t + \varphi)$ 加在示波器的 Y 轴输入,$u_x(t) = U_{m2} \sin \omega t$ 加在示波器的 X 轴输入,它们的频率相等。调节示波器的"水平位移"和"垂直位移"旋钮使 Lissajous 图形的中心位于屏幕的中心,则从图中可以看出,当 $t = 0$ 时,$u_y|_{t=0} = U_{m1} \sin \varphi = y_1$(椭圆图形与纵轴的交点 A 到坐标原点的距离),而 $U_{m1} = y_m$(Lissajous 图形最高点 B 点到横轴的垂直距离),所以 $\sin \varphi = \dfrac{u_y|_{t=0}}{U_{m1}} = \dfrac{y_1}{y_m}$,因此 $u_y(t)$ 的初相位 $\varphi = \arcsin \dfrac{y_1}{y_m}$,而 $u_x(t)$ 的初相为零,所以两个信号的相位差:

$$\Delta \varphi = \varphi - 0 = \arcsin \frac{y_1}{y_m} \tag{4.3.5}$$

同理也可以推出:

$$\Delta \varphi = \arcsin \frac{x_1}{x_m} \tag{4.3.6}$$

所以,只要从 Lissajous 图形上读出距离 y_1 和 y_m,或者 x_1 和 x_m,代入式(4.3.5)和式(4.3.6)即能确定相位差 φ。

用 Lissajous 图形测量两个频率相同的正弦交流信号相位差的步骤如下:

(1) 示波器置于 X—Y 工作方式;

(2) 将被测信号 u_1 和 u_2 分别接到示波器的 Y 和 X 输入端,输入耦合方式选择交流方式。

(3) 调节示波器使屏幕上显示稳定的图形(椭圆或直线)。

(4) 调节示波器的灵敏度旋钮,使屏幕所显示的图形大小适当;调节位移旋钮,使图形处在屏幕中央。

（5）根据图形，确定 u_1 和 u_2 的相位差：图形为直线，则相位差为 0°或 180°；图形为正椭圆，则相位差为 90°或 270°；图形为斜椭圆，则相位差为 $\varphi = \sin^{-1} \dfrac{y_1}{y_M}$。

3. 数字相位计测量相位差

目前广泛使用的数字相位计，利用计数法原理测量相位差，如图 4.3.11 所示。周期均为 T，时间延迟为 τ 的两个被测信号 u_1、u_2，分别进入过零电压比较器 1 和 2，电压比较器在信号由负到正通过零点时分别产生脉冲信号，由这两个脉冲控制 RS 触发器的工作状态。同时，其中一路脉冲信号经过倍频系数为 M 的倍频器产生周期为 $T_s = T/M$ 的高频脉冲，高频脉冲控制标准脉冲信号发生器产生周期为 T/M 的标准脉冲信号。

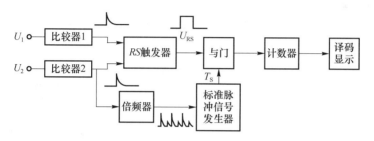

图 4.3.11　计数法测量相位差原理

RS 触发器在周期均为 T 但具有时延 τ 的两个脉冲信号控制下，输出一个脉冲宽度等于两个脉冲间时延 τ 的矩形波，用这个矩形波作为与门的门控信号，控制标准脉冲的个数，然后由计数器记录通过与门的标准脉冲数 N，则两个被测信号之间的时间延迟

$$\tau = T_s \times N = \frac{T}{M} \times N$$

则两被测信号间的相位差 $\Delta\varphi$ 为

$$\Delta\varphi = \frac{\tau}{T} \times 360° = \frac{T}{M} \times N \div T \times 360° = \frac{N}{M} \times 360°$$

M 为倍频器的倍频系数，如果选择 M 为 360 或 360×10^n，则计数器的计数结果 N 可以方便地转换成相位差度数，经过译码显示电路显示测量结果。

由于受到电路工作速度的限制，计数法测量相位不能测量较高频率的信号，而且测量精度要求越高，所能测量的最高频率越低。

4.4　测量误差与数据处理

4.4.1　误差的来源、分类和表示方法

在电子测量的过程中，由于测量方法、测量仪器以及测量人员等各方面的因素，使得测量结果与客观实际值之间存在差异，这种差异称为测量误差。测量误差是不可避免的，但是可以通过合理选择测量仪表和测量方法，尽量减小误差，获得符合要求的测量结果。为此必须了解有关测量误差和数据处理的相关知识。

1. 电子测量中产生误差的原因

电子测量中产生误差的原因主要包括以下几个因素：

（1）仪表因素：仪器仪表本身及附件电气和机械性能的不完善。例如，仪表选择不当、仪表安装摆放不当、仪表零位偏移、刻度的不准确等原因都会引起测量误差。

（2）环境因素：外界环境（如温度、湿度、光照、电磁场、机械振动、放射性等因素）的影响，会给电子测量带来误差。

（3）测量方法因素：由于测量方法选择不当或依据的理论不严格，计算过程使用近似公式、近似值都会引起测量误差。测量过程中不按照技术规范操作也会使测量误差增大。

（4）测量人员人为因素：测量过程中测量者本身的原因（如分辨能力、工作习惯、疲劳程度以及责任心等）也是引起误差的重要因素。

2. 误差的分类

根据误差的性质和来源，可以将测量中的误差分为系统误差、随机误差和粗大误差。

（1）系统误差

由于测量仪器或工具本身的局限、测量原理或测量方法的缺陷、实验操作及实验人员的心理生理条件的制约带来的测量误差，被称为系统误差。系统误差的特点是在相同测量条件下重复测量，所得测量结果总是偏大或总是偏小，且误差数值一定或按一定规律变化。通常可以通过改变测量工具或测量方法来减小系统误差，也可以对测量结果加修正值从而减小系统误差。

（2）随机误差

由于偶然的或不确定的因素所造成的每一次测量值的无规则变化（涨落）形成的误差，称为随机（偶然）误差。产生随机误差的原因很多，如观测时机不对，读数不准确，周围环境的偶然变化，电源电压的波动等。随机误差使观察值不按方向性和系统性变化，而是随机地变化。随机误差服从正态分布，可以用多次测量结果取算术平均值的方法减小随机误差。

（3）粗大误差

在一定的测量条件下，测量值明显偏离真实值形成的误差，称为粗大（过失）误差。粗大误差产生的原因可能是读错刻度、记错数字、计算错误以及方法错误等，可以通过提高测量者的测量技术和专注程度加以避免。

3. 误差的表示方法

在介绍误差的表示方法之前，为表述的方便，首先了解两个术语：真值和约定真值。

真值是指被测量的客观实际值。在不同的时间、空间等客观环境下，真值往往是不同的，但在确定的时空条件下，真值是客观存在的。

计量学上的真值是不能得到的，但可以用高一级或高几级的标准仪器或计量器具所测得的数值或者理论值来代替真值，称为约定真值。通常约定真值也被简称为真值。

常用的误差表示方法有：

（1）绝对误差

在测量过程中得到的被测参数的测量值 X 与其真值 A_0 之间的差称为绝对误差，用 ΔX 表示：

$$\Delta X = X - A_0$$

一般用约定真值 A 代表真值，这时绝对误差为：

$$\Delta X = X - A$$

（2）相对误差

相对误差是绝对误差与真值的比值，取百分数形式，用 γ 表示：

$$\gamma = \frac{\Delta X}{A} \times 100\%$$

用绝对误差无法比较不同测量结果的可靠程度，但用相对误差可以评价这种可靠程度。例如，用欧姆表测量两个阻值分别是 $10\ k\Omega$ 和 $100\ \Omega$ 的电阻，两次测量的绝对误差都是 $2\ \Omega$，从绝对误差来看，对两次测量的评价是相同的，但是前者的相对误差为 $0.2‰$，后者则为 $2‰$，后者的相对误差是前者的一百倍。

（3）允许误差（最大误差）

一般测量仪表准确度常用允许误差表示。它是根据技术条件规定某一类仪器的误差不应超过的最大范围。通常仪器（包括量具）技术说明书所标明的误差，都是指允许误差。在指针式仪表中，允许误差就是满刻度相对误差，我国电工仪表的准确度用等级表示，分别为 0.1、0.2、0.5、1.0、1.5、2.5 和 5 共七级。一个满度为 $10\ V$、准确度为 1.5 级的电压表，测量时的最大绝对误差为：

$$10\ V \times (\pm 1.5\%) = \pm 0.15\ V$$

若用该电压表进行测量时表头示值为 $6\ V$，则被测电压的真值在 $6\ V \pm 0.15\ V（5.85 \sim 6.15\ V）$范围内；若表头示值为 $2\ V$，则被测电压的真值在 $2\ V \pm 0.15\ V（1.85 \sim 2.15\ V）$范围内。

在元器件参数里也常用允许误差表示元器件标称值与实际值间的误差。例如，电阻标称值为 $10\ k\Omega$、允许误差为 5% 的电阻器，其最大绝对误差为 $10\ k\Omega \times (\pm 5\%) = \pm 0.5\ k\Omega$，实际阻值应在 $10\ k\Omega \pm 0.5\ k\Omega = (9.5 \sim 10.5\ k\Omega)$ 范围内。

4.4.2　测量数据的读取和处理

1. 有效数字与测量数据的读取

在对测量数据进行读取记录以及利用测量数据进行计算的过程中，涉及如何用合理的近似数恰当表达测量结果的问题，即有效数字的问题。有效数字是从数据的左边第一个不为零的数字算起，直到右边最后一位数字为止的所有各位数字，这些数字的个数即是有效数字的位数。例如，$0.100\ V$、$330\ k\Omega$、$1.05\ mA$ 都是三位有效数字。

当只需要 N 位有效数字时，对第 $N+1$ 位及其后面的各位数字就要根据舍入规则进行处理，而通常所说的"四舍五入"规则有一定的不合理性，因为"5"是 $1 \sim 9$ 的中间数字，只入不舍显然不合理，应该有舍有入。现在普遍采用的舍入规则是"四舍六入"，具体规则是：

（1）第 $N+1$ 位为小于 5 的数时，舍掉第 $N+1$ 位及其后面的所有数字；若第 $N+1$ 位为大于 5 的数时，舍掉第 $N+1$ 位及其后面的所有数字的同时第 N 位加 1。

（2）当第 $N+1$ 位恰为"5"时，若"5"之后有非零数字，则在舍 5 的同时第 N 位加 1；若"5"之后无数字或为 0 时，则由"5"之前的数的奇偶性来决定舍入，如果"5"之前为奇数则舍"5"且第 N 位加 1，如果"5"之前为偶数则舍"5"，第 N 位不变。

在测量过程中仪表的量程不同时，所能读出的量值的有效数字位数不同。例如，用三位半的数字电压表测量 $1.782\ V$ 的电压时，如果选用"$2V$"量程，则电压表的示数为"1.782"；而选用"$20V$"量程，则电压表的示数为"01.78"；选用"$200V$"量程，则电压表的示数为"001.7"。

由此可见,量程选择过大会丢失有效数字。用数字电压表进行实际测量时一般选择比被测值大但比较接近的量程,使表的示数有尽量多的有效数字,读取数据时可根据具体情况和要求决定保留几位有效数字。

在读取测量数据时,其有效数字位数的保留方法有两种情况:

(1) 和误差保持一致,误差不超过有效数字末位单位数字的一半

例如,一只满度为 10 V、准确度为 0.5 级的电压表,测量时的最大绝对误差为

$$10 \text{ V} \times (\pm 0.5\%) = \pm 0.05 \text{ V}$$

如果指示值为 5.33 V,则实际值范围为 5.28～5.38 V,根据误差不超过有效数字末位单位数字的一半的原则,可以记录为 5.3 V。但人们习惯上使数据的末位与绝对误差对齐,因此一般还是记录为 5.33 V。

(2) 直接测量值的有效数字取决于读数时能读到哪一位

例如,量程为 50 V 的指针式电压表,它的最小刻度是 1 V,因读数只能读到小数点后第 1 位,如 30.3 V 时,有效数字是三位。若测量时指针正好位于 12 V 刻度上,数据应记为 12.0 V,仍然是三位有效数字(不能记为 12 V)。所记录的有效数字中,必须有一位而且只能是最后一位是在一个最小刻度范围内估计读出的,而其余的几位数是从刻度上准确读出的。

由此可知,在记录直接测量值时,所记录的数字应该是有效数字,其中应保留且只能保留一位是估计读出的数字。

2. 直接测量数据的处理

(1) 单位变换时数据的有效位数不能改变

例如,被测电压记为 1 000 mV 时,是 4 位有效数字,表示精确到 mV 级,进行单位变换时不能写成 1 V,因为 1 V 的写法只有一位有效数字,并且只能表示精确到 V 级。所以,1 000 mV 应该写为 1.000 V,不改变有效数字位数,也不改变精确度。

(2) 用“10”的方幂来表示数据时,符号“×”前面的数字都是有效数字

例如,3.50×10^2 V、0.521×10^4 mW 都是三位有效数字。

(3) 有效数字的运算

当需要对多个测量结果进行运算时,有效数字的保留原则上取决于误差最大即小数点后有效数字位数最少的那一项。

① 加、减运算

先将各数据小数点后的位数处理成与小数点后有效数字位数最少的数据相同后再进行计算。要尽量避免两个相近数的相减,以免对计算结果产生很大的影响,非减不可时,应多取几位有效数字。

② 乘、除运算

先将各数据处理成与有效数字位数最少的数据相同或多一位后再进行计算,运算结果的有效数字位数也应处理成与有效数字位数最少的数据相同。注意:在乘、除运算中,有效数字的取舍与小数点无关。

③ 乘方与开方运算

运算结果应比原数据多保留一位有效数字。

④ 对数运算

取对数前后的有效数字位数应相等。

3. 图解法分析数据

在处理测量结果时,有时需要将被测量随某个或某几个因素的变化规律用曲线表示出来。用曲线表示形象直观,便于分析。要做出一条符合客观规律,反映真实情况的曲线应注意以下几点:

(1)合理选用坐标系

最常用的是直角坐标系,也有用极坐标或其他坐标系的。

(2)合理选择坐标分度

选择适当的坐标分度,确保所绘曲线既能完整呈现整个变化规律,又能清晰展现规律的细节特点。

(3)合理选择测量点

自变量取值的最大值和最小值两个端点、因变量变化的最大值和最小值点都应有准确的测量数据。此外,在曲线变化剧烈的部分要多取几个测试点,以便客观体现曲线的细节;在曲线变化平坦的部分可适当少取测试点。

(4)准确标记测试点

在同一坐标系中作不同曲线时应用不同的符号进行标记,以免相互混淆。

(5)将各测试点用线连起来并修匀曲线

由于测量过程中各种误差的影响,将各测试点连起来所得到的曲线通常都是不光滑的,需要进行修匀以减小误差的影响。修匀曲线通常可以采用以下两种方法:

① 直觉法

在精度要求不高或测量点离散程度不大时,用曲线板、直尺凭感觉修匀曲线,作图时不必要求曲线通过每一个测试点,而是从总体上看,曲线尽可能靠近各数据点,且曲线两边的数据点个数基本相等。即各数据点均匀地、随机地分布在曲线的两侧,并且曲线是光滑的。

② 分组平均法

把横坐标分成若干组,每组 2～4 个点,分别求出各组数据的几何重心的坐标,再把这些几何重心连成光滑的曲线,如图 4.4.1 所示。这种方法由于进行了数据平均,各几何重心的离散程度明显减小,从而使作图更方便和准确。分组的数目应视具体情况而定,分得太细时平均效果不明显,分得太粗则可能因平均点少而增加作图困难,还可能掩盖函数原来的基本特性。因此曲线斜率变化较大或变化规律较重要的地方可分得细一些,曲线较平坦的地方可分得粗一些。

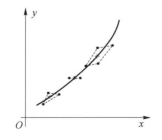

图 4.4.1 分组平均法修匀曲线

第 3 篇　EDA 工具篇

随着计算机技术的发展,EDA(电子设计自动化)技术已经是电子系统设计不可或缺的手段,在电路设计与仿真、PCB 设计、可编程器件和集成电路设计等方面发挥广泛的作用。了解 EDA 技术,掌握相关工具软件的使用,是当今电子设计工程人员的基本技能之一。

本篇介绍了两款流行的 EDA 工具的使用:电路仿真软件 Multisim 能够完成从原理图设计输入、电路仿真分析到电路功能测试等工作,仿真结果模仿实验室里实际测量的场景,通过虚拟仪表测量显示出来,过程直观形象,在电子电路实验教学中受到广泛欢迎。另一款设计软件 Altium Designer 19,可以完成绘制电路原理图、实现 PCB(印制电路板)设计以及生成该电路板需要的材料清单等工作,是技术人员进行电路 PCB 设计的便利工具。

第 5 章

Multisim仿真软件的使用

  Multisim 软件是美国国家仪器(NI)有限公司在加拿大 IIT 公司开发的 EWB（Electrical Workbench，电子工作台）软件的基础上，开发完善的一款电路设计仿真平台。在 Multisim 中进行电路仿真时，除可以利用其本身提供的示波器、万用表、函数发生器等虚拟仪器外，还能利用第三方或用户自己在 LabVIEW 中开发的虚拟仪器，大大提高了电路测试方法选择的灵活性和广泛性。自 Multisim 9 起，该软件提供了全面集成化的设计环境，完成从原理图设计输入、电路仿真分析到电路功能测试等工作。仿真过程中，当改变电路连接或改变元件参数时，可以清楚地观察到各种变化对电路性能的影响。

  目前最新版本 Multisim 14 进一步增强了仿真技术，可帮助教学、科研和设计人员分析模拟、数字和电力电子电路，新增功能包括全新的参数分析、与新嵌入式硬件的集成以及通过用户可定义的模板简化设计等。

5.1 Multisim 软件的基本情况

5.1.1 Multisim 软件的技术特点

  使用 Multisim 14 可交互式地搭建电路原理图，并对电路行为进行仿真。Multisim 提炼了 SPICE 仿真的复杂内容，这样使用者无须懂得深入的 SPICE 技术就可以很快地进行捕获、仿真和分析新的设计，使其更适合电子学教育。通过 Multisim 和虚拟器技术，使用者可以完成从理论到原理图捕获与仿真，再到原型设计和测试这样一个完整的综合设计流程。该软件各版本的比较如表 5.1.1 和表 5.1.2 所示。

表 5.1.1 各版本功能比较（一）

电路图搭建	版　本								
搭建功能	5	6～8	9	10	10.1	11	12	13	14
每个标准逻辑元件对应单一的符号	○	-	-	○	○	○	○	○	○
电路限制 *	○	○	○	○	○	○	○	○	○
黑盒子 *	○	○	○	○	○	○	○	○	○
子电路	○	○	○	○	○	○	○	○	○

续 表

电路图搭建	版本								
搭建功能	5	6~8	9	10	10.1	11	12	13	14
交互式组件		○	○	○	○	○	○	○	○
层次化模块		○	○	○	○	○	○	○	○
额定/3D 虚拟组件 *		○	○	○	○	○	○	○	○
嵌入式问题			○	○	○	○	○	○	○
交互式组件的鼠标单击控制			○	○	○	○	○	○	○
切换模式电源				○	○	○	○	○	○
虚拟 NI ELVIS II 电路图和 3D 视图 *					○	○	○	○	○
全局连接器						○	○	○	○
页内连接器						○	○	○	○
基于 NI Ultiboard 重新设计的前向/后向注释						○	○	○	○
WYSIWYG 网络系统						○	○	○	○
项目打包和归档						○	○	○	○
范例查找器						○	○	○	○
代码段							○	○	○
缩略图							○	○	○
电路参数								○	○
热功率组件								○	○
自定义模板								○	○
组件向导								○	○
主动分析模式									○
允许在数据库中自定义封装 RLC 元件									○
在搜索结果中预览组件									○
MPLabX 协同仿真									○
高级探针									○
保存仿真之间的图表设置									○

* 仅为院校功能

表 5.1.2 各版本功能比较(二)

仿真	版本								
仿真功能	5	6~8	9	10	10.1	11	12	13	14
SPICE 仿真	○	○	○	○	○	○	○	○	○
XSPICE 仿真		○	○	○	○	○	○	○	○
导出到 EXcel 和 NI LabVIEW		○	○	○	○	○	○	○	○
组件创建向导		○	○	○	○	○	○	○	○

续 表

仿真	版 本								
仿真功能	5	6～8	9	10	10.1	11	12	13	14
导入/导出到.LVM 和.TDM			○	○	○	○	○	○	○
自定义 LabVIEW 仪器			○	○	○	○	○	○	○
SPICE 会聚帮助				○	○	○	○	○	○
BSIM 4 MOSFET 模型支持				○	○	○	○	○	○
温度仿真参数				○	○	○	○	○	○
添加仿真探针到分析功能中				○	○	○	○	○	○
测量探针				○	○	○	○	○	○
微处理器(MCU)仿真				○	○	○	○	○	○
MCU C 代码支持				○	○	○	○	○	○
自动化 API				○	○	○	○	○	○
输入/输出 LabVIEW 仪器					○	○	○	○	○
BSIM 4.6.3						○	○	○	○
支持 BSIMSOI;EKV;VBIC						○	○	○	○
高级二极管参数模型						○	○	○	○
SPICE Netlist 查看器						○	○	○	○
绘图器标注						○	○	○	○
绘图器智能图例						○	○	○	○
NI 硬件连接器						○	○	○	○
LabVIEW/Multisim 协同仿真							○	○	○
绘图器-数字显示							○	○	○
通过电路参数优化参数扫描								○	○
LabVIEW Multisim API 工具包								○	○
导出实时仿真模型到 FPGA 硬件中								○	○
仿真♯160 驱动仪器	7	18	20	22	22	22	22	22	22
集成的 NI ELVIS 仪器	—	—	—	—	6	6	6	6	6
LabVIEW 仪器	—	—	4	4	4	6	6	6	6
分析次数	14	19	19	19	19	20	20	20	20

　　Multisim 软件结合了直观的捕捉和功能强大的仿真,能够快速、轻松、高效地对电路进行设计和验证。凭借 Multisim,用户可以立即创建具有完整组件库的电路图,并利用工业标准 SPICE 模拟器模仿电路行为。借助专业的高级 SPICE 分析和虚拟仪器,用户能在设计流程中对电路设计进行迅速的验证,从而缩短建模循环。与 LabVIEW 无缝集成的模拟与数字系统级仿真可以在桌面计算机上仿真完整的实验室实验,用于控制、能源、功率电子和机电一体化理论的工程教学。

　　Multisim 软件使模拟电路、数字电路的设计及仿真更为方便,极其广泛地应用于教学实验中。

5.1.2 Multisim 元器件库介绍

Multisim 提供了丰富的元器件库,元器件库工具栏图标和名称如图 5.1.1 所示。用鼠标左键单击元器件库栏的某一个图标即可打开该元件库。某些元器件库中,有绿色图标的元器件,该元器件为虚拟元器件。下面从左到右简单介绍一下各个元器件库。

图 5.1.1 Multisim 元器件库工具栏

1. 电源/信号源库(Sources)

电源/信号源库包含有模拟接地端(GROUND)、数字地(DGND)、直流电压源(电池)、正弦交流电压源、方波(时钟)电压源、压控方波电压源等多种电源与信号源。

2. 基本器件库(Basic)

基本器件库包含有电阻、电容等多种元件。基本器件库中的虚拟元器件的参数是可以任意设置的,非虚拟元器件的参数是固定的,但也是可以选择的。

3. 二极管库(Diodes)

二极管库包含有二极管、可控硅等多种器件。二极管库中的虚拟器件的参数是可以任意设置的,非虚拟元器件的参数是固定的,但也是可以选择的。

4. 晶体管库(Transistors)

晶体管库包含有晶体管、FET 等多种器件。晶体管库中的虚拟器件的参数是可以任意设置的,非虚拟元器件的参数是固定的,但也是可以选择的。

5. 模拟集成电路库(Analog)

模拟集成电路库包含有多种运算放大器。模拟集成电路库中的虚拟器件的参数是可以任意设置的,非虚拟元器件的参数是固定的,但也是可以选择的。

6. TTL 数字集成电路库

TTL 数字集成电路库包含有 74××系列和 74LS××系列等 74 系列数字电路器件。

7. CMOS 数字集成电路库

CMOS 数字集成电路库包含有 40××系列和 74HC××系列多种 CMOS 数字集成电路系列器件。

8. 混合数字器件库(MIXC Digital)

混合数字器件库包含有 DSP、FPGA、CPLD、MCU、MEMORY 等多种器件。

9. 数模混合集成电路库(Mixed)

数模混合集成电路库包含有 ADC/DAC、555 定时器等多种数模混合集成电路器件。

10. 指示器件库(Indicators)

指示器件库包含有电压表、电流表、七段数码管等多种器件。

11. 电源器件库(Power)

电源器件库包含有三端稳压器、PWM 控制器等多种电源器件。

12. 其他器件库(Misc)

其他器件库包含有晶体、滤波器 等多种器件。

13. ▆ 键盘及显示器库(Advance Peripherals)

键盘及显示器库包含有键盘、LCD 等多种器件。

14. Ｙ 射频元器件库(RF)

射频元器件库包含有射频晶体管、射频 FET、微带线等多种射频元器件。

15. ⊕ 机电类器件库(Elector Mechanical)

机电类器件库包含有开关、继电器等多种机电类器件。

16. ⧓ NI 元件库(NI Components)

NI 公司设计的各种符合 NI Lab VIEW 描述的器件模型,以及 NI cRIO、sbRIO 等系列器件。

17. ▮ 接口器件库(Connectors)

各类接口器件,包括各种 D 型接口、USB 接口等。

18. ▮ 微控制器库(MCU Model)

微控制器件库包含有 8051、PIC 等多种微控制器。

5.2　Multisim 软件的基本使用方法

本节将通过实例来展示 Multisim 软件的基本使用方法。

首先,单击软件图标运行 Multisim 软件,待软件启动完成后,操作界面图 5.2.1 所示。界面上方依次为菜单栏、标准工具栏、主工具栏、仿真开关、元器件工具栏、仿真工具栏、视图工具栏;界面右侧为虚拟仪器工具栏。操作界面中除主设计窗口外,还有左侧的设计工具箱窗口和底部的电路各类信息的展示窗口。当鼠标在工具栏上划过,鼠标光标右下角会有相应的解释出现,出现时间为 5 秒,同时,操作界面底部信息栏也会显示相应的解释直到鼠标移开。

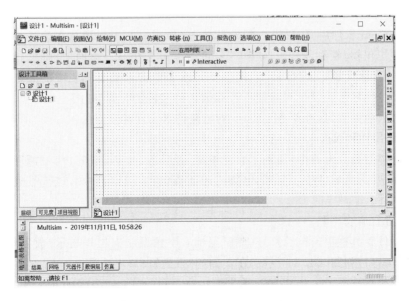

图 5.2.1　Multisim 操作界面

在开始设计之前,可以先设置软件的全局偏好来迎合软件使用者的设计习惯。选择菜单"选项(O)"→"全局偏好(G)",全局偏好设置窗口如图 5.2.2 所示,设置文件路径、消息提示、保存、元器件、常规、仿真、预览。在"常规"选项中,修改软件的界面语言,系统自带英语、德语和日语,其他语言包可以自行下载安装后,在这里选择使用。

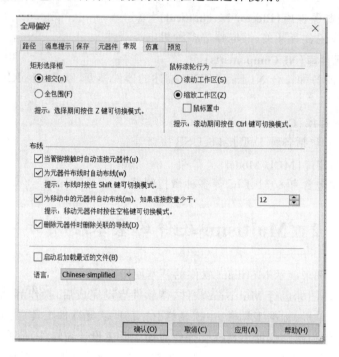

图 5.2.2　Multisim 全局偏好设置窗口

5.2.1　建立和保存电路文件

运行 Multisim 软件后,软件进入到设计输入(如图 5.2.1 所示),在设计窗口里可以放置元器件和虚拟仪器,绘制连接线连接电路,进行编译和仿真。此时,设计文件名为系统默认的"设计 1",选择菜单"文件(F)"→"保存(S)"或者单击标准工具栏中的磁盘图标进行保存,第一次保存时,软件会弹出对话框以便修改设计文件的名称(如图 5.2.3 所示)。下面以单级晶体管放大电路为例,介绍 Multisim 的电路仿真文件建立方法。

1. 放置元器件和仪表

在单级晶体管放大电路中,用到了直流电源、晶体管、电阻、电容、信号源和示波器。特别要注意的是,在仿真软件中,完整的电路描述还要包括"接地符号",该符号也作为库中的一个器件来描述。

首先,放置直流稳压源。

单击元器件工具栏上的电源符号(此时鼠标右下角及状态栏里表示"放置源"),可以看到元器件选择窗口,如图 5.2.4 所示。在左侧的"系列"窗口里选择 POWER_SOURCES,在中部元器件窗口里选择 DC_POWER;单击窗口右上角的"确认(O)",此时,元器件选择窗口会暂时关闭,鼠标的光标上会带着一个直流电源的图标符号。在设计窗口里单击,会放下一个直流稳压源并返回到元器件选择窗口,而右击,则退出元器件选择。

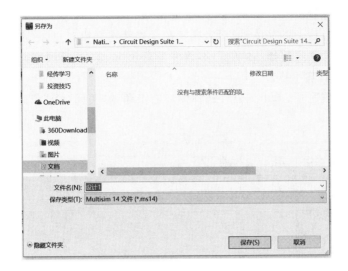

图 5.2.3　修改设计文件的名称

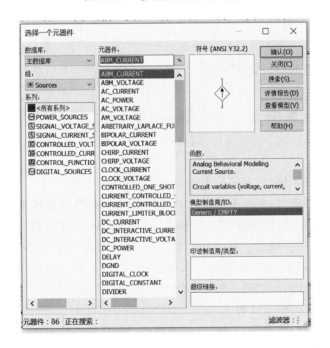

图 5.2.4　元器件选择窗口

然后放置接地符号。

在图 5.2.4 的元器件选择窗口里,可以在 POWER_SOURCES 的下方找到 DGND 和 GROUND 两个器件符号,其中 DGND 是"数字电路地",GROUND 是"模拟电路地"。本设计中,使用 GROUND,选择它并确认,把接地符号放到了设计的电路里。

接下来放置电阻、电容。

单击元器件工具栏上的电阻符号,或者在元器件选择窗口里,单击"组"的下拉窗口,选择 Basic 组;在"系列"窗口里找到并选择 RESISTOR 之后,在元器件窗口里选择所需的电阻并放置在设计电路里。同理,找到 CAPACITOR,放置电路所需要的电容。

下一步放置晶体管。

单击元器件工具栏上的晶体管符号，或者在元器件选择窗口里，单击"组"的下拉窗口，选择 Transistors 组，在此选择晶体管。本软件没有 8050、8550 等国产元器件的模型，选择 2N2222A 来替代晶体管 8050。

所有元器件放置完毕，单击元器件选择窗口右上角的"关闭（C）"。此时，设计窗口大概应该如图 5.2.5 所示。

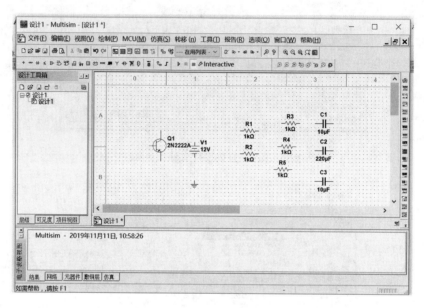

图 5.2.5　设计窗口

注意：电路中的电阻值、电容值是可以根据需要随时修改的。

另外，在选择元器件时，如果不能确定元器件型号，可以在元器件小窗口中输入包含"？"或"＊"的元器件名称，进行模糊查找。其中，"？"代表某一个字母或数字不确定，"＊"代表某几个连续的字母或数字不确定。例如，在"组"选择所有组，"系列"选择所有系列的条件下，输入"＊2222"可以找到 2N2222A 等型号名称含"2222"的所有元器件；输入"2？2"可以看到所有型号名中第一位和第三位是 2 的元器件。

最后，放置所需要的虚拟仪器。

与放置元器件类似，单击图 5.2.5 右侧的虚拟仪器符号中的函数信号发生器（虚拟仪器栏从上向下数第二个图标），移动鼠标，此时函数信号发生器的图标符号就已经挂在了鼠标箭头上，把它放在设计电路窗口里。然后选择示波器（虚拟仪器栏第四个图标）同样操作。

至此，单管放大电路所需的元器件及虚拟仪器都已放置完毕，如图 5.2.6 所示。

2. 元器件的编辑、连线

把放置在设计窗口里的元器件、虚拟仪器等进行合理的分布、连接并设定或调整它们的工作参数，如元器件朝向、摆放位置等。

这里需要了解以下几点：

- 单击选中要编辑的目标，被选中的图标会被蓝色的虚线框包围。
- 用鼠标拖拽的方式来移动元器件及虚拟仪器的图标。

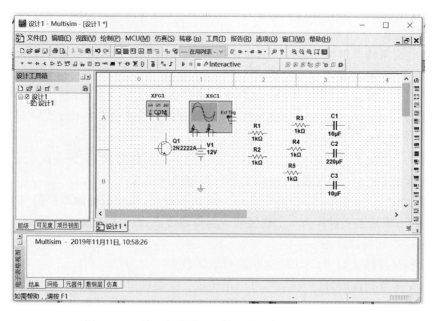

图 5.2.6　放置完所需元器件及虚拟仪器的设计窗口

- 按"Ctrl＋R"或"Ctrl＋Shift＋R",可以使元器件图标顺时针或逆时针旋转 90°。
- 按"Alt＋Y"可以使目标图标垂直翻转;按"Alt＋X"可以做到水平翻转。

摆放好所有的元器件及虚拟仪器后(如图 5.2.7 所示),可以进行连线。连线的方法如下:

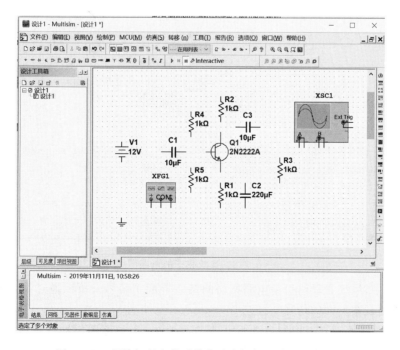

图 5.2.7　摆放好所有的元器件及虚拟仪器后的设计窗口

(1) 移动鼠标接近元器件或虚拟仪器的引脚,鼠标光标由箭头变为带十字交叉的小黑点,单击鼠标左键,然后移动鼠标到需要连接的位置,此时连接处会出现一个小红点,再次单击鼠标左键,完成一次连线。

(2)连线时系统会根据元器件的分布情况自动产生拐点,如果需要人为控制拐点位置,可以在需要拐点的地方单击鼠标左键。

(3)两根连接线交叉时,丁字型交叉默认为是联通的;十字交叉时,默认为是不联通的;可以通过分段连接的方法实现十字交叉线的联通,即起点到连接线先形成丁字交叉,然后以丁字交叉点为起点继续做连接线。

(4)移动一个元器件图标使其引脚与另一个图标的引脚对接,系统会默认它们之间有连接,此时移动其中的一个元器件图标,会有一根连接线出现。

(5)按"Ctrl+J",鼠标光标上会出现一个虚线小圆点,移动鼠标到需要的位置单击,会产生一个结点,该结点可以作为一个连接线的起点或终点,也可以放置在十字交叉的连接线的交叉点使两根连接线联通。

(6)绘制连接线过程中,可以随时按鼠标右键放弃。

(7)如果需要删除做好的连接线,可以单击鼠标左键选中,然后按"delete"键进行删除。

连线完毕的电路图如图5.2.8所示。注意,函数信号发生器连接的是"+"端和中间的接线端,"-"端为空。

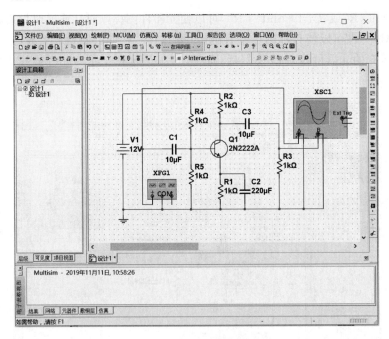

图 5.2.8　连线完毕的电路图

在电路图中,系统自动给每个电路网络的结点分配了编号。可以通过设置使这些编号显示出来,以便观察后面的仿真结果。

设置方法是选择菜单"选项(O)"→"电路图属性(p)",电路图属性设置窗口如图5.2.9所示,在"电路图可见性"下,选择"网络名称"为"全部显示",单击"确认"后所有的结点编号都可以显示出来,如图5.2.10所示。

图 5.2.9 电路图属性设置窗口

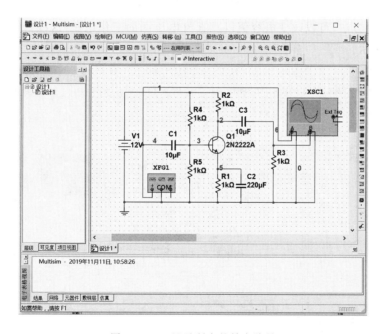

图 5.2.10 显示所有的结点编号

3. 修改元器件、电源和信号源参数

首先,修改电阻值。

双击要修改的电阻,系统弹出电阻器参数修改窗口如图 5.2.11 所示。输入需要的电阻值后单击"确认",电路图中相应的电阻值随即发生相应的改变。

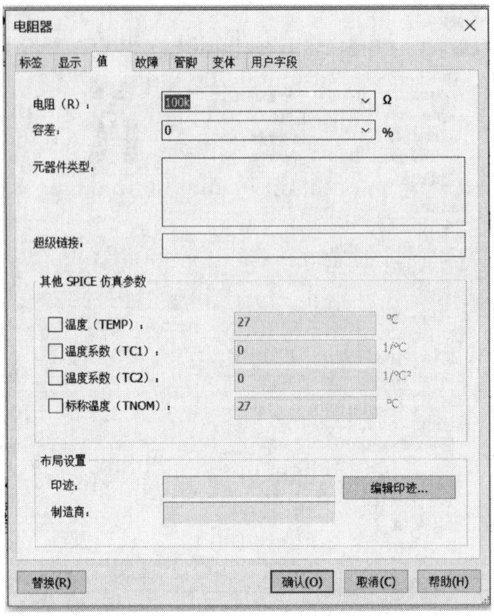

图 5.2.11　电阻器参数修改窗口

使用类似的方法,可以改变电容值以及直流电压源的工作电压,这些修改完成后,电路如图 5.2.12 所示。

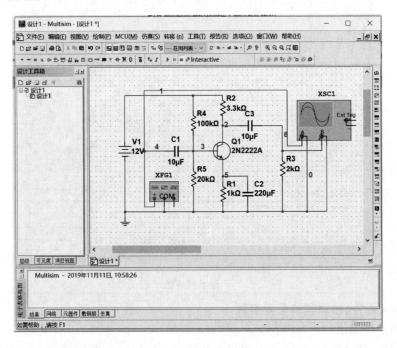

图 5.2.12　修改完元器件参数后的电路图

接下来,设置信号源参数。

双击函数信号发生器图标,弹出信号源设置窗口如图 5.2.13 所示。波形选择正弦波,频率设置为 1 kHz,振幅设置为 5 mVp,直流偏置为 0 V。

图 5.2.13　打开信号源设置窗口

需要明确的是,正弦波无占空比调节项,而三角波和方波可以修改占空比并能够设置上升/下降时间。

函数信号发生器设置窗口下方的三个圆圈分别代表接线柱"＋""普通(接地)""－",电路中使用到的接线柱其代表的圆圈中使用的为黑色实心,未使用的为空心。

5.2.2　观察仿真结果

电路设置完成检查无误后,按"F5"键或单击仿真工具栏上的"运行"图标或单击仿真开关,系统启动对电路的仿真。仿真启动后,软件窗口的右下角显示"正在仿真…"。双击示波器图标,打开示波器窗口。在示波器窗口中看到电路仿真状态下的瞬时波形,类似于实验室中使用真实的示波器观察波形,如图 5.2.14 所示。

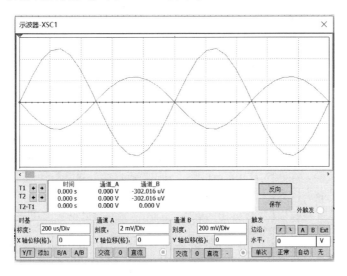

图 5.2.14　调节示波器,获取正常的输入/输出波形

通过调节图 5.2.14 所示的示波器时基标度值、通道 A 和通道 B 的刻度值,可以看到正常的输入/输出波形。为了能更清楚地看到仿真波形,可以把示波器窗口右下角的触发选择

为"单次"，这样，虚拟示波器的显示窗口里就会保留一屏稳定的波形，即使结束仿真，该数据也会被保留下来，方便观察与测量。

单击"反向"按钮可以将波形显示窗背景设为白色。

在图5.2.14中示波器波形显示窗口里有两个测量用标记T1、T2，初始都在屏幕左侧，可以用鼠标将其拖拽到窗口中的任意时间点，同时在T1、T2的显示窗口里同步显示它们相应位置的波形信息，包括时间、通道A信号瞬时电压、通道B信号瞬时电压、T2时刻与T1时刻的时间差值及信号幅度的差值，具体如图5.2.15所示。

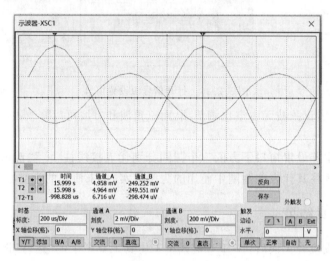

图5.2.15　任意时间点T1、T2的波形信息

在Multisim窗口上方工具栏右半部分，有各种测量探针，可以根据需要选择不同类型的测量探针放置在电路中。当仿真运行时，屏幕会显示探针位置实时的电压/电流信息，如图5.2.16所示。

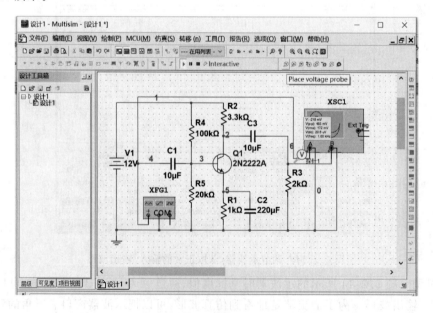

图5.2.16　仿真时实时显示的探针位置的电压/电流信息

可以在仿真执行的过程中方便地增加或删除测量探针。

5.2.3　数据分析功能

Multisim 有强大的数据分析功能,包括直流工作点分析、交流分析、瞬态分析、傅里叶分析等十几种项目。这里简单介绍直流工作点分析、瞬态分析和交流分析三种常用分析。

1. 直流工作点分析

选择菜单"仿真(S)"→"Analyses and Simulation(H)"→"直流工作点(D)...",在直流工作点分析窗口中,从左侧窗口选择需要分析的变量,本例中选择了 R_1、R_2 的电流;结点 1、2、3、5 的电压作为分析变量,选择结果如图 5.2.17 所示。

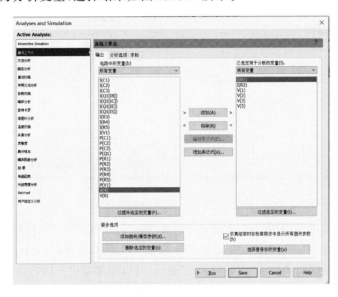

图 5.2.17　选择分析变量分析直流工作点

选择完成后,单击"Run",看到系统分析的结果如图 5.2.18 所示,可以通过单击图示仪视图窗口上的工具栏中黑/白色背景图标来切换背景。单击存盘,可以保存分析数据供后期处理分析。

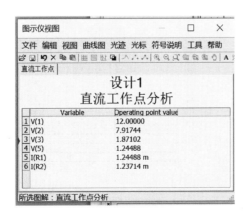

图 5.2.18　直流工作点分析结果

2. 交流分析

选择菜单"仿真(S)"→"Analyses and Simulation(H)"→"交流分析(A)"。

在图 5.2.19 所示交流分析窗口中,首先设置频率参数。例如,设置起始频率为 1 Hz,终止频率为 1 GHz,采用对数坐标。

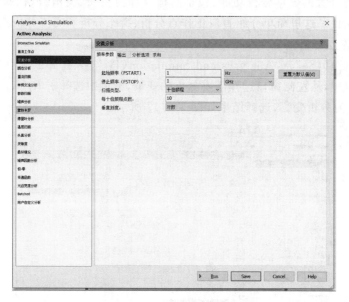

图 5.2.19　交流分析窗口

然后在图 5.2.20 所示界面中选择需要分析的"输出",在本例中主要观察单管放大电路的放大倍数与频率的关系,所以分析的变量是结点 6 的电压与结点 4 的电压之比,即电路的输出电压除以输入电压。通过窗口中间的"添加表达式"选项,可以添加需要分析的表达式。图 5.2.21 所示为表达式编辑窗口,用鼠标双击可以选中添加到表达式里的变量或运算函数。

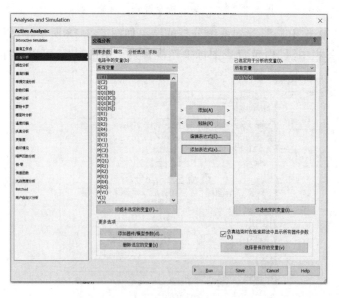

图 5.2.20　选择交流分析的"输出"

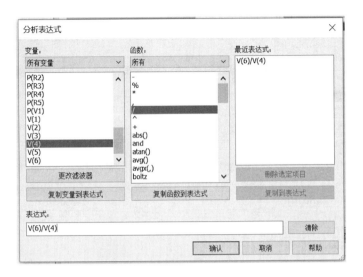

图 5.2.21　表达式编辑窗口

编辑完成后单击"确认"返回到交流分析窗口,检查无误后单击"Run",交流分析结果如图 5.2.22 所示,黑白背景可以通过单击图示仪视图窗口上的工具栏中黑/白色背景图标来切换。

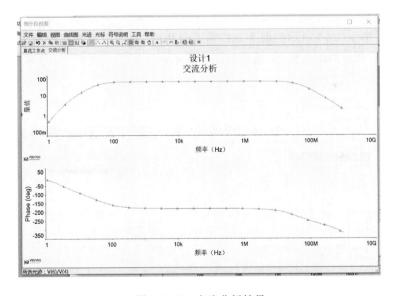

图 5.2.22　交流分析结果

3. 瞬态分析

选择菜单"仿真($\underline{S}$)"→"Analyses and Simulation($\underline{H}$)"→"瞬态分析($\underline{T}$)"。

在图 5.2.23 所示瞬态分析窗口中,首先设置分析参数,本例设置起始时间为 0 s,结束时间 0.002 s,自动生成时间步长。

需要注意的是,起止时间应根据分析的需要进行选取。本例中输入信号是正弦波,任意选取一两个周期的时间就可以满足瞬态分析的需要,考虑到工作频率是 1 kHz,所以起始时间为 0 s,起止时间差为 2 ms;如果是其他功能的电路(如振荡器等),应根据分析目的不同,选取适当的起始时间和停止时间。

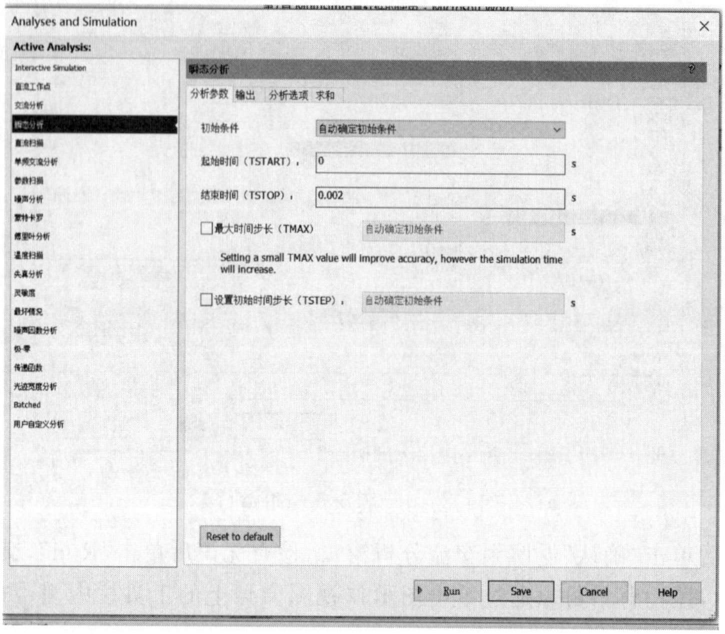

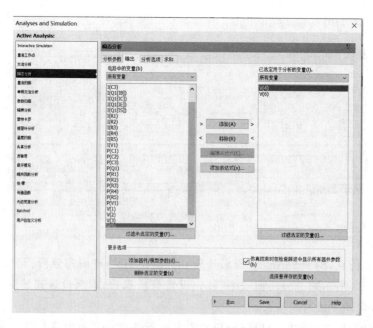

图 5.2.23　瞬态分析窗口

接下来,在图 5.2.24 所示界面下选择需要分析的"输出",该窗口与交流分析的输出选择窗口类似。根据分析的需要,本例选择结点 4 的电压和结点 6 的电压,即电路的输入/输出电压。

图 5.2.24　选择需要分析的"输出"

设置完成后,检查无误单击"Run",可以看到瞬态分析结果如图 5.2.25 所示。

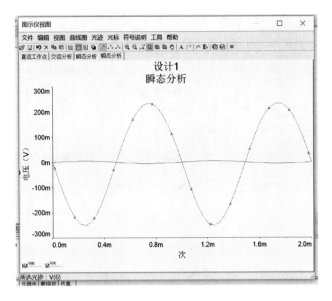

图 5.2.25　瞬态分析结果

由于输入/输出电压幅度相差很大,图 5.2.25 分析结果的显示中,输入电压已经近似为直线,不便于观察。这种情况下,可以通过修改坐标改善显示效果,具体操作如下:

选择图示仪视窗菜单"光迹"→"光迹属性",系统弹出"图形属性"窗口,根据图 5.2.25 所示的分析结果,需要改善的是电压 V(4)的显示,所以在图 5.2.26 所示"图形属性"窗口的"光迹"选项卡中,选择"光迹 ID"为 1,确认一下光迹标签为 V(4),如果标签不符,则选择另一个光迹 ID;"X 水平轴"保持不变,"Y 垂直轴"选择右轴。

图 5.2.26　"图形属性"窗口的"光迹"选项卡

接下来,在如图 5.2.27 所示"图形属性"窗口的"右轴"选项卡中,设定右轴的参数。

图 5.2.27　"图形属性"窗口的"右轴"选项卡

在"标签"后面的输入框中键入"输入电压"字样,为右轴定义一个标签,勾选"已启用"。

根据仿真数据设定显示的量程,或者先单击"应用"使右轴与输入电压 V(4)关联后,单击"自动量程",可以看到,系统会根据仿真数据自动设定适合的量程,如图 5.2.28 所示。与图 5.2.27 比较,可以看到量程数值已经改变。

图 5.2.28　自动设定适合的量程

设置完成后单击"确认",可以看到调整后的分析结果如图 5.2.29 所示。

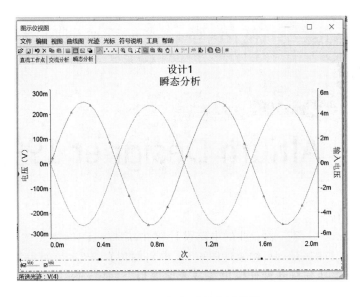

图 5.2.29 调整后的分析结果

选择"图示仪视图"菜单"光迹"→"光迹属性",按照右轴参数设置的方法,把左轴的标签改为"输出电压",得到最终的瞬态仿真分析结果如图 5.2.30 所示。

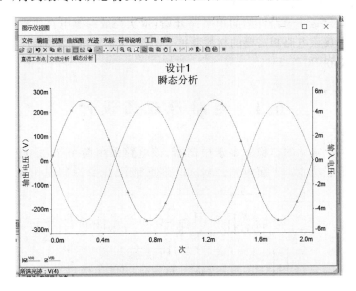

图 5.2.30 设置左轴参数后的分析结果

第 6 章
Altium Designer 19的使用

Altium Designer 19 是一款专业的电路设计软件,简称 AD19,主要在 Windows 操作系统上运行。Altium Designer 19 将原理图设计、电路图仿真、PCB 绘制编辑、拓扑逻辑结构自动布线、信号完整性分析和设计输出等技术完美融合,是一个一体化的电子产品开发系统。该系统显著地提高了用户体验和效率,利用时尚界面使设计流程流线化,同时实现了前所未有的性能优化,将 64 位系统和多线程技术结合实现了在 PCB 设计中更高的稳定性、更快的速度和更强的功能。Altium Designer 19 增强了自动布线功能,智能的自动布线也可以取得良好的效果,并强化了 3D 功能。

本章将从一张只有 8 个器件的简单电路开始,依次完成绘制电路原理图、实现电路印制电路板设计以及生成该电路板需要的材料清单等工作,详细展示如何通过 Altium Designer 19 软件来进行原理图和 PCB 设计。

6.1 电路原理图设计

图 6.1.1 是一个常见的非稳态多谐振荡器,该电路采用两个 2N3904 晶体管实现自启动非稳态多谐振荡器功能。下面将先绘制该电路原理图,接着设计该电路的印制电路板。

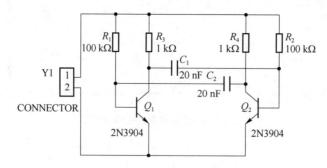

图 6.1.1 非稳态多谐振荡器电路

6.1.1 新建 PCB 工程

在 AD19 软件中进行设计是采用项目工程的方式进行管理,PCB 工程是用来管理实现印制电路板设计的一系列文件的工程。

（1）在 AD19 主界面主菜单下，选择"File"→"New"→"Project"→"PCB Project"建立新的 PCB 工程，如图 6.1.2 所示。

图 6.1.2　新建一个 PCB 工程

（2）在 AD19 主界面主菜单下，选择"File"→"Save Project As"来保存新的工程。新建一个工程目录，然后将工程取名为"Multivibrator"进行保存。

（3）在工程面板中将出现 PCB 工程的相关信息，如图 6.1.3 所示。

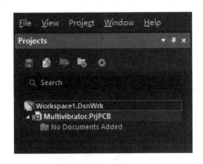

图 6.1.3　工程面板中显示 PCB 工程信息

6.1.2　新建原理图文件

在工程面板右击"Multivibrator. PrjPcb"，然后选择"Add New to Project"→"Schematic"新建原理图文件，如图 6.1.4 所示。

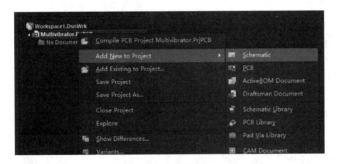

图 6.1.4　添加一个新的原理图

保存新建的原理图，选择"File"→"Save As"或者单击▇。在文件名这一栏中将文件命名为"Multivibrator"，然后单击保存。文件的扩展名为 ∗.SchDoc 会被自动添加，如图 6.1.5 所示。

当原理图被打开时，主菜单条以及相关按钮会随着原理图的条目变化而变化，在工作区中会显示工具栏，如图 6.1.6 所示。在 Altium Designer 中所有的文件编辑器中都会显示工具栏。工作区可以进行包括库管理、面板和工具栏的自定义。

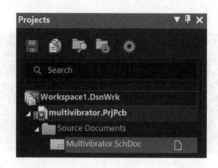

图 6.1.5　工程面板中的原理图

图 6.1.6　原理图文件工具栏

工具栏图标在右下方有一个小三角形,单击它可以选择不同的对象进行放置,如图 6.1.7 所示。

图 6.1.7　原理图工具栏中的 Bus Entry

在绘制电路之前,可以通过选择"Tools"→"Preferences",设置合适的文件属性,如图 6.1.8所示将图形尺寸("Sheet Size")设置为 Letter。

图 6.1.8　在"Preference"对话框中设置纸张大小

6.1.3　在原理图文件中放置器件

1. 放置晶体管

参照图 6.1.1 的电路图草图,先放置电路图中型号为 2N3904 的晶体管 Q1 和 Q2。

(1) 单击软件右下角的"Panels"按键,选择"Components",可以显示元器件库面板,如图 6.1.9 所示。

(2) 在元器件库面板中选择"Miscellaneous Devices.IntLib"作为原理图绘制中当前使用的元器件库,如图 6.1.10 所示。

<table>
<tr><td>图 6.1.9　打开元器件库面板</td><td>图 6.1.10　选择正确的元器件库</td></tr>
</table>

(3) 通过滚轮浏览元器件,或者用搜索按钮找到 2N3904 晶体管。

(4) 右击 2N3904 晶体管,打开条目,单击"Place"按钮。鼠标指针会变成十字线,在鼠标指针上会出现晶体管的缩略图,这个缩略图随着鼠标一起移动。

(5) 在原理图中摆放晶体管之前,单击"Tab"键打开属性面板,与此同时会暂停原理图的元件摆放。在"Properties"部分的对话框,在 Designator(标号)域将其名称修改为 Q1,如图 6.1.11 所示。

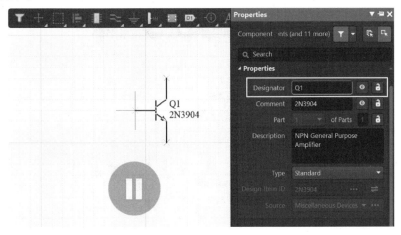

图 6.1.11　元件放置过程中的属性面板

(6) 单击原理图中心的暂停按钮继续摆放。一旦晶体管处于需要的位置,单击或者按下"Enter"键即可把晶体管放置于原理图中。

(7) 系统在此之后保持在元件放置模式,鼠标指针上,会有一个随之移动的元件缩略图。放置第二个晶体管,因为它和之前的相同,软件会将其编号自动加一。

(8) 参考之前的图 6.1.1,可以注意到 Q2 在 Q1 的镜像位置。欲反转随着鼠标指针移动的晶体管缩略图,按下键盘上的 X 键,这会将元件水平翻转(沿着 X 轴)。如果按 X 键没有进行水平翻转操作,可能是输入法处于中文输出状态导致的,请切换至英文输入即可。

(9) 移动鼠标,将 Q2 放置到 Q1 的右侧。想要将元件放置得更加准确,单击 PageUp 键两次,可以将原理图放大两次,能够看见网格图。

(10) 一旦选好了位置,单击或者按下"Enter"键即可放置 Q2,鼠标指针上还是会有晶体管的缩略图,这个晶体管随时准备被放置,如图 6.1.12 所示。按下鼠标右键或者"ESC"键,可以退出晶体管摆放,鼠标指针会恢复为正常的箭头。

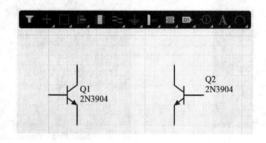

图 6.1.12　原理图中放置的两个镜像的晶体管

2. 放置电阻

下面在原理图中放置 4 个电阻,因为"Properties(属性)"面板在本软件使用中会作为提示器被经常使用,建议先将 Properties 面板停靠在工作区的左侧。

(1) 在库名称下方的框输入"res"来设置过滤出来所有的电阻。

(2) 右击元件列表中的"Res1"来选取它,然后选择"Place"按钮。电阻标志随着鼠标指针而移动。

(3) 如果对附加属性不做任何改变,摆放四个电阻,如图 6.1.13 所示。

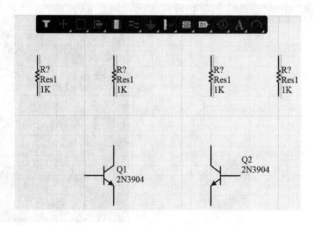

图 6.1.13　放置于原理图中的电阻

（4）参考图 6.1.1，逐一选择原理图中的电阻，然后通过单击电阻，更新其在"Properties（属性）"面板中的一些区域的值。例如，改变"General"→"Designator"和"Parameters"→"Value"属性，如图 6.1.14 所示。

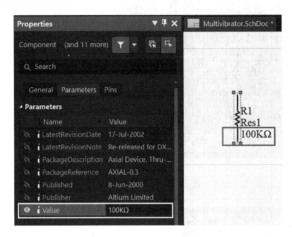

图 6.1.14　在"Properties"面板设置 R1 的值

（5）在前一个步骤中，Value 已经更新过的属性会在电路仿真时使用。而 Comment 这个属性一般来说用于在原理图中唯一标注一个电气元件，在给后续步骤的报告中，诸如 Bill of Material，将会使用到这个属性。在 Comment 这个属性中输入"＝Value"，Value 属性中设置的电阻会显示在 Comment 属性中。

按住"Shift"键，逐个点选 4 个电阻，可以将其全都选中。

（6）"Properties"面板现在反映出了 4 个电阻之间的共同参数。改变"Comment"属性为＝Value，然后"Comment"属性会反映出所选取的 4 个电阻 Value 中设置的电阻值，如图 6.1.15 所示。

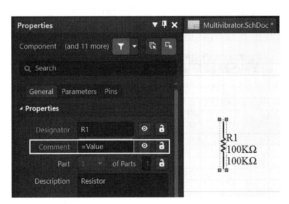

图 6.1.15　在"Properties"面板中将"Comment"设置为电阻的 Value 参数

（7）保持 4 个电阻被选取的状态，找到其"Value"属性，然后单击 ◉，这样可以设置"Value"属性不可见，4 个电阻会反映出这个改变，如图 6.1.16 所示。

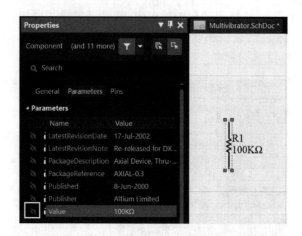

图 6.1.16 将电阻"Value"参数设置为不可见

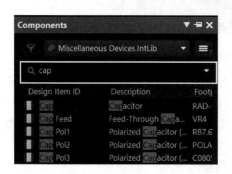

图 6.1.17 在元器件库中选择电容

3. 放置电容

接下来放置该电路中的两个电容。

（1）在"Libraries"面板中的"元器件过滤器"中（位于所选中的库下方）输入 cap。

（2）单击选择元件列表中的"Cap"，然后右击选择"Place Cap"，在鼠标指针上，会有一个电容标志随着鼠标指针移动。按下"Tab"按键，编辑电容的属性。在元件"Properties"对话框设置"Designator（标号）"为 C1，设置"Comment"属性为＝Value，设置"Value"属性

为 20nF，然后设置"Value"参数为不可见。

（3）如图 6.1.18 所示，通过与之前摆放元件同样的方式定位、放置两个电容。然后右击或者按下"ESC"按键退出元件摆放模式。

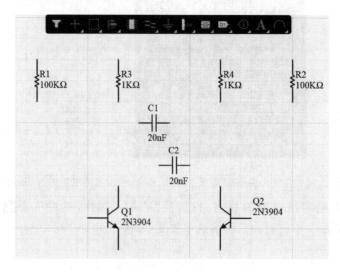

图 6.1.18 摆放于原理图中的电容

4. 放置接插件

最后为该电路放置接插件 Y1。

（1）选择在"Libraries"面板中的"Miscellaneous Connectors. IntLib"。需要的接插件是二管脚的，所以在"Libraries"面板的过滤器选项中输入 2，如图 6.1.19 所示。

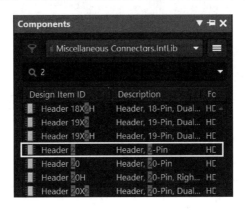

图 6.1.19　元器件库面板中的 2 管脚 Header

（2）从器件列表中选择"Header 2"，然后右击，选择"Place Header 2"，按下"Tab"按键编辑器件属性，将"Designator"设置为 Y1。

（3）在放置接插件之前，按"X"键来将其水平翻转，保证其方向正确。单击将其放到原理图中，如图 6.1.20 所示。

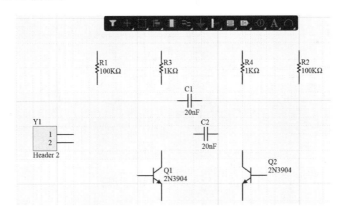

图 6.1.20　放置在原理图中的 2 管脚接插件

（4）右击或者按"ESC"键退出器件摆放模式。

（5）在菜单中选择"File"→"Save"或者单击 保存原理图。

6.1.4　在原理图中连接电路

参考图 6.1.1 电路，通过绘制电路连线将电路各个部分连接起来，完成原理图的电路连接。可以通过 PageUp 和 PageDown 按键，或按住"Ctrl"键后前后滚动鼠标滚轮，将原理图进行放大或缩小；也可以按住"Ctrl"键，然后再按住鼠标右键上下拖动，达到放大或缩小的目的。

(1) 通过菜单选择"Place"→"Wire"命令,或如图 6.1.21 所示,在工具栏中选择"Place Wire"命令,然后将光标定位在 R1 的底部,一个红色的连接标志(较大的×形)会出现在鼠标指针的位置,标志着指针已经在元件的一个有效的电气连接点上。

图 6.1.21　工具栏中的"Place Wire(布线)"命令

(2) 单击或者按"Enter"键来锚定要绘制的电路连线的第一个点。然后移动鼠标指针,电路连线会从刚刚画的点延续到鼠标指针的位置。默认的转角模式是直角,下方的提示框解释了如何修改转角模式。对电路来说,直角是最好的转角模式。

(3) 接下来把鼠标指针放在 Q1 晶体管的基极,指针中间的×形变成红色,单击或者按"Enter"键,把电路连线连到 Q1 晶体管的基极。鼠标指针就从连线上脱离了。

在绘制电路连线时,指针保持一个十字线,代表系统准备好进行一条电路连线的绘制。右击或者按"ESC"键即可退出布线模式,鼠标指针即变成熟悉的箭头。

(4) 为电路图的其他部分添加连线,如图 6.1.22 所示。当所有的连接都被完成,右击或者按"ESC"键退出连线模式,指针会恢复成箭头。

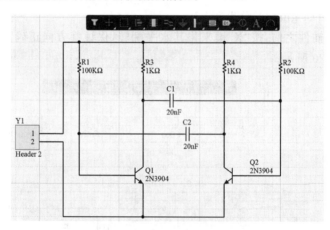

图 6.1.22　完整连线的原理图

6.1.5　在原理图中放置网络标号

在原理图中放置网络标号将有利于进行电路仿真和 PCB 设计。下面将描述如何为原理图中的两个电源网络放置网络标签。

(1) 通过菜单选择"Place"→"Net Label"命令或从工具栏中选择"Place Net Label",如图 6.1.23 所示。一个网络标签会出现,它随着鼠标指针移动。

(2) 在标签放置之前修改它的方法:按下"Tab"键暂停标签放置,然后前往"Properties"面板,在"Net Name"属性里面输入 12V,然后继续刚才标签的摆放。

要注意标签的摆放位置,应准确放置在欲连接的原理图连线上,当网络标签(标签左下角的×标志)被正确定位在欲连接的电路连线上时,鼠标指针会变为红色的×形,如图 6.1.24(a)

所示;否则×标志是淡灰色的,如图 6.1.24(b)所示,这意味着标签处于空白区域,没有连接在一个有效的位置上,应进行修正。

图 6.1.23　从工具栏中选择放置网络标号

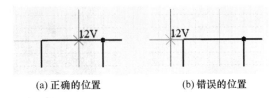

图 6.1.24　标签的放置

(3) 放了第一个网络标签之后,网络标签放置模式还会保持,再按下“Tab”键可以在放置第二个网络标签之前进行编辑,在“Net Name”这个属性中输入 GND。

(4) 把网络标签左下角的十字标志放在原理图最上面的那个导线上,如图 6.1.25 所示。右击或者按下“ESC”键可以退出网络标签放置模式。

(5) 在菜单中选择“File”→“Save”或者单击![]保存原理图,然后保存工程。

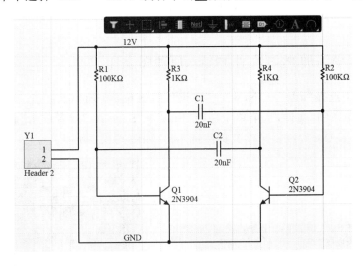

图 6.1.25　保存后的完整原理图

6.1.6　编译并验证原理图

编译和验证工程,检查设计文件中的电路图与电气规则是否存在错误,如检查出错误将在信息(Message)面板和编译错误(Compiled Errors)面板详细说明所有的警告和错误,编辑及检查的规则在本设计之前进行配置。本章使用系统默认的规则对上面绘制的多谐振荡器原理图设计进行验证。

(1) 在菜单中选择“Project”→“Compile PCB Project Multivibrator. PrjPCB”以编译这个工程,如图 6.1.26 所示。如果已经编译过这个工程,则在菜单中选择“Project”→“Recompile Multivibrator. PrjPCB”。

(2) 当这个工程编译后,警告和错误显示在 Message 面板中,这个面板只有在检测到错误才会自动弹出。

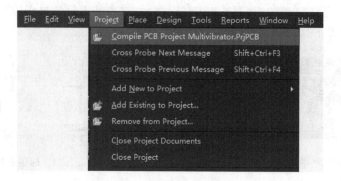

图 6.1.26　编译生成 PCB 工程

6.2　电路 PCB 设计

本节将详细描述已完成原理图设计的非稳态多谐振荡器电路,如何实现该电路的 PCB 的设计过程。

6.2.1　在工程中添加 PCB 文件并导入原理图设计

(1) 在菜单中选择"File"→"New"→"PCB",如图 6.2.1 所示。

(2) 保存新的 PCB 文件,从菜单中选择"File"→"Save As"或者单击▉。将文件命名为"Multivibrator.PcbDoc",然后保存该文件及工程,如图 6.2.2 所示。

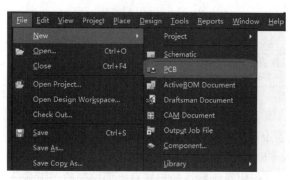

图 6.2.1　为多谐振荡器工程新建一个 PCB 设计文件

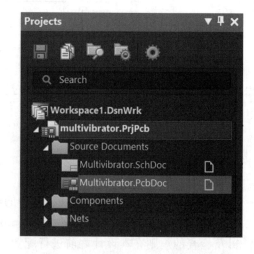

图 6.2.2　Project 面板中新的 PCB 设计文件

(3) 当 PCB 设计文件打开时,主菜单栏和相关按钮会随之变成与 PCB 绘制有关的内容,工具栏在工作区中显示,如图 6.2.3 所示。

(4) PCB 文件设计先需要将原理图中的网表导入 PCB 中。在 PCB 编辑器菜单中选择"Design"→"Import Changes from Multivibrator. PrjPCB",将原理图网表导入 PCB 中,如图 6.2.4 所示。

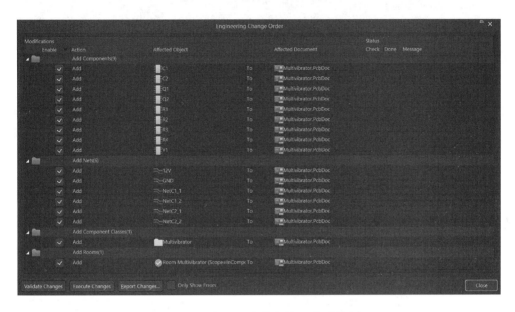

图 6.2.3 绘制 PCB 的工具栏

图 6.2.4 在 PCB 文件中导入原理图网表

（5）在"Engineering Change Order"窗口左下角选择"Validate Changes"按钮，检查原理图中的网表是否都有效。如有效，在状态检查列显示绿色√，如无效则显示红色×，如图 6.2.5 所示。

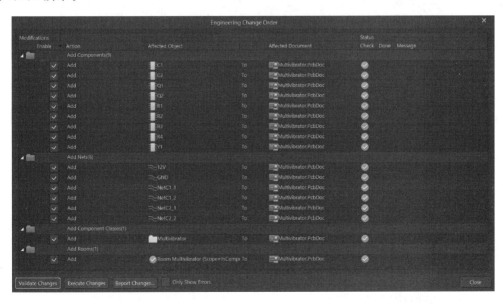

图 6.2.5 导入有效的原理图网表

（6）在"Engineering Change Order"窗口左下方选择"Execute Changes"按钮，将原理图

中有效的网表及元器件封装导入 PCB 文件中,如导入成功,在状态完成列显示绿色√,如无效则显示红色×,如图 6.2.6 所示。

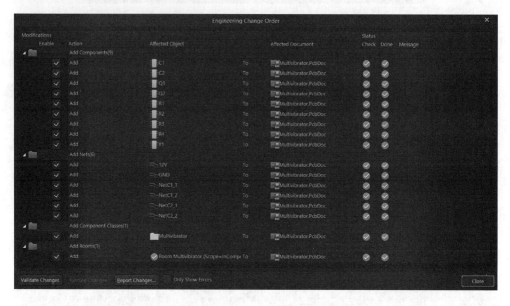

图 6.2.6　完成原理图网表和元器件封装的 PCB 导入

(7) 关闭"Engineering Change Order"对话框后,在 PCB 文件中可以看到元器件 PCB 封装被放在 PCB 绘制区域的右侧,如图 6.2.7 所示。白色的线段为表明电路连接关系的飞线,红色网格为原理图 Room 区域。

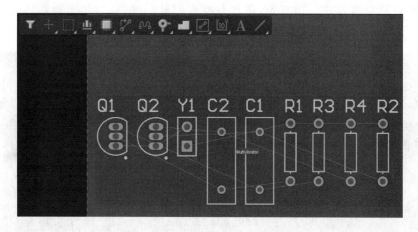

图 6.2.7　元器件放置在 PCB 绘制区的外面

6.2.2　在 PCB 中对元件进行布局

对元器件在 PCB 中进行布局,元件间的飞线会随着移动一个元件而自动优化。当移动元件的时候,元件间的飞线扮演了引导摆放于最佳位置和最佳方向的角色。

(1) 用鼠标选中红色网格为 Room 区域,鼠标将变为移动形鼠标模式。拖动该 Room 区域将全部器件放入黑色的 PCB 板设计区域,然后删除该 Room。

（2）如图 6.2.8 所示，进行元器件的布局摆放。摆放元件的时候将鼠标定位于元件的中部，然后按住鼠标左键，指针就会变成十字形，然后会吸附到参考点上。此时保持按住鼠标左键的状态，移动鼠标拖动元件。

在 PCB 设计中，按住"Ctrl"键和鼠标右键并滑动鼠标，可以定位 PCB 编辑器中 PCB 板（黑色区域）。如果鼠标有滚轮，那也可以按住鼠标滚轮移动鼠标，可以将 PCB 板放大/缩小。要平移屏幕，按住鼠标右键移动鼠标。所有的放大/缩小操作都与当前鼠标位置有关，所以放大/缩小之前请调整鼠标指针位置。

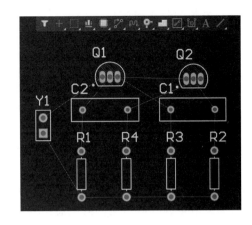

图 6.2.8 PCB 中的元器件布局

6.2.3 PCB 设计规则的定义与管理

电路 PCB 设计的重要参数设置在电路设计规则和约束条件中进行设定，PCB 规则和约束条件的合理设定是保证 PCB 设计可以被正常加工和生产的前提条件。在 AD 软件中可以在"PCB Rules and Constraints Editor（印制电路板规则与约束编辑器）"对话窗口进行定义和管理。

通过菜单选择"Design"→"Rules"命令，打开"PCB Rules and Constraints Editor"窗口，如图 6.2.9 所示。

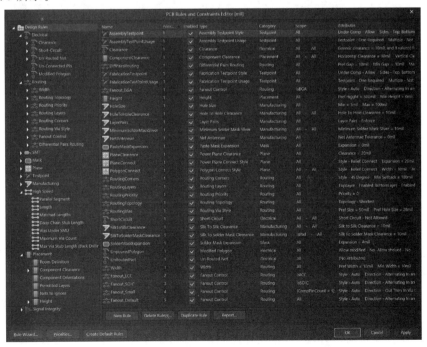

图 6.2.9 PCB 规则与约束编辑器

窗口左侧的目录树列出不同的规则种类。展开一个分类,显示可用的单个规则类型。展开规则类型,显示当前定义的该类型的所有规则。

窗口右侧展示了与当前目录树中的选择有关的信息。内容可能是选择的规则类型和种类中定义的规则的总结,包含整个系统定义的所有规则。如果选择了一个实际的规则,内容为描述这个规则的约束。

1. 创建新的设计规则

(1) 通过菜单选择"Design"→"Rules",打开"PCB Rules and Constraints Editor"窗口。

(2) 在窗口左边找到"Routing"大项,单击展开 Routing 后,选择其中的"Width"规则类型。

(3) 单击该编辑器右侧的规则总结列表下方的"New Rule"按钮,或者右击"Width",然后在弹出的菜单中选择"New Rule",如图 6.2.10 所示。

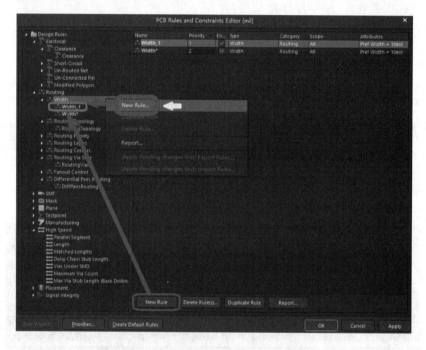

图 6.2.10 新的 PCB 设计规则的创建

关于这个新建规则名称的命名规律:当添加一个新的规则时,它会基于特定的规则类型被初始赋予一个默认名称;如果已经有了一个规则是这个名字,那么新的名称会将旧的名称的数字后缀自动增加 1,例如 Width_1、Width_2 等。

2. 修改设计规则

在左侧目录树窗格中单击规则的新条目,或者在右侧总结列表中双击其条目,即可进行设计规则的修改。

如需将多谐振荡器电路的 12V 电源线宽设定为 0.5mm,可通过下述步骤设定新的设计规则以实现该功能。

(1) 创建一个新的设计规则,并设置该规则名称为"Width_12V"。

(2) 通过设置第一个下拉菜单为 Net,然后设置第二个下拉菜单为 12V 来定义规则的应用范围。

（3）设置规则的约束为：Preferred Width＝0.50mm，Min Width＝0.50mm 和 Max Width＝0.50mm，如图 6.2.11 所示。

如果设定线宽的物理单位不是 mm（毫米）而是 mil（毫英寸），需要退出该对话框，在菜单中选择"View"→"Toggle Unit"或输入切换快捷键 Q，在 mil 和 mm 单位之间进行切换，左下角的状态栏中显示当前单位为 mm 或 mil。

（4）单击"OK"按钮退出"PCB Rules and Constraints Editor"对话框，完成该规则设定。

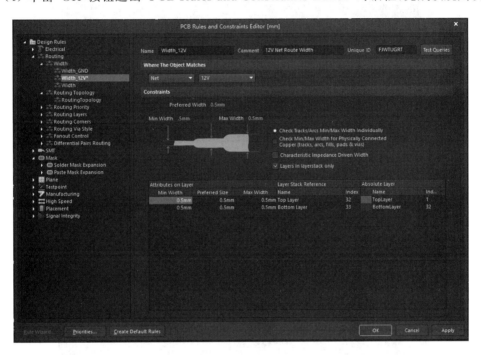

图 6.2.11　添加电源设计规则

3. 使用设计规则向导

设计规则也可以使用"Design Rule Wizard（设计规则向导）"创建。如果在完成整个向导之前单击"Finish"，新的线宽规则将会根据您选择的元件种类使用系统默认的规则。

（1）通过菜单选择"Design"→"Rule Wizard"启动"Design Rule Wizard（设计规则向导）"，也可以通过在"PCB Rules and Constraints Editor"窗口中单击左下方的"Rules Wizard"按钮进行。

（2）在"Design Rule Wizard"引导启动界面中选择"Next"按钮。

（3）在"Choose the Rule Type"对话框中填写新建规则的相关信息。在"Name"一栏中输入"Width_12V"，然后在"Description"一栏输入"12V Net Route Width"。选择"Routing"→"Width Constraint"，单击"Next"按钮，如图 6.2.12 所示。

（4）在"Choose the Rule Scope"对话框中选择规则应用范围为"1 Net"，单击"Next"按钮，如图 6.2.13 所示。

图 6.2.12　选择规则类型

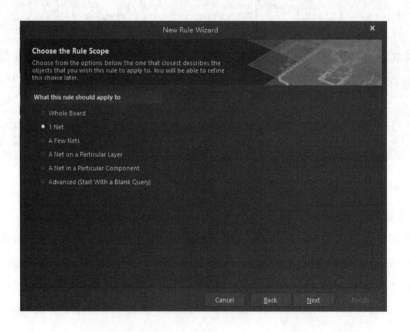

图 6.2.13　"Choose the Rule Scope"选择对话框

（5）在"Advanced Rule Scope"对话框中从下拉菜单中设置"Condition Value"为"12 V"，然后单击"Next"按钮，如图 6.2.14 所示。

注意：创建一个自定义的查询是设计过程中一个强大的工具。想要更多的关于创建自定义查询的信息，请访问查询语言参考页 https://www.altium.com/documentation/19.0/display/ ADES/((Query＋Language＋Reference))_AD。

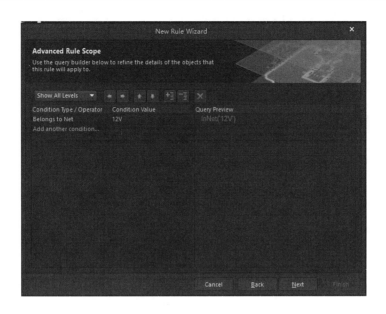

图 6.2.14　"Advanced Rule Scope"选择对话框

（6）在"Choose the Rule Priority"对话框中通过单击"Width_12V"，然后单击"Decrease Priority"设置"Rule Priority（规则优先级）"为"2"，然后单击"Next"按钮，如图 6.2.15 所示。

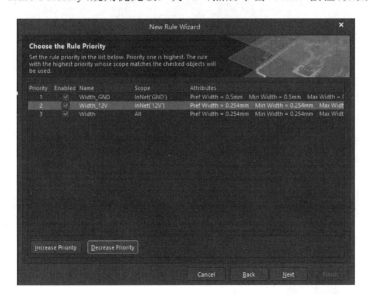

图 6.2.15　"Choose the Rule Priority"选择对话框

（7）在"The New Rule is Complete"对话框中选中"Launch main design rules dialog"的复选框，然后单击"Finish"按钮结束规则设计向导，如图 6.2.16 所示。

（8）在"PCB Rules and Constraints Editor"窗口中完成设置规则的约束为 Preferred Width= 0.50mm，Min Width= 0.50mm 和 Max Width= 0.50mm，单击"OK"按钮完成设置，如图 6.2.17 所示。

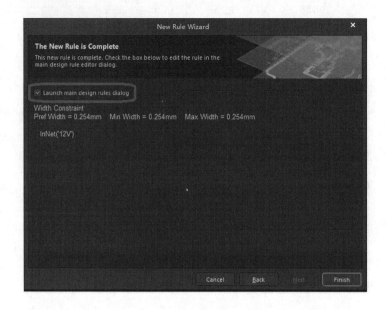

图 6.2.16　设计规则助手完成

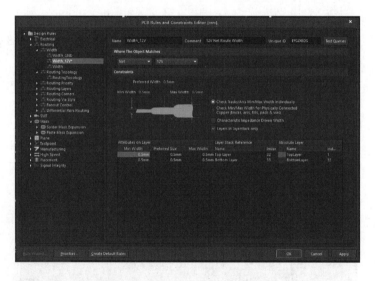

图 6.2.17　PCB 规则与约束编辑器

（9）在本设计中，请将 GND 网络也设为与 12V 相同的线宽规则。

4. 配置设计规则检查器

PCB 设计规则和约束条件创建和设置完成，接下来需要配置设计规则检查器，通过配置设定哪些规则和约束需要进行实时动态检查。在 PCB 设计中会发现一些元器件的封装或线路显示为绿色的情况，这种现象就是违反设计规则检查后的提示。

（1）通过菜单选择"Tools"→"Design Rule Check"打开"Design Rule Checker（设计规则检查器）"窗口，如图 6.2.18 所示。

（2）在该窗口左边选择"Rules To Check"→"Routing"选项。

（3）在该窗口右边"Rule"这一栏右击然后选择"Online DRC-All On"。

（4）在该窗口右边"Rule"这一栏右击然后选择"Batch DRC-All On"。

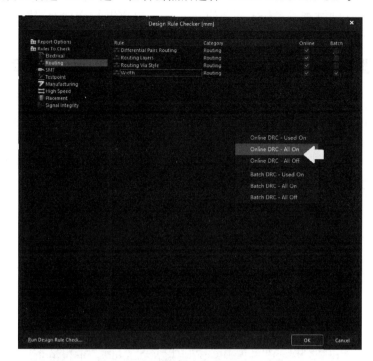

图 6.2.18　"Design Rule Checker"窗口

6.2.4　在 PCB 上交互式布线

在进行 PCB 布线前,先确认 PCB 编辑器网格的尺寸设置适合布线。如需改变网格尺寸,按下"Ctrl＋G"打开"Cartesian Grid Editor（笛卡儿坐标系网格编辑器)"窗口,在"Step X"框内输入数据 0.125mm,然后单击"OK"关闭窗口,如图 6.2.19 所示。

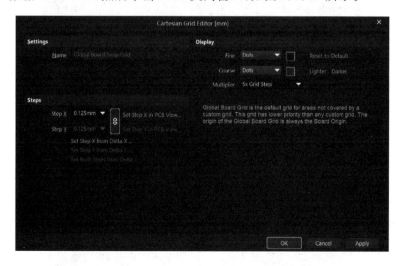

图 6.2.19　网格尺寸设置对话框

1. 单面板进行电路布线

在 PCB 编辑区通过查看工作区底部的"Layer Tab(PCB 层选项卡)"检查都有哪些 PCB 层是可见的,如图 6.2.20 所示。

图 6.2.20　PCB 底部层选项卡

如有采用单面板进行布线,一般元器件在顶层放置,电路的布线和焊接在底层,所以这里介绍在 Bottom Layer 进行电路布线。如果 Bottom Layer 不可见,按快捷键"L"打开"View Configuration"属性栏,在里面选择"Layers and Colors",然后通过单击 PCB 层名称旁边的◉按钮设置 Bottom Layer 可见,如图 6.2.21 所示。

图 6.2.21　"View Configuration"属性设置界面

单击工作区底部的"Bottom Layer"选项卡来设置这一层为当前的布线层,如图 6.2.22 所示。

图 6.2.22　"Bottom Layer"选项卡

从菜单中选择"Place"→"Interactive Routing",或者单击工具栏中的"Interactive Routing(交互式布线)"按钮,如图 6.2.23 所示。鼠标指针会变成十字形,表示当前正处于交互式布线模式。

图 6.2.23　工具栏中的 Interactive Routing

将鼠标指针移动到接插件 Y1 的下端管脚的焊盘。随着移动鼠标指针接近焊盘,指针会自动吸附到焊盘中心,这是 Snap To Object Hotspot(吸附到对象的常用点)特性,其可以将鼠标指针自动移到最近的电气元件上。有时吸附到对象常用点的这一特性会将鼠标错误地吸附到不想要的位置,在这种情况下,按住"Ctrl"键,可以暂时禁用这一特性。

单击或者按下"Enter"键,可以设定 Y1 的下端焊盘为绘制的 PCB 连线的起始点。移动鼠标到电阻 R1 的下方焊盘,然后单击,完成线路的绘制,如图 6.2.24 所示。

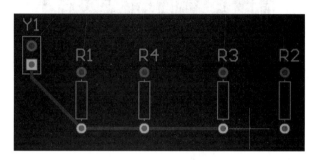

图 6.2.24　PCB 连线的绘制

绘制过程中,不同线路段的颜色有不同的含义,如图 6.2.25 所示。

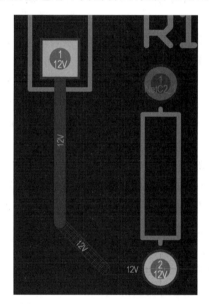

图 6.2.25　PCB 连线的几种情况

① 实心的线段:这段线已经被放置了。

② 中心是阴影的线段:阴影网格的线段将要被放置,但尚未确定,如果单击,那么这段线将被绘制。

③ 中空的线段:这代表预测性质的线段,对最后一段线应该布在何处的预测。

通过单击确定 PCB 的电路连接,可以进行手动布线。对于正在绘制的电路连接,可按下"Backspace"键撤销上一步绘制的线路。沿着线路向后移动鼠标指针,未确定的连线线段会随鼠标位置寻找最短路径。

除逐个焊盘手动布线外,还可以按住"Ctrl"键单击鼠标启用自动布线功能(如图6.2.26所示)完成该电路的全部线路布线。

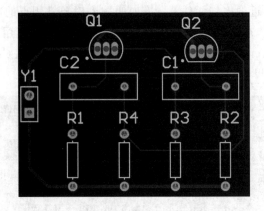

图6.2.26　信号层布线完成的PCB

2. 双面板进行电路布线

PCB布线也可以同时在 Top Layer 和 Bottom Layer 进行,进行双面板的布线。采用几层板进行布线是由电路密度和成本决定的,下面介绍采用双面板布线的步骤。

(1)首先,在菜单中选择"Route"→"Un. Route"→"All"清除所有的布线。

(2)与之前一样交互布线,绘制PCB连线的时候,按下小键盘上的"＊"键,可以在不同的布线层之间切换。或者使用"Ctrl＋Shift＋滚轮"在可用的PCB层之间切换。切换布线层时,在符合布线过孔设计规则处,PCB编辑器将自动插入一个过孔。

(3)接下来,修改一条存在的线路,有以下两种方式:重布线和重排列。重布线时,不必删除已经连接好的布线重绘制连线,只要选中交互布线,然后重连线即可,设计功能中 Loop Removal(循环移除)特性会自动移除所有冗余的连线段。

Loop Removal(循环移除)特性会自动移除包括过孔在内的任何冗余 PCB 连线段。PCB编辑器还包括网络分析仪,随着工作的过程自动分析布线的路径并移除冗余的线段。

(4)可以随时修改现有的布线。例如,需要拖拽一个线段的操作如下:

① 首先,单击线段选中要布线的线段,然后挪动鼠标到要调整的线段上,鼠标指针变成四箭头形,然后按住鼠标左键,开始拉动这条线段,如图6.2.27所示。

② 如果将鼠标指针放置到一个 PCB 布线段的中心位置,鼠标指针会变成一个特殊的形状,在该模式下可以将一条连续的线段拆成三段。

图6.2.27　拖动一条已经绘制好的线

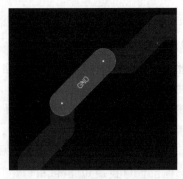

图6.2.28　将一条绘制好的线分段

3．将 PCB 板进行自动布线

下面介绍如何使用软件的自动布线功能快速地完成 PCB 布线。

（1）在菜单中选择"Route"→"Un. Route"→"All"清除现有的所有布线，如图 6.2.29 所示。

图 6.2.29　清除 PCB 中的全部布线

（2）选择菜单中的"Route"→"Auto Route"→"All"功能，软件将先调用"Situs Routing Strategies（位置布线策略）"对话框，该对话框分为两个部分：上半部分是"Routing Setup Report（布线设置报告）"，显示现有的布线规则报告；下半部分显示了可用的"Routing Strategy（布线策略）"，用于进行自动布线的策略设置。对于本 PCB 板设计，使用 Default 2 Layer Board（默认两层板）策略，如图 6.2.30 所示。

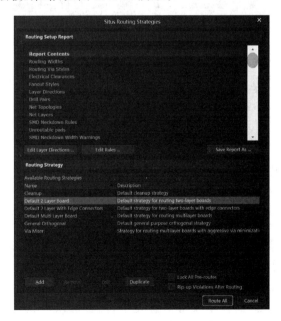

图 6.2.30　自动布线对话框

(3) 单击在"Situs Routing Strategies"对话框中的"Route All"按钮。在"Message"面板中显示自动布线的过程,如图 6.2.31 所示。

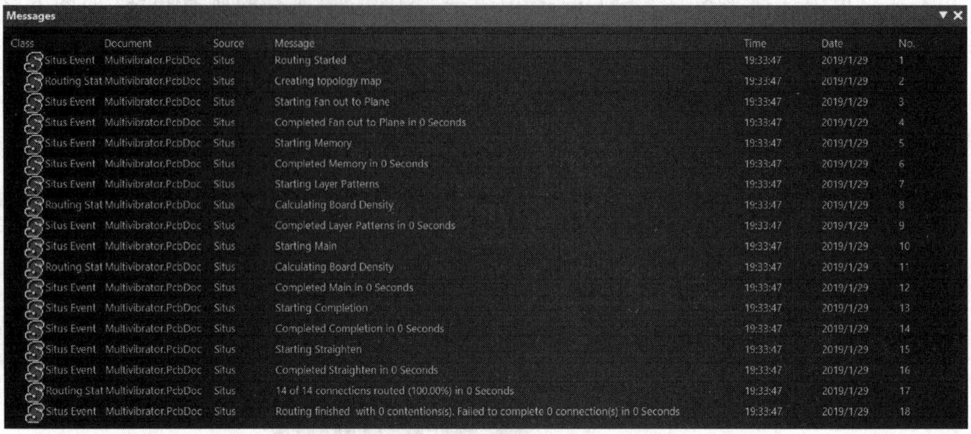

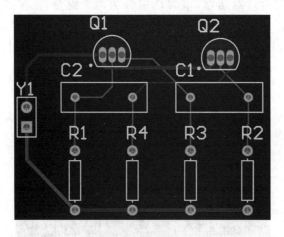

图 6.2.31　自动布线 Message 信息面板

(4) 如图 6.2.32 所示为自动布线的 PCB。自动布线器会同时在 PCB 板的顶层(top layer)和底层(bottom layer)进行布线,红色的线代表顶层的布线,蓝色的线代表底层的布线。自动布线器使用的 PCB 层会在 Routing Layers 这一设计规则中被设置,这一规则默认只用顶层和底层。从 PCB 图 6.2.32 可以看出,两条由接插件接在电源上的 PCB 线更为粗一些,这是由前面在 PCB 设计规则中添加的 12V 和 GND 的 Width(宽度)规则所决定的。

图 6.2.32　自动布线的 PCB 板

6.2.5　PCB 设计规则检查和验证

在结束了 PCB 布线后,需要进行设计规则检查(design rule check,DRC),以确保 PCB 设计与系统中设计规则和策略没有冲突。

选择菜单中的"Tools"→"Design Rule Check"进行设计规则检查,如图 6.2.33 所示。如果没有错误,在 Message 面板中没有信息显示,面板可以被忽略。系统将创建"Design Rule Verification Report(设计规则验证报告)",在工作区中用一个新标签来显示它。

图 6.2.33　设计规则检查

在设计规则中,GND 网络所用连线线宽规则设置为 0.50mm。双击选中一条 GND 网络中的 PCB 连线段,在"Properties"面板,修改其为违背设计规则检查规则的 GND 网络连线。例如,这个线段"Width(宽度)"属性设置为 0.4mm,如图 6.2.34 所示。

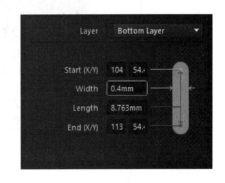

图 6.2.34　在"Properties"面板中改变线的宽度

重新进行设计规则检查后,规则结果应该会在"Message"窗口显示一个错误。关闭这个窗口,查看设计规则验证报告。这个报告的顶部是所有违反设计规则的总结,具体的违反设计规则检查的地方在总结的下方被用超链接的形式列出,如图 6.2.35 所示。

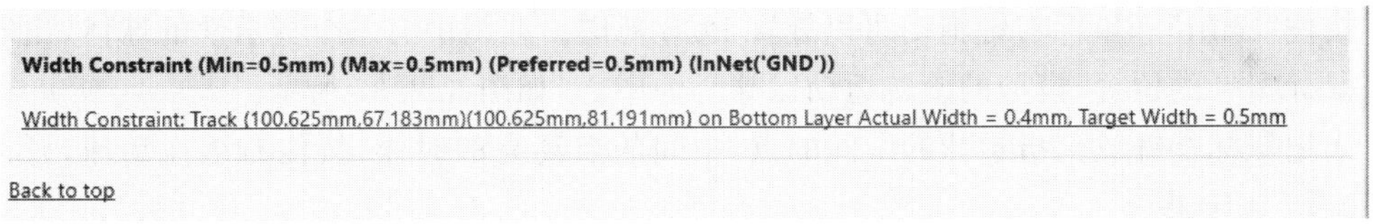

Width Constraint (Min=0.5mm) (Max=0.5mm) (Preferred=0.5mm) (InNet('GND'))

Width Constraint: Track (100.625mm,67.183mm)(100.625mm,81.191mm) on Bottom Layer Actual Width = 0.4mm, Target Width = 0.5mm

Back to top

图 6.2.35　可单击的错误反馈信息

单击这个链接,就会跳转到违反设计规则的地方,将违反规则的地方呈现出来。错误会被高亮、放大显示,如图 6.2.36 所示。在"Properties"面板修改线路的"Width"属性为 0.5 mm,保存文件后再次检查,确认没有设计规则检查错误。

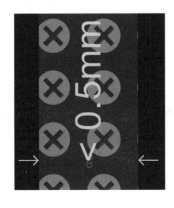

图 6.2.36　被标记为违反设计规则的 PCB 布线

6.2.6　在 3D 视角中查看 PCB

选择菜单中的"View"→"3D Layout Mode"切换到 3D 视角,或者使用快捷键"3"和"2"进行 3D 视图与 2D 视图的切换。切换到 3D 视角后,之前绘制的 PCB 板将会作为 3D 对象进行展示,如图 6.2.37 所示。

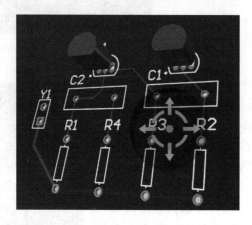

图 6.2.37　PCB 布局的 3D 导视

进行视图缩放的操作有三种方式:①按住"Ctrl"+按住鼠标右键拖动。②按住"Ctrl"滚动鼠标滚轮。③使用"PageUp/PageDown"按键。

按住鼠标右键,或者使用标准窗口鼠标滚轮控制可以拖动 PCB 版图。

按住"Shift"+鼠标右键拖动可以旋转 PCB 视图。在图中有一个指示性的球体,出现在当前鼠标指针的位置,模型的旋转运动以球心为中心,如图 6.2.37 所示。

当把鼠标指针放到指示球的中间的点,中间的点高亮的时候,按住右键拖动球,可以按任意旋转 PCB 板。

当把鼠标指针放到指示球的水平的箭头,水平箭头高亮的时候,按住右键拖动球,可以沿 Y 轴旋转 PCB 板。

当把鼠标指针放到指示球的垂直的箭头,垂直箭头高亮的时候,按住右键拖动球,可以沿 X 轴旋转 PCB 板。

当把鼠标指针放到指示球的箭头间的环,等到圆环高亮的时候,按住右键拖动球,可以沿 Z 轴旋转 PCB 板。

6.2.7　生成 PCB 制造输出文件

选择菜单中的"File"→"Fabrication Output"→"Gerber X2 Files"创建"Fabrication Output(PCB 制造输出)"文件,将出现"Gerber X2 Setup"对话框,如图 6.2.38 所示。

在"Gerber X2 Setup"对话框右面"Layer To Plot"选项卡中的"Plot Layers"下拉列表框,选择"Used On",如图 6.2.39 所示。

在"Gerber X2 Setup"对话框右面"Drills"选项卡中的"Plot Drills"下拉菜单中,选择"Used On",如图 6.2.40 所示。

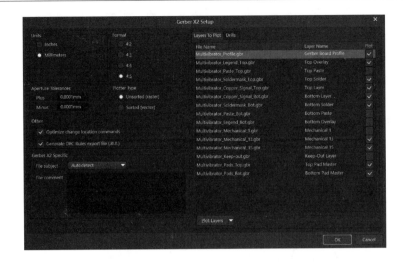

图 6.2.38　"Gerber X2 Setup"对话框

图 6.2.39　"Plot Layers(绘制 PCB 层)"选项卡
中的"Plot Layers"下拉列表框

图 6.2.40　"Plot Drills(绘制
PCB 钻孔)"下拉菜单

在"Gerber X2 Setup"对话框单击"OK"按钮,生成 PCB 制造文件。

如图 6.2.41 所示,Altium Designer 软件将加载 CAMtastic 工具展示 Gerber 类型的 PCB 制造文件。制造文件采用 CAMtastic 软件环境,用于建立与各种输出类型相关的所有设置,包括 Gerber、NC 钻孔、装配图、拾取和放置等,该文件还可以针对设计要求独立或组合不同的项目输出进行配置。

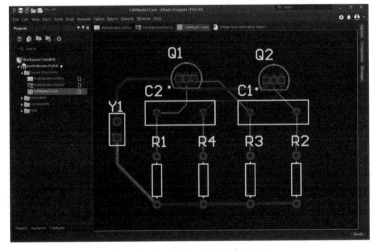

图 6.2.41　PCB 加工文件显示

第4篇 实验篇

实验篇是本书的核心,包括第 7 章基础型实验和第 8 章设计和应用型实验两章内容,涉及的电路以基本单元电路为主。

在第 7 章基础型实验中,通过对基本单元电路的安装、调测和分析,掌握元器件常识、电路安装、仪表使用等基本实验技能和测量方法,并进一步理解电路知识。在第 8 章设计和应用型实验中,通过在给定条件下完成电路设计和调测,练习将电路理论运用于实践,将课本知识转化为实际应用。在这一过程中,思路得到开阔,眼界得到提升,更好地培养和锻炼了工程实践能力,为进一步的学习和发展打下基础。

第7章 基础型实验

实验一 元器件的识别和检测

【实验目的】

(1) 练习掌握不同的元器件的识别方法。

(2) 练习万用表的使用,掌握万用表检测元器件的方法。

(3) 练习直流稳压电源、函数信号发生器的使用。

(4) 练习在面包板上搭接电路。

(5) 通过测量了解元器件相关特性。

【实验任务】

1. 识别元件

从实验材料箱中选出以下待测元器件:普通二极管(D)、双稳压二极管(2DW232)、任意颜色发光二极管(LED)、晶体管 8050、晶体管 8550、220 Ω 电阻、200 kΩ 电阻、2 kΩ 电位器各一个。

2. 二极管、晶体管检测

(1) 用万用表检测判断普通二极管、发光二极管和双稳压管 2DW232 的好坏和极性,并与其外观特征进行对应识别,将引脚符号标注在表 7.1.1 中对应的外观图上,并在表格中画出元件符号,测量记录其 PN 结导通压降。

表 7.1.1 实验数据表格一

项目	器件				
	D	LED	2DW	8050	8550
外观					
符号					
PN 结导通压降/V					

（2）万用表检测晶体管 8050 和 8550 的类型和好坏，将引脚符号标注在表 7.1.1 中对应的外观图上，并在表格中画出元件符号，测量记录其 PN 导通压降。

3. 观察和测量电阻和电位器，完成表格 7.1.2

（1）观察记录 220 Ω 电阻 R_1 和 200 kΩ 电阻 R_2 的色环，根据色环计算其标称值及允许误差。

（2）用万用表测量 220 Ω 电阻 R_1，在双手捏住电阻两端和双手不接触电阻的两种情况下读取测量值，对比有无变化；电阻换为 200 kΩ 电阻 R_2，重复这一操作。

（3）用万用表测量自己的双手之间的人体电阻值，对比不同实验者的数值，讨论人体电阻的大小与什么因素有关。

表 7.1.2　实验数据表格二

电阻	项目				
	色环颜色	电阻色环读数		实际测量值/Ω	
		标称值/Ω	误差	无人体电阻	并人体电阻
R_1					
R_2					
人体电阻值/Ω					

（4）用万用表检测电位器的特性，通过测量区分出两个固定端和一个滑动端。

4. 测试发光二极管和二极管，完成表格 7.1.3

用以上检测的元件，按照图 7.1.1 所示在面包板上搭接电路。

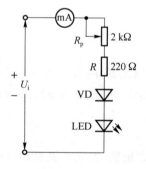

图 7.1.1　元件特性测试电路

（1）U_i 选用 5 V 直流电压：

① 调 R_p 使电流表的示数最小，记录此时的电流 I_{min} 并观察 LED 的亮度情况，用万用表直流电压挡测量 VD 和 LED 的导通电压 U_D 和 U_{LED}

② 将电路中 R_p 的方向调转，则此时电路中的电流应为最大，记录此时的电流 I_{max} 并观察 LED 的亮度情况，用万用表直流电压挡测量 VD 和 LED 的导通电压 U_D 和 U_{LED}，与上一步（1）中的测量数据进行比较。

③ 调 R_p 使电路中的电流慢慢减小，观察 LED 的亮度变化。

表 7.1.3 实验数据表格三

U_i	项目				
	电流	U_D	U_{LED}	LED 亮度情况	LED 亮度适宜的电流范围
5 V 直流电压	$I_{min}=$				
	$I_{max}=$				
5V_{pp} 2.5V_{off} 的矩形波	占空比 50%			频率为 100 Hz	
	人眼感觉不到闪烁的最低频率：			占空比与亮度的关系：	

（2）U_i 改为频率为 1 Hz,高电平为 5 V 低电平为 0 V,占空比为 50% 的单向脉冲信号。

① 将电路中的 R_p 的两端用短路线连接使 $R_p=0\ \Omega$,观察 LED 的闪烁情况。

② 调节 U_i 的频率从 1 Hz 持续增加,观察 LED 的闪烁变化情况,当 LED 的闪烁快至肉眼无法分辨时,记录此时 U_i 的频率。

③ 保持 U_i 的频率为 100 Hz,调其占空比从 10% 持续变化至 90%,观察 LED 的亮度变化情况。

【实验预习】

（1）阅读第 1 章关于电阻器、二极管和晶体管的相关内容,了解其特性并掌握其标识、检测的知识和方法。

（2）查阅相关型号晶体管的数据手册,认识器件数据手册的重要性。

（3）阅读本实验【相关知识】查阅相关资料,了解直流稳压电源、万用表、函数信号发生器的使用方法和使用注意事项。

（4）了解面包板的结构和使用方法。

（5）预习思考题：

① 二极管具有单向导电性,当二极管导通后,其导通电压是否会随着电流的变化而变化?

② 在实际应用中,为何要限制二极管和发光二极管的工作电流? 说明限制二极管和发光二极管的工作电流的具体方法。

③ 双稳压管 2DW 也有两个 PN 结,它和晶体管的两个 PN 结有何不同?

④ 脉冲信号有哪些参数? 用图示的方法说明各参数的意义。

【报告撰写】

实验之前

◆ 参考本书附录"实验报告格式",结合实验预习过程完成报告 1～5 项。

实验之后

◆ 结合实验过程继续完成报告 6～9 项。

【相关知识】

1. 树立以测量仪表的测量值为准的原则

在电子电路实验室中,常见的仪器仪表分为两大类:一类是用来产生信号的各种"源"类,如直流稳压电源、函数信号发生器、低频信号发生器、高频信号发生器等;另一类是用来测量信号的各种测量类仪表,如万用表、示波器、毫伏表、频率计、扫频仪等。在进行电子测量和电路的调测工作时,重要的参数都应以测量仪表的测量值为准,各种"源"所显示的各种信号参数只能作为参考。

2. 直流稳压电源使用要点

直流稳压电源可以为电路提供稳定的电压,作为电压源,其等效输出电阻很小,接近于零,因此其输出电压基本不会受负载变化的影响,也不会应交流供电网的电压浮动而变化。

因为直流稳压电源的内阻小,又负责为电路提供能量,所以在使用时有严格的规范:

(1)直流稳压电源的输出端应连线正确且不允许短路

一般直流稳压电源有多路输出,每一路都可以独立工作。任意一路输出都有红(+)、黑(一)两个端子,表示输出电压的高电位和低电位。而稳压电源的引线也分红、黑两色,在引线与端子相连接时,必须红对红、黑对黑。引线末端的红、黑两色夹子绝不能短路,否则会导致稳压电源过载,损坏仪表。

(2)直流稳压电源使用时应"先测后接"

由于电子电路工作时对电源电压有严格的要求,因此要确保稳压电源提供准确的电压,必须先用测量仪表测定稳压电源的输出电压为所需值,然后才能接入电路,以避免电压过高或过低损坏电路。

由于稳压电源等效输出电阻很小,所以开路电压和为负载提供的电压之间误差很小,"先测后接"基本上不会引入误差。

3. 函数信号发生器使用要点

(1)正确接线

函数信号发生器输出信号引线一般使用 BNC(Q9)接口的同轴电缆,末端为红、黑两色鳄鱼夹子。其中红色夹子与同轴电缆的芯线相连,接到函数信号发生器内部电路的输出端,为信号端;黑色夹子与同轴电缆屏蔽层相连,连接函数信号发生器的机壳和参考地,所以黑夹子是零电位并起到屏蔽作用。在接入电路时,黑夹子应和电路的参考地(GND)连接,红夹子与电路的信号输入端相连;并且接线顺序为先接黑夹子后接红夹子;拆线时则先拆红夹子后拆黑夹子。

一般函数信号发生器等效输出电阻为 50 Ω 左右,因此在使用时输出引线的黑夹子和红夹子也不能短接。

(2)"先接后测"

在使用函数信号发生器为被测电路提供输入信号时,测量电路的输入信号应遵照"先接后测"的原则,也就是先将函数信号发生器接入电路,然后再用测量仪表监测其为电路提供的信号的大小。因为函数信号发生器具有几十欧姆的内阻,会对输出信号有分压作用,如果被测电路的输入阻抗不够高,开路电压的大小与实际的电路输入信号的大小会有较大的差距。因此"先接后测"才能准确测得电路输入信号的大小。

红色信号夹子

黑色接地夹子

同轴屏蔽电缆

BNC或Q9接口

图 7.1.2　同轴电缆线及其内部结构

4. 万用表的使用要点

（1）正确选择测量功能

万用表功能较多,在使用万用表时,应根据实际情况正确进行选择,否则容易损坏万用表。例如,在测量交流市电时,如果测量挡位处于电阻挡,则表笔一旦接触市电,瞬间即可造成万用表内部元件损坏。再例如,用电流挡测电压,由于电流挡内阻极小,也极易损坏万用表或造成保险管熔断,因此在使用万用表测量前一定要先正确选择测量挡位或检查测量挡位是否正确。

仪表在测试时,不能旋转功能转换开关,特别是高电压和大电流时。

（2）正确连接表笔线

万用表不同的测量挡位对应不同的表笔插孔,一般黑表笔插在 COM 孔,而红表笔则根据测量需要,有不同的位置。使用时应根据实际测量功能,将红表笔插入正确的位置。

（3）电阻挡使用注意事项

使用万用表电阻挡检查元件好坏或在线路中测量元件阻值时,不允许电路中带电。因为万用表电阻挡是使用万用表内部电池工作,如果电路中带电,容易损坏万用表内部电池,还会影响测量准确性。

测大电阻时避免并入人体电路引起测量误差。

（4）保障万用表供电正常

当万用表屏幕出现电池符号时,说明电量不足,应更换电池;在测量结束后,应及时关闭万用表,避免电池的消耗,延长万用表使用寿命。

实验二　戴维南定理和诺顿定理的验证

【实验目的】

（1）进一步熟练掌握直流稳压电源和万用表的使用。

（2）掌握有源二端网络等效参数的测定方法。

（3）加深对戴维南定理和诺顿定理的理解和掌握。

【实验任务】

待测电路如图 7.2.1 所示。

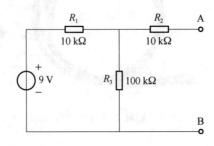

图 7.2.1　待测电路

1. 有源二端网络等效参数的测量

（1）分别采用直接测量法和零示法测量图 7.2.1 所示电路 A、B 两点间的开路电压 U_{oc}，完成表 7.2.1。

表 7.2.1　数据表格(1)

被测量	方法	
	直测法	零示法
U_{oc}		

（2）利用上一步的测量结果，分别采用开路电压短路电流法和半电压法测该电路的等效内阻 R_O，完成表 7.2.2。

表 7.2.2　数据表格(2)

方　法	测试量	数值	
开路电压短路电流法	短路电流	$I_s=$	
	等效内阻	$R_O=U_{OC}/I_s=$ （U_{OC} 为直测法所得）	$R_O=U_{OC}/I_s=$ （U_{OC} 为零示法所得）
半电压法	开路电压的一半	$U=U_{OC}/2=$ （U_{OC} 为直测法所得）	$U=U_{OC}/2=$ （U_{OC} 为零示法所得）
	等效内阻	$R_O=R_L=$	$R_O=R_L=$

（3）用伏安法测量该电路的外特性，完成表 7.2.3，根据表格数据作外特性曲线，通过外特性曲线读出其等效内阻 R_O。

表 7.2.3　数据表格(3)

电压 U_L	0 V					U_{OC}
电流 I_L	I_s					0 mA

2. 验证戴维南定理

（1）去掉电路中 9 V 的电压源，欧姆表直接测 A、B 两个测试端之间的电阻，即为原有源二端网络的等效内阻 R_0。

（2）将电位器 R_p 的阻值调整到与上一步所测的等效电阻 R_0 的值相等；将直流稳压电源的某一路输出电压调到与前面"零示法"所测得的开路电压 U_{oc} 的值相等；二者串联的重构电路 1，并用伏安法测该电路的外特性。电路及测量连线图如图 7.2.2 所示，将所得外特性曲线与上一测量任务中的有源二端网络外特性进行比较分析，验证戴维南定理。

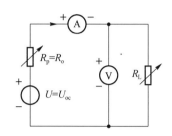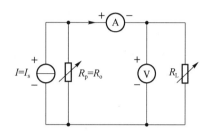

图 7.2.2　测量重构电路 1 的外特性　　　图 7.2.3　测量重构电路 2 的外特性

3. 验证诺顿定理

电位器 R_p 的阻值保持与前面所测等效电阻 R_0 的值相等；将直流恒流源输出电流调到任务 1 所测得的短路电流值；二者并联重构电路，并用伏安法测该电路的外特性。电路及测量连线图如图 7.2.3 所示，将所得外特性曲线与上一测量任务中的有源二端网络外特性进行比较分析，验证诺顿定理。

【实验预习】

（1）复习戴维南定理和诺顿定理的相关知识。

（2）复习有关直流稳压电源和万用表的使用方法和注意事项。

（3）阅读本实验后【相关知识】部分，学习掌握有源二端网络等效参数的测试原理和方法，设计实验方案并拟订实验具体操作步骤，列出实验操作注意事项。

（4）在面包板上搭好实验电路。

（5）预习思考题：

① 是否所有类型的有源二端网络都可以用"开路电压短路电流法"测其等效内阻？为什么？

② 稳压电源在使用时有哪些注意事项？

【报告撰写】

实验之前

◆ 参考本书附录"实验报告格式"，结合实验预习过程完成报告 1～5 项。

实验之后

◆ 结合实验过程继续完成报告 6～9 项。

【相关知识】

1. 有源二端网络及等效电路

任何一个线性含源网络，如果仅研究其中一条支路的电压和电流，则可将电路的其余部分看作是一个有源二端网络(或称为含源一端口网络)。

戴维南定理指出,任何一个线性有源网络都可以用一个等效电压源来代替,如图 7.2.4 所示。等效电压源的电动势等于这个有源二端网络的开路电压 U_{oc},其等效内阻 R_o 等于该网络中所有独立源都置零(理想电压源短路,理想电流源开路)时的等效电阻。

而诺顿定理则说明,任何一个线性有源网络都可以用一个理想电流源与一个电阻的并联组合来等效代替,此电流源的电流等于该有源二端网络的短路电流 I_s,其等效内阻 R_o 定义与戴维南定理的相同。

U_{oc}、I_s 和 R_o 称为有源二端网络的等效参数。

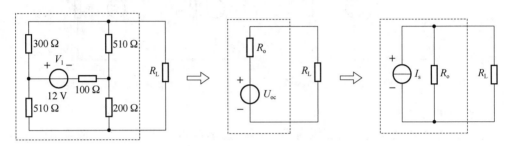

图 7.2.4 线性有源二端网络及其等效电路

有源二端网络按照其等效内阻 R_o 阻值的大小,可分为以下三类:

R_o 在 $0 \sim 1 \ \Omega$ 的低阻值段范围内,则有源二端网络在实际应用中近似为恒压源。

R_o 在 $1 \sim 1 \ M\Omega$ 的中阻值段范围,一般的电路大多属于此类。

R_o 在 $1 \ M\Omega$ 以上的高阻值段范围,则有源二端网络在实际应用中近似为恒流源。

2. 有源二端网络等效参数的测量方法

(1) 开路电压 U_{oc} 的测量

① 直测法

有源二端网络输出端开路,用电压表直接测量其输出端开路电压 U_{oc},如图 7.2.5 所示。实际操作中,要考虑电压表的内阻与被测有源二端网络的等效内阻 R_o 相比是否足够大,否则会有较大的测量误差。

② 零示法

在测量具有高内阻值的有源二端网络的开路电压时,如果使用直测法,则电压表的内阻与有源二端网络的内阻相比较不够大,测量值会比实际值偏小,出现较大误差。为避免这种情况,测高内阻值的有源二端网络的开路电压往往采用零示法。

零示法测量原理如图 7.2.6 所示。用低内阻的理想电压源与被测有源二端网络进行并联,当理想电压源的电压与有源二端网络的开路电压相等时,电压表的示数为零。

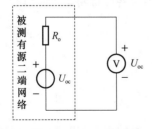

图 7.2.5 直测法测开路电压　　　图 7.2.6 零示法测开路电压

将电路断开,测量此时理想电压源的电压,即为被测有源二端网络的开路电压。

（2）等效内阻 R_o 的测量

① 开路电压短路电流法

（若是等效内阻属于低阻值段的有源二端网络,因为内阻值很小,则不可短路,所以不能使用此方法。）

按照上述直测法或零示法测得中阻值段或高阻值段有源二端网络的开路电压 U_{oc} 后,用电流表直接接到该有源二端网络的输出端测其短路电流 I_s,如图 7.2.7 所示,则内阻 R_o 为

$$R_o = \frac{U_{oc}}{I_s} \tag{7.2.1}$$

② 半电压法

半电压法测有源二端网络等效内阻值电路如图 7.2.8 所示,用可变电阻如电位器或电阻箱作为负载电阻 R_L,调节 R_L 的阻值,使 R_L 上的电压发生变化,当该电压变为被测二端网络开路电压 U_{oc} 的一半时,R_L 的阻值即与被测有源二端网络的等效内阻 R_O 值相等。

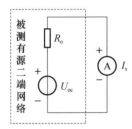 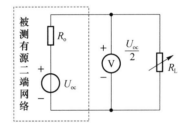

图 7.2.7　测短路电流　　　图 7.2.8　半电压法测等效内阻值

③ 伏安法

伏安法就是用电压表、电流表测出有源二端网络的外特性,根据外特性求其等效内阻值。伏安法测有源二端网络的外特性如图 7.2.9 所示,测量时有源二端网络接一个可调负载 R_L,改变 R_L 的大小,分别测出不同 R_L 值对应的负载电压和电流值,根据所得数据可以做出一条伏安特性曲线,称为有源二端网络的外特性,如图 7.2.10 所示。有源二端网络的等效内阻可以计算如下：

$$R_o = \frac{U_{oc}}{I_s} = \frac{|\Delta U|}{|\Delta I|} \tag{7.2.2}$$

ΔU 和 ΔI 为有源二端网络外特性曲线上任意两点 A 和 B 间的电压差和电流差。

常用的稳压电源因其等效内阻很小,可被视为低值阻段的有源二端网络,测其等效内阻时决不可以用开路电压短路电流法,但可以用伏安法,先测量其开路电压 U_{oc},然后测量电流为额定值 I_E 时的输出端电压值 U,则内阻为：

$$R_o = \frac{U_{oc} - U}{I_E} \tag{7.2.3}$$

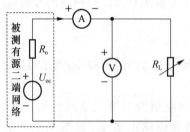

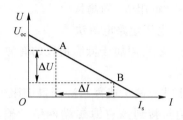

图 7.2.9　伏安法测有源二端网络外特性　　　　图 7.2.10　有源二端网络外特性

实验三　受控源的实验研究

【实验目的】

（1）练习并掌握电路转移特性的测量方法。

（2）通过测试,加深对受控源特性的认识。

（3）初步认识和使用运算放大器,了解运算放大器组成受控源的方法。

【实验任务】

1. 电压控制电压源的测试

用运算放大器 LM358 组成如图 7.3.1 所示电压控制电压源（VCVS）电路,LM358 的电源电压为 +15 V。

（1）保持控制电压 U_1 为 2 V,在 1 kΩ 到无穷大的范围内改变负载电阻 R_L 的值,测试不同 R_L 时电路的输出电压 U_2。

（2）保持 $R_L = 2$ kΩ 不变,测试该 VCVS 电路的转移特性（控制电压 U_1 的变化范围为 0～5 V）,绘制转移特性曲线,求出转移电压比 μ 的值。

2. 电流控制电压源的测试

用运算放大器 LM358 组成如图 7.3.2 所示电流控制电压源（CCVS）电路,LM358 的电源电压为 +15 V。

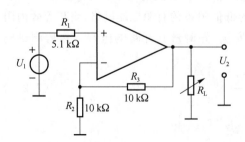

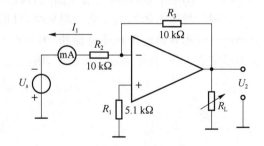

图 7.3.1　运放构成的 VCVS 电路　　　　　图 7.3.2　运放构成的 CCVS 电路

（1）保持控制电流 I_1 为 0.5 mA，在 1 kΩ 到无穷大的范围内改变负载电阻 R_L 的值，测试不同 R_L 时电路的输出电压 U_2。

（2）保持 $R_L = 2$ kΩ 不变，测试该 CCVS 电路的转移特性（通过调节 U_s 改变控制电流 I_1，I_1 变化范围为 0～0.5 mA），绘制转移特性曲线，求出转移电阻 r_m 的值。

3. 电压控制电流源的测试

用运算放大器 LM358 组成如图 7.3.3 所示电压控制电流源（VCCS）电路，LM358 的电源电压为 +15 V。

（1）保持控制电压 U_1 为 2 V，在 1～20 kΩ 的范围内改变负载电阻 R_L 的值，测试不同 R_L 时该电路的输出电流 I_2。

（2）保持 $R_L = 2$ kΩ 不变，测试该 VCCS 电路的转移特性（控制电压 U_1 的变化范围为 0～10 V），绘制转移特性曲线，求出转移电导 g_m 的值。

4. 电流控制电流源的测试

用运算放大器 LM358 组成如图 7.3.4 所示电流控制电流源（CCCS）电路，LM358 的电源电压为 +15 V。

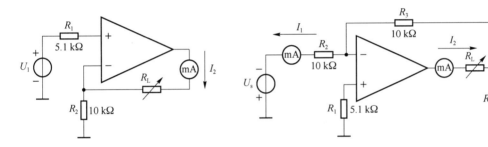

图 7.3.3 运放构成的 VCCS 电路　　　　图 7.3.4 运放构成的 CCCS 电路

（1）保持控制电流 I_1 为 0.5 mA，在 1～8 kΩ 的范围内改变负载电阻 R_L 的值，测试不同 R_L 时该电路的输出电流 I_2。

（2）保持 $R_L = 2$ kΩ 不变，测试该 CCCS 电路的转移特性（通过调节 U_s 改变控制电流 I_1，I_1 的变化范围为 0～0.5 mA），绘制转移特性曲线，求出转移电流比 α 的值。

【实验预习】

（1）阅读第 1 章有关"集成电路"的内容，了解集成电路的相关知识。

（2）结合本实验的【相关知识】部分，复习受控源的相关内容。

（3）查阅集成运放 LM358 的数据手册，了解其使用方法和注意事项。

（4）设计实验方案并拟订实验具体操作步骤，设计实验数据表格，列出实验操作注意事项。

（5）在面包板上搭建实验电路。

（6）预习思考题：

在图 7.3.2 的 CCVS 电路和图 7.3.4 的 CCCS 电路中，如果改变 U_s 的接法使控制电流 I_1 与图中所标方向相反，将会引起电路怎样的变化？

【报告撰写】

实验之前

◆ 参考本书附录"实验报告格式",结合实验预习过程完成报告1～5项。

实验之后

◆ 结合实验过程继续完成报告6～9项。

◆ 思考题:

① 分析测量任务1(1)、2(1)、3(1)、4(1)的测量结果,分别可以得到什么结论?

② 对测得的四条转移特性曲线进行分析,总结对四种受控源的认识和理解。

③ 本次实验所用受控源电路的控制特性是否适合于交流信号?

④ 有一个CCVS和一个VCCS电路,如何得到VCVS和CCCS电路?

【相关知识】

1. 受控源及其类型

电源有独立源(如电池、发电机等)与非独立电源两类。非独立电源又常被称为受控源,它的电动势 E_s 或电激流 I_s 随电路中另一支路的电压或电流的变化而改变。而独立源的电动势或电激流是某一固定的数值或是时间的某一函数,它不随电路其余部分的变化而改变。

受控源与无源元件相比较,无源元件两端的电压和它自身的电流有一定的函数关系,而受控源的输出电压或电流则是和另一支路(或元件)的电流或电压有关系。从总体外部特征上看,独立源和无源元件都是二端器件,而受控源则是四端器件,或称为双口元件。

受控源都有一个输入端口(两个接线端子),用于输入电压控制信号 U_1 或电流控制信号 I_1;还有一个输出端口(两个接线端子)输出电压 U_2 或电流 I_2。输入端可以控制输出端电压或电流的大小。因为施加于受控源输入端的控制量有电压和电流的分别,而电源又有电压源和电流源的分别,所以受控源可分为电压控制电压源(VCVS)、电流控制电压源(CCVS)、电压控制电流源(VCCS)、和电流控制电流源(CCCS)四种类型,如图7.3.5所示。

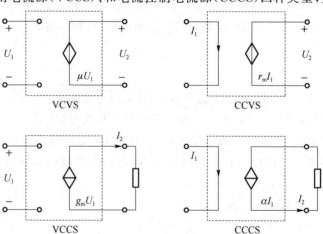

图 7.3.5 受控源类型

2. 受控源的转移函数

受控源的控制端与受控端的关系式称为转移函数。四种受控源的转移函数参量的定义如下：

(1) 电压控制电压源(VCVS)：$U_2 = f(U_1)$，$\mu = U_2/U_1$ 称为转移电压比(或电压增益)，为无量纲常数。

(2) 电流控制电压源(CCVS)：$U_2 = f(I_1)$，$r_m = U_2/I_1$ 称为转移电阻，具有电阻的量纲(欧姆，Ω)。

(3) 电压控制电流源(VCCS)：$I_2 = f(U_1)$，$g_m = I_2/U_1$ 称为转移电导，具有电导的量纲(西门子，S)。

(4) 电流控制电流源(CCCS)：$I_2 = f(I_1)$，$\alpha = I_2/I_1$ 称为转移电流比(或电流增益)，为无量纲常数。

当受控源的输出电压或电流与控制电压或电流成正比时，则称该受控源是线性的。理想受控源的控制支路中只有一个独立变量(电压或电流)，另一个独立变量等于零，即从输入口看，理想受控源或者是短路(即输入电阻 $R_1 = 0$，因而 $U_1 = 0$)或者是开路(即输入电导 $G_1 = 0$，因而输入电流 $I_1 = 0$)；从输出口看，理想受控源或是一个理想电压源或者是一个理想电流源。

3. 集成运算放大器

集成运算放大器简称集成运放或运放，是由多级直接耦合放大电路组成的高增益模拟集成电路。集成运放内部主要由输入、中间、输出三部分电路组成，输入部分是差动放大电路，有同相和反相两个输入端，同相输入端的电压变化和输出端的电压变化方向一致，后者则相反；中间部分提供高电压放大倍数；输出部分则进行功率的放大。由于集成运放性能良好、使用方便，因此得到了广泛的应用。目前集成运放已成为线性集成电路中品种和数量最多的一类。

以通用为目的而设计的集成运放被称为通用集成运放，这类器件的主要特点是价格低廉、产品量大且面广，其性能指标能适合于一般性使用，如单运放 μA741(一块 μA741 芯片内只有一个运放单元)、双运放 LM358(一块 LM358 芯片内有两个参数一致、互相独立的运放单元)、四运放 LM324(一块 LM324 芯片内有四个参数一致、互相独立的运放单元)等，它们 DIP 封装形式的外观如图 7.3.6 所示，而管脚信息如图 7.3.7 所示。通用运放是目前应用最为广泛的集成运算放大器。

图 7.3.6 DIP 封装的集成运算放大器外观

集成运放广泛应用于模拟信号的产生和处理。例如，组成各种振荡电路、放大电路、运算电路等。

4. 集成运算放大器使用注意事项

包括集成运算放大器在内的集成电路，在使用前应查阅器件手册，了解其引脚、功能、动

态指标、静态指标等性能和参数。使用集成电路时,应该注意以下几个问题:

(1) 集成电路在安装时,应注意其方向及引脚序号,不能插错。

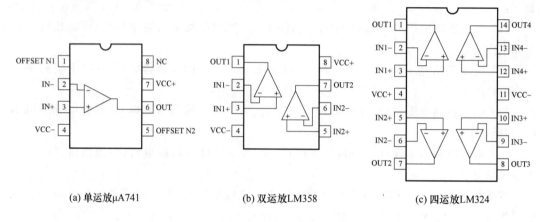

(a) 单运放μA741　　　　(b) 双运放LM358　　　　(c) 四运放LM324

图 7.3.7　几种运放的管脚图

(2) 集成电路在安装或拆除时,应断开电源,否则容易损坏集成电路。

(3) 使用集成电路时,不允许超过数据手册中规定的极限参数数值。

初学者应特别注意集成运放供电电源的连接方法和电压范围,电源连接错误或电压超过规定范围,极易导致器件的损坏。

实验四　信号的观察与测量

【实验目的】

(1) 了解各种常见交流信号的参数及其意义。

(2) 练习使用函数信号发生器产生不同的信号。

(3) 练习使用数字示波器和毫伏表观察和测量不同的信号。

(4) 练习手工定量画波形。

【实验任务】

1. 正弦信号的观察和测量

(1) 选择函数信号发生器输出正弦信号(Sine),并设定其频率为 1 kHz、峰峰值为 60 mV、直流偏移为 0 mV,用示波器观察该信号波形并将波形定量画在坐标纸上,同时用毫伏表测量该信号有效值。

示波器测量信号的频率、峰峰值,并与函数信号发生器的设定值相比较。

示波器时间灵敏度选 200 μs 或 400 μs,测量信号的均方根、周期均方根,并与毫伏表的测量值相比较。

将函数信号发生器输出频率改为 3 kHz,时间灵敏度分别选 100 μs 和 40 μs,观察均方根、周期均方根测量值的变化,分析二者的区别。

记录以上各项测量结果。

（2）函数信号发生器输出正弦信号（Sine），设定其频率为 1 kHz、峰峰值为 15 mV、直流偏移为 0 mV，用示波器观察该信号并测其周期均方根，同时用毫伏表测量该信号有效值。

（＊此信号幅度较小，因此观察波形时如发现有直流成分，输入耦合可选择 AC，然后再测其周期均方根。另外观察小信号时，触发耦合注意选择"高频抑制"，信号采集模式可选择"平均"。）

（3）函数信号发生器输出仍为正弦信号（Sine），设定其频率为 5 kHz、峰峰值为 0.5 V、直流偏移为 0.5 V，用示波器观测函数信号发生器的输出信号，同时用毫伏表测量该信号有效值，万用表直流电压挡测量其直流成分。

示波器测量信号的频率、峰峰值，并与函数信号发生器的设定值相比较。

示波器测量信号的平均值和周期平均值，并与万用表的测量值相比较。

在坐标纸上定量画出示波器测量显示的波形，并记录各项测量结果。

2. 方波、矩形脉冲信号的观察和测量

（1）选择函数信号发生器输出方波信号（Square），设定其周期为 0.1 ms、峰峰值为 2 V、直流偏移为零，用示波器观测函数信号发生器的输出信号。

示波器测量信号的周期、峰峰值，并与函数信号发生器的设定值相比较。

示波器测量信号的周期均方根、周期平均值，对比二者的不同。

在坐标纸上定量画出示波器测量显示的波形，并记录各项测量结果。

（2）选择函数信号发生器输出矩形脉冲信号（Pulse），设定其周期为 1 ms、峰峰值为 2 V、直流偏移为 1 V、占空比为 30%。用示波器观测函数信号发生器的输出信号，同时用万用表直流电压挡测量其直流成分。

（＊此信号即为单向正脉冲信号，幅度设置也可以用设置高电平 2 V、低电平 0 V 的方法进行。）

示波器测量信号的周期、峰峰值，并与函数信号发生器的设定值相比较。

示波器测量信号的周期平均值，并与万用表的测量值相比较。

调信号的占空比从 10% 到 90% 变化，观察周期平均值和万用表读数的变化情况。

在坐标纸上定量画出示波器测量显示的占空比 30% 的波形，并记录以上各项测量结果。

3. 干扰信号的观察和测量

（1）完成任务 2 的测量后，将示波器时间灵敏度调至 40 ms，观察示波器和函数信号发生器的地线断开前后，示波器屏幕显示的信号的不同，分析原理。

（2）示波器探头开路，电压灵敏度选 1 mV 时间灵敏度选 20 ms，观察示波器显示的波形。

然后用手触摸示波器探头，观察波形的变化，调示波器电压灵敏度至适当值，使屏幕显示完整的波形。测量该信号的频率、周期均方根，分析信号的来源。

（3）示波器探头和地线短接，电压灵敏度调至最高，观察示波器显示的情况并测量其均方根，说明此时测量的信号意义，体会测量过程中引入的噪声。

4. 双踪观测两路信号

用 1 kΩ 的电阻 R 和 0.1 μF 的电容 C 组成一个 RC 移相电路，如图 7.4.1 所示。输入

正弦信号 u_i 频率为 1 kHz、幅度 200mV。

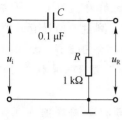

图 7.4.1 RC 移相电路

（1）示波器两个通道同时观察输入信号 u_i 和 u_R 的波形，在屏幕上读出相关参数并利用这些参数，计算两个信号的相位差，列出计算过程，描述两个信号的相位关系。

（2）示波器直接测量两个信号的相位差，所得结果与（1）的结果相比较。

（3）示波器采样改用 X-Y 方式，观察屏幕所显示的椭圆，将 R 改为 10 kΩ、100 kΩ，分别观察椭圆的变化情况，分析原因。

【实验预习】

（1）阅读第一篇相关内容或查阅相关资料，了解万用表、示波器、交流毫伏表、函数信号发生器的工作原理。

（2）阅读本实验【相关知识】，了解掌握函数信号发生器、示波器和交流毫伏表的使用要点和注意事项，了解手工定量画波形的要点。

（3）预习思考题：

① 正弦信号的峰峰值和有效值之间如何换算？在进行实验任务 1 过程中，如果示波器显示的峰峰值与毫伏表测出的有效值之间不满足正常的换算关系，可能的原因有哪些？

② 交流信号有效值的意义是什么？

③ 什么是信噪比？本次实验操作中会不会有噪声？噪声可能的来源有哪些？实际操作中如何避免噪声对信号的干扰？

【报告撰写】

针对实验操作过程总结、分析和思考：

（1）实验过程中给你印象最深刻的一点是什么？（操作、问题、故障等）。

（2）为什么示波器测量小信号和测量大信号的操作方式有所不同？总结示波器测量小信号时的操作注意事项。

（3）如何理解数字示波器的平均采样？

（4）根据实验操作情况总结示波器使用要点和注意事项。

【相关知识】

1. 示波器使用基本要点

示波器是一种用途很广的电子测量仪器，它既能把肉眼看不见的电信号转换成看得见的图像，将电信号由抽象转为具体，又能对显示的信号波形进行各种参数的测量，如幅度、周期、频率、平均值、均方根等。正确使用示波器的要点如下。

（1）正确使用探头

示波器是通过具有 BNC 接口的探头将被测信号接入的，探头的电缆与信号源的引线一样都是同轴电缆的结构，只是末端只有一个与屏蔽线相连的黑色鳄鱼夹子，而与芯线相连接的是方便与测试点相连的钩子，如图 7.4.2 所示。

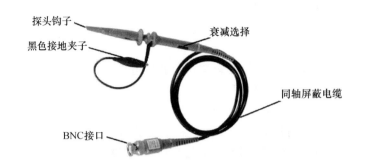

图 7.4.2　示波器用探头

探头上有一个衰减选择开关(如图 7.4.3 所示):X10 和 X1 选择。当选择 X1 挡时,信号无衰减直接进入示波器;而选择 X10 挡时,信号幅度衰减为原来的 1/10 送入示波器被测量。因此,当使用探头的 X10 挡时,应将示波器上的读数扩大 10 倍得到被测信号的实际值。有些示波器可在示波器内部的探头设置中选择 X10 挡,以配合探头使用,这样测量波形的幅度时直接读数即可。

图 7.4.3　探头的衰减选择

探头的 X10 挡的输入阻抗比 X1 挡要高 10 倍,因此在测试驱动能力较弱的信号波形时,可用 X10 挡以减小对被测信号的影响;测量较高电压时,可以利用探头的 X10 挡功能,将电压衰减后再送入示波器。

作为测量仪表,示波器信号输入线上的探头钩子和起屏蔽作用的黑色夹子是可以相短接的,二者短接则示波器的输入信号为零,正确操作下可以在屏幕上可以看到一条电压为零的直线,或称为电压为零的波形,在这种情况下如果观察到电压有微小的起伏,则是示波器本身引入的噪声。如果探头钩子和黑夹子开路,在示波器灵敏度适当的情况下,可以看到明显的工频干扰信号的波形。可以通过观察探头钩子和黑夹子开路、短接两种不同情况下屏幕的显示,来判断示波器输入线是否存在断路问题。

在测量时,示波器电缆的小黑夹子应和被测电路的参考地(GND)连接,探头钩子与被测电路中的测试点相连。接线的顺序先接黑夹子后接探头钩子;拆线时则先拆探头钩子后拆黑夹子。

(2)正确选择示波器输入通道及输入耦合方式

将示波器探头与被测信号正确相连后,还需恰当地进行一些选择和设置,才能使被测信号正确馈入示波器。

一般示波器都是双通道的,可以同时测量显示两个通道接入的信号,也可以通过通道的选择,单独测量显示某一通道接入的信号。因此通道的选择与实际被测信号的连接情况应保持一致。

示波器的输入耦合方式分为直流(DC)和交流(AC)。交流(AC)耦合表示被测信号在示波器内经过滤波将直流分量滤除,只保留交流分量被测量显示,因此显示出来波形只是被测信号的交流部分。直流(DC)耦合表示被测信号直接进入示波器被测量显示,示波器显示的波形包括被测信号的所有成分。

因此用示波器进行观察测量信号时,输入耦合方式一般选用"直流",以观察测量信号的所有成分。

(3) 正确设置示波器

将被测信号正确接入示波器后,还需要对示波器进行相应设置才能使示波器进入正常的工作状态,将被测信号准确地显示和测量。

① 正确选择触发源

用示波器对信号进行测量时触发源的选择非常关键。示波器显示稳定的被测信号波形,被称为被测信号的同步。不同的示波器触发源的选项有不同的表示,从根本上都分为内触发(INT)、外触发(EXT)、电源触发(LINE)等。内触发使用被测信号作为触发源信号,是经常使用的触发方式。通常进行内触发源选择时,一般按如下原则进行:

只观察一路信号时,用哪个通道就选那个作为触发源。

同时观察两路信号时,如果两个信号周期严格一致(比如放大电路的输入输出信号),触发源选信号幅度比较大的那一路;如果两个信号周期不同但有严格整数倍关系(如分频电路的输入输出信号),触发源选择周期最大的那一路;如果两路信号的周期不存在严格的关系,则应选择交替触发方式,否则只能稳定观察一路信号。

② 正确选择触发类型、触发模式、触发极性、触发耦合等

触发方式、触发扫描模式、触发极性、触发耦合等在不同的示波器中有不同的组合方式。

示波器的触发方式对于传统模拟示波器来说只有简单的边沿触发方式,而数字示波器则可以设置更多更复杂的触发方式,满足了不同特征波形的触发和观察,一般对模拟信号的测量则使用边沿触发方式即可。

触发极性的选项有正、负两种,是选择在被测信号的上升沿还是下降沿触发,一般情况下触发极性可以随意选择。

触发耦合是指触发信号的耦合方式,一般包括交流(AC)、直流(DC)、高频抑制(HFR)、低频抑制(LFR)等选项。交流耦合是指触发信号经过电容滤波后,只使用其交流成分进行触发,通常在信号频率不是过低的情况下,交流触发耦合的效果比较好;当触发信号频率较低或占空比较大时使用 DC 触发耦合效果好;低频抑制触发时触发信号经过高通滤波器加到触发电路,触发信号的低频成分被抑制;高频抑制触发时,触发信号通过低通滤波器加到触发电路,触发信号的高频成分被抑制。在测量低频小信号时,由于信噪比低,常选用高频抑制耦合。

③ 正确进行数字示波器的数据采集设置

数字示波器的数据采集模式有:采样、峰值检测、高分辨率、包络、平均等。平均指将多次普通采样的波形进行算术平均,当被测信号的信噪比较低时,选用平均采样可以改善波形的显示,获得较清晰的波形。平均采样数应合理设置,太低起不到改善作用;太高则影响波形更新速度。

(4) 正确调节示波器

被测信号顺利接入示波器,并将示波器进行正确的设置之后,还需要对示波器进行适当的调节,才能在屏幕上显示出清晰稳定且便于观察的被测信号波形。

① 调节触发电平(LEVEL),使波形同步

通过旋转触发电平调节旋钮,可以设定一个触发电平值,当触发信号超过该电平值时,

示波器扫描被触发,被测信号波形被同步,可以稳定地被显示出来。因此应调节触发电平位于触发源信号的电压最大值和电压最小值之间。

② 恰当调节垂直方向位移和垂直方向(电压)灵敏度

调垂直方向位移可以改变波形在显示屏垂直方向的位置,而调节垂直灵敏度则可以改变波形在垂直方向上的尺寸大小,一般调波形在垂直方向上尺寸最大但不超出屏幕范围,这样可以清晰地观察波形,减小视觉误差。

③ 恰当调节水平方向位移和水平方向(时间)灵敏度

调水平方向位移可以改变波形在显示屏水平方向的位置,而调节水平灵敏度则可以改变波形在水平方向上的疏密程度,也就是改变观察的时间范围。一般调节水平灵敏度使波形在水平方向上显示 2～3 个周期,这样可以清晰地观察波形,减小视觉误差。

(5) 正确测量和读取波形参数

被测信号的波形稳定清晰显示后,模拟示波器可通过垂直灵敏度数值和波形上不同的点在垂直方向的距离,计算出相应的电压,如峰峰值、半峰值、电压最大值等;通过水平灵敏度数值和波形上不同的点在水平方向的距离,计算出相应的时间参数,如周期、脉宽、上升时间、下降时间等。

数字示波器也可以按照上述方法读出波形的水平和垂直方向参数。但数字示波器具有强大的波形后处理功能,可以提供丰富的测量选项,能够自动测量波形更多的参数,使用时可根据需要灵活选择。

2. 交流毫伏表使用要点

交流毫伏表按照测量原理的不同有均值检波型和真有效值型之分。均值检波型毫伏表只能直接测量正弦交流信号的有效值,若测量其他非正弦交流信号有效值,读数要经过换算。而真有效值型毫伏表则可以直接测量任意交流信号的有效值。

交流毫伏表使用的信号输入线和函数信号发生器相同,在与被测信号连接时,同样需要黑夹子和被测电路的参考地(GND)连接,红夹子与被测电路的测试点相连;接线顺序为先接黑夹子后接红夹子,拆线时则先拆红夹子后拆黑夹子。

交流毫伏表为高输入阻抗测试仪表,如果输入信号线末端的红、黑夹子开路,打开电源后,数字式交流毫伏表会出现有示数现象;指针式交流毫伏表会出现指针偏转现象(也称"开机自起"现象)。此时可以将红、黑夹子对接(这样输入毫伏表的被测信号才为零),可以观察到示数减小到接近为零或指针回零的现象,用这种方法也可以检查电缆线是否存在接触不良或断路的故障。

3. 手工定量画波形要点

(1) 坐标系要完整,要准确标注各个坐标轴的名称和单位。

(2) 一般情况下只画 $t \geq 0$ 范围内的波形,交流信号画出 2～3 个周期即可。

(3) 在相应的坐标轴上准确标注波形的关键参数,如电压最大值、电压最小值、直流分量的值、周期、脉宽等。

(4) 在适当的位置标注其他测量值,比如频率、有效值等。

以上四点为定量画波形的基本要求,实践中根据不同的具体情况可能会有不同的具体规范。

实验五 一阶 *RC* 电路的实验研究

【实验目的】

(1) 进一步熟练掌握示波器和函数信号发生器的使用。

(2) 了解一阶 *RC* 电路零输入响应、零状态响应的观察和测量方法。

(3) 了解掌握一阶 *RC* 电路在不同情况下的功能特点和具体应用。

(4) 学习和掌握用实验的方法测 *RC* 电路的时间常数。

【实验任务】

1. 一阶 *RC* 电路用于移相、微分和交流耦合

取 20 kΩ 的电阻 *R* 和 470 pF 的电容 *C*,构成图 7.5.1(a)所示一阶 *RC* 电路。

(1) 输入频率为 100 Hz,峰峰值为 2Vpp 的正弦信号,用示波器同时观测输入、输出波形,测量输出信号的幅度和输入输出的相位差。然后调输入信号频率持续增加至 100 kHz,观察输出信号的幅度和输入输出相位差的变化,分别记录 100 Hz 和 100 kHz 时的测量结果,分析该一阶 *RC* 电路的移相规律。

(2) 输入信号改为频率 5 kHz,幅度 2Vpp,占空比 50% 的单向正脉冲信号,用示波器同时观测输入、输出波形,并在同一坐标系中定量画出这两个波形。

示波器探头分别用×1 和×10 衰减测量输出信号,观察这两种情况下输出信号波形的差别,并分析原因。

(3) *C* 改为 0.1 μF,重复(2)的操作。

对比观察(2)和(3)的电路和测量结果,分析一阶 *RC* 电路何种情况下可以实现对输入信号的微分,何种情况下可以实现对输入信号的交流耦合,并在所画波形上标明哪一个是微分结果,哪一个是交流耦合结果。

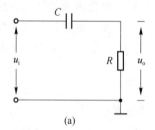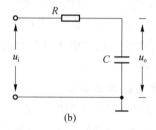

图 7.5.1 一阶 *RC* 电路

2. 一阶 *RC* 电路用于移相、积分

取 10 kΩ 的电阻 *R* 和 0.01 μF 的电容 *C*,构成图 7.5.1(b)所示一阶 *RC* 电路。

(1) 输入频率为 100 Hz,峰峰值为 2Vpp 的正弦信号,用示波器同时观测输入、输出波形,测量输出信号的幅度和输入输出的相位差。然后调输入信号频率持续增加至 100 kHz,观察输出信号的幅度和输入输出相位差的变化,分别记录 100 Hz 和 100 kHz 时的测量结

果,分析该一阶 RC 电路的移相规律。

（2）输入信号改为频率 20 kHz,幅度 2Vpp,占空比 50％的单向正脉冲信号,用示波器同时观测输入、输出波形,并在同一坐标系中定量画出这两个波形。

（3）调输入信号频率持续减小至 2 kHz,观察输出信号的变化情况,并在同一坐标系中定量画出频率为 2 kHz 时的输入输出波形。

对比观察（2）和（3）的测量结果,分析一阶 RC 电路何种情况下可以实现对输入信号的积分,并在所画波形上标明。

3. 实验的方法测得时间常数

从前面所画四组输出、输入波形中,挑选一个适当的输出波形,在波形上标注并读取电路的时间常数,说明选择该波形的理由和读取时间常数的原理。

【实验预习】

（1）阅读本实验【相关知识】,了解一阶 RC 电路的移相功能和实现微分、积分和耦合的条件。

（2）复习有关一阶 RC 电路的零输入响应、零状态响应和全响应知识,理解一阶 RC 电路时间常数的意义。

（3）复习函数信号发生器和示波器的使用要点和注意事项。

（4）使用电路仿真软件对实验电路进行仿真,列出实验注意事项。

（5）选出实验用元件并检测,在面包板上搭接实验用电路。

（6）预习思考:

① 实验中可用什么样的信号作为观察一阶 RC 电路的零输入响应、零状态响应的激励源?

② 本实验中观察输入、输出信号波形时,示波器的输入耦合方式选"交流"还"直流"?为什么?

【报告撰写】

实验之前

◆ 参考本书附录"实验报告格式",结合实验预习过程完成报告 1～5 项。

实验之后

◆ 结合实验过程继续完成报告 6～9 项。

【相关知识】

1. 一阶 RC 电路的响应及观察

一阶 RC 电路如图 7.5.2 所示,电路中 RC 乘积决定了该电路中电容的充放电的快慢,因此定义 $\tau=RC$ 为电路的时间常数。τ 是 RC 电路的重要参数,是决定 RC 电路响应的三要素之一。根据 τ 的定义,在电路中 R 和 C 已知的情况下,可以直接计算 τ 的值。如果电路中 R 和 C 的值不明确,也可以用实验的方法测试 RC 电路的 τ 值。

图 7.5.2 所示电路中当电容上的初始电压 $u_C(t)\big|_{t=0}=0$ 时,开关 K 合上后电压 E 对电

容充电,电容电压为:

$$u_C(t) = E(1 - e^{-\frac{t}{RC}}) \quad t \geqslant 0 \tag{7.5.1}$$

当时间 $t = \tau = RC$ 时,$u_C = E(1 - e^{-1}) \approx 0.632E$。根据式(7.5.1)可以继续推导:

$t = 2\tau$ 时,$u_C = E(1 - e^{-2}) \approx 0.865E$;

$t = 3\tau$ 时,$u_C = E(1 - e^{-3}) \approx 0.950E$;

$t = 4\tau$ 时,$u_C = E(1 - e^{-4}) \approx 0.982E$;

$t = 5\tau$ 时,$u_C = E(1 - e^{-5}) \approx 0.993E$;

······

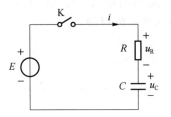 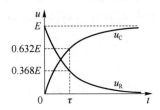

图 7.5.2 一阶 RC 电路   图 7.5.3 一阶 RC 电路零状态响应

可以看出,当充电时间达到 3τ 时,电容上的电压已经达到总电压 E 的 95%;当时间为 5τ 时,电容电压已经达到总电压 E 的 99%。

如图 7.5.4 所示,当一阶 RC 电路输入为零而电容上的初始电压 $u_C(t)\big|_{t=0} = E$ 的情况下,合上开关 K 后,电容放电电压下降,如图 7.5.5 所示。电容电压的表达式即零输入响应为:

$$u_C(t) = E e^{-\frac{t}{RC}} \quad t \geqslant 0 \tag{7.5.2}$$

从式(7.5.2)可知,当时间 $t = \tau = RC$ 时,$u_C = E e^{-1} = 0.368E$。

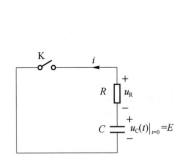 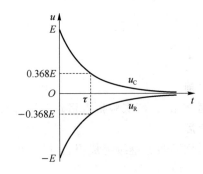

图 7.5.4 一阶 RC 电路放电   图 7.5.5 一阶 RC 电路零输入响应

图 7.5.2 和图 7.5.4 所示分别是利用直流电压 E,通过开关 K 的闭合对 RC 电路进行零状态激励和零输入激励。这种方式产生的零状态响应和零输入响应是十分短暂的单次变化过程,用仪表进行测量和显示比较困难。如果使这两种响应过程重复出现,则可以用示波器进行显示和观察。因此,可以使用占空比 50% 的单向正脉冲信号作为阶跃激励信号,即利用单向正脉冲的上升沿作为零状态响应的正阶跃激励信号,下降沿作为零输入响应的负阶跃激励信号,只要选择单向正脉冲信号的周期远大于电路的时间常数,电路响应就和直流

电接通与断开的过渡过程基本相同。

根据前面推算,当电容充电时间 $t \geqslant 5\tau$ 时,电容上的电压超过 99.3%,可以认为电容已经充满。因此应选择单向正脉冲的脉宽 $t_w \geqslant 5\tau$,其周期则大于时间常数的 10 倍,即 $T \geqslant 10\tau$。实际测量时为了便于观察波形的细节和重复性,信号的周期也不宜过长,在 $10\tau \sim 20\tau$ 的范围内即可。

单向正脉冲的幅度的选择可根据电路的元件值结合测量仪表的量程和精确度,选择一个整数值即可,整数值便于测量时读数。

图 7.5.6 所示一阶 RC 电路在初始电压值为零,输入信号 $u_i(t)$ 为单向正脉冲信号时,电路的瞬变过程就周期性地发生,实质上也就是电路中的电容 C 周期性地充放电过程。在这一周期性的过程中,电容 C 上的电压 $u_C(t)$ 和电阻 R 上的电压 $u_R(t)$ 与输入信号 $u_i(t)$ 的对应如图 7.5.7 所示。如果输入信号 $u_i(t)$ 的周期 T 远大于电路的时间常数 τ,则电路连续交替产生零状态响应和零输入响应。

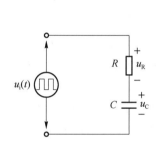

图 7.5.6 脉冲激励下的一阶 RC 电路　　　图 7.5.7 一阶 RC 电路的脉冲激励与响应

2. 一阶 RC 电路的移相作用

电容的电压落后于电流 90°,所以一阶 RC 电路具有移相功能。图 7.5.1(a)所示电路输入输出信号的关系可以表达为:

$$\dot{u}_o = \frac{R}{R + \dfrac{1}{\mathrm{j}2\pi fC}}\dot{u}_i = \frac{\dot{u}_i}{\sqrt{1 + \left(\dfrac{1}{2\pi fRC}\right)^2}}\angle \tan^{-1}\frac{1}{2\pi fRC} \tag{7.5.3}$$

即输入输出的相位差:

$$\varphi = \tan^{-1}\frac{1}{2\pi fRC} \tag{7.5.4}$$

φ 与电路的时间常数和信号的频率有关,电路的时间常数或工作频率从零趋向无穷,相位差从 90° 趋向 0°。

图 7.5.1(b)所示电路输入输出信号的关系可以表达为:

$$\dot{u}_o = \frac{\dfrac{1}{\mathrm{j}2\pi fC}}{R + \dfrac{1}{\mathrm{j}2\pi fC}}\dot{u}_i = \frac{\dot{u}_i}{\sqrt{1 + (2\pi fRC)^2}}\angle -\tan^{-1}2\pi fRC \tag{7.5.5}$$

即输入输出的相位差:

$$\varphi = -\tan^{-1} 2\pi f RC \tag{7.5.6}$$

φ 与电路的时间常数和信号的频率有关,电路的时间常数或工作频率从零趋向无穷,相位差从 $0°$ 趋向 $-90°$。

3. 一阶 RC 电路对信号的微分和积分

一阶 RC 电路在满足一定的条件下,分别可以实现对信号的微分或积分,完成波形变换的功能,因而在电子电路中具有许多实际应用。

(1) 微分电路

如图 7.5.6 所示,如果以单向方波正脉冲 $u_i(t)$ 为输入,电阻电压 $u_R(t)$ 为输出,当输入信号 $u_i(t)$ 的周期 T 大于电路的时间常数 τ 时($T \geqslant 10\tau$ 时),电容的充、放电时间远小于输入信号的周期,则在输入信号变化过程中,电容很快完成充、放电的过程,因此电容上的电压近似与输入信号电压相等,即 $u_C(t) \approx u_i(t)$。所以,电阻两端的电压为:

$$u_R(t) = Ri_C(t) = RC\frac{du_C(t)}{dt} \approx RC\frac{du_i(t)}{dt} \tag{7.5.7}$$

即电路实现了对输入信号的微分。

因此,当一阶 RC 电路的时间常数远小于脉冲输入信号的周期($\tau = RC \ll T$),且电阻上的电压作为输出信号,一阶 RC 电路就成为微分电路,实现对输入信号的微分。

实际进行微分电路的连接时,由于输入和输出信号都需要对地连接和测量,所以必须将图 7.5.6 所示电路的元件顺序进行调整,实际的微分电路连接形式如图 7.5.8(a)所示。

如果电路时间常数不满足 $\tau = RC \ll T$ 的条件,则该电路不能实现对输入信号 $u_i(t)$ 的微分。但在 $\tau = RC \gg T$ 的条件下,则电路能将输入信号交流部分较完整地耦合到输出端,电路成为电容耦合电路,电容 C 称为耦合电容。电容耦合是交流放大电路中常见的耦合形式,起到隔断直流信号、传送交流信号的作用。图 7.5.8(b)为电路时间常数 $\tau = RC$ 与输入信号周期 T 具有不同大小关系时,输出信号的不同。

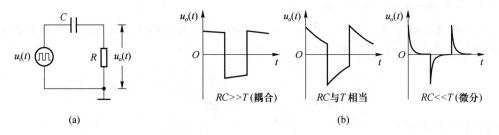

图 7.5.8　微分电路及输出波形

(2) 积分电路

在图 7.5.6 所示电路中,如果以单向方波正脉冲 $u_i(t)$ 为输入,电容电压 $u_C(t)$ 为输出,当电路的时间常数 τ 远大于输入信号的周期 T 时($\tau = RC \gg T$),电容的充、放电时间远大于输入信号的周期,则在输入信号的变化过程中,电容来不及进行彻底充放电,所以电压变化幅度极小,因此电阻上的电压近似与输入信号电压相等,即 $u_R(t) \approx u_i(t)$。所以 $i_C(t) = \dfrac{u_R(t)}{R} \approx \dfrac{u_i(t)}{R}$,电容两端的电压为:

$$u_C(t) = \frac{1}{C} \int_0^t i_C(t)\,\mathrm{d}t \approx \frac{1}{RC} \int_0^t u_i(t)\,\mathrm{d}t \qquad (7.5.8)$$

即电路实现了对输入信号的积分。

因此,当一阶 RC 电路的时间常数远大于脉冲输入信号的周期($\tau = RC \gg T$),且是电容上的电压作为输出信号,一阶 RC 电路就成为积分电路,实现对输入信号的积分。

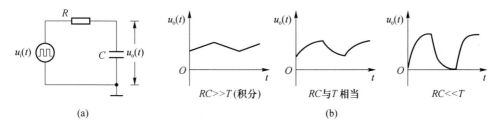

图 7.5.9　积分电路及输出波形

实际的积分电路连接形式如图 7.5.9(a)所示,如果电路时间常数不满足 $\tau = RC \gg T$ 的条件,则该电路不能实现对输入信号 $u_i(t)$ 的积分。电路时间常数与输入信号周期 T 具有不同大小关系时,输出信号的区别如图 7.5.9(b)所示。

实验六　单级晶体管放大电路的调测

【实验目的】

(1) 学习和掌握晶体管放大器静态工作点的调测方法。

(2) 掌握放大电路参数的测试方法。

(3) 了解晶体管非线性的相关知识。

【实验任务】

1. 固定偏置共射放大电路的调测

被测电路如图 7.6.1 所示。

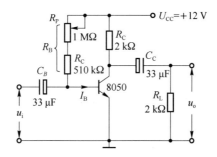

图 7.6.1　固定偏置共射放大电路

（1）静态调测

调 R_P 改变电路的静态工作点 Q，使 U_{CEQ} 为 6 V，并测量其他静态参数，确保晶体管的发射结正偏、集电结反偏。

（2）动态测试

① 选择适当的输入信号，测量电路的电压放大倍数，并画出电路正常工作时的输入输出波形。

② 测电路的中频输入、输出电阻。

③ 观察电路的非线性失真：选择适当的输入信号（幅度稍大一些），分别增大和减小 R_P 的阻值，使波形分别出现正半周失真或负半周失真，测量这两种情况下的静态工作点 I_{CQ} 和 U_{CEQ}、R_B，判断失真类型。

④ 输入适当的扫频信号，用数字示波器观察电路的幅频特性，并大致判断其截止频率和带宽。

⑤ 测电路动态范围和最大动态范围。

2．共集电极放大电路（射极跟随器）的调测

被测电路如图 7.6.2 所示。

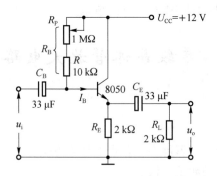

图 7.6.2　共集电极放大电路

（1）静态调测

调 R_P 改变电路的静态工作点 Q，使 U_{EQ} 为 6 V，并测量其他静态参数，确保晶体管的发射结正偏、集电结反偏。

（2）动态测试

① 选择适当的输入信号，测量电路的电压放大倍数，并画出电路正常工作时的输入输出波形。

② 测电路的中频输入、输出电阻。

③ 观察电路的非线性失真：负载电阻 R_L 改为 1 kΩ、390 Ω、220 Ω，观察输出信号的变化情况并分析。

④ 输入选用适当的扫频信号，用数字示波器观察电路的幅频特性，并大致判断其截止频率和带宽。

⑤ 测电路动态范围和最大动态范围。

【实验预习】

（1）复习三种组态晶体管放大电路的特点和用途。

（2）阅读本实验【相关知识】，了解掌握晶体管放大电路静态调整方法以及动态参数的测量方法。

（3）查阅实验用晶体管的数据手册，了解其引脚分布和重点参数。

（4）使用电路仿真软件对实验电路进行仿真。

（5）参照相关测量方法，拟定实验详细操作和测量步骤，设计相关数据表格，并列出实验注意事项。

（6）选出实验用元件并检测，在面包板上搭接实验用电路。

（7）预习思考题：

① 本实验示波器监测输入、输出波形时如何选择示波器两个通道的输入信号耦合方式？触发源如何选择？为什么？

② 两个电路中输入和输出端都接有电解电容，它们的作用是什么？

③ 使用电解电容时应注意什么？如何确定电路中电解电容的正负方向？

④ 两个电路中 R_B 都由一个固定电阻 R 与一个电位器 R_p 串联构成，固定电阻 R 的作用是什么？如何取值？

⑤ 图 7.6.1 共射放大电路的输入电阻和什么参数有关？动态范围的大小由哪些因素决定？

⑥ 图 7.6.2 射极跟随器的动态范围的大小由哪些因素决定？

【报告撰写】

实验之前

◆ 参考本书附录"实验报告格式"，结合实验预习过程完成报告 1～5 项。

实验之后

◆ 结合实验过程继续完成报告 6～9 项。

【相关知识】

单级晶体管放大电路根据公共端的不同，分为共发射极、共集电极、共基极三种。三种电路各有特点，可以应用于不同的场合。其中共发射极放大电路既可以放大电压又可以放大电流，输入电阻和输出电阻适中，常被用于对输入电阻、输出电阻和频率响应没有特殊要求的场合，如低频放大的输入级、中间级和输出级。而共集电极放大电路又称射极跟随器，由于输入电阻大、输出电阻小，常用来实现阻抗变换，常用于多级放大器的输入级和输出级。

图 7.6.3（a）所示的固定偏置放大电路中，由直流电源 U_{CC} 通过适当的偏置电阻 R_B 和 R_C，为晶体管提供了直流偏置电压，使晶体管处于发射结正偏集电结反偏的放大状态。输入耦合电容 C_B 和输出耦合电容 C_C 可以起到隔直流通交流的作用。

图 7.6.3（b）所示的分压式偏置放大电路是在固定偏置的基础上，由电阻 R_E 引入电流负反馈，从而起到稳定静态工作电流的作用。同时晶体管的基极直流电压 U_B 通过电阻 R_{B1} 和 R_{B2} 分压决定，可以获得稳定的基极直流电位，因此该电路的静态工作点得到稳定，又被称为工作点稳定放大电路。该电路中晶体管发射极设置一个旁路电容 C_E，使晶体管发射极对地交流短路，消除了由于 R_E 的存在而引入的交流负反馈，避免了电路放大倍数的下降。

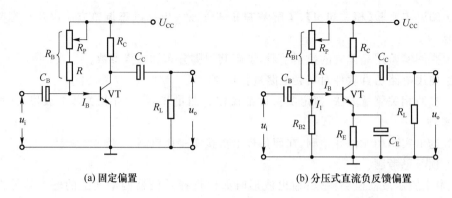

(a) 固定偏置　　　　　　　　　　　　(b) 分压式直流负反馈偏置

图 7.6.3　共射放大电路

共集电极放大电路被称为射极跟随器,是因为发射极的电压跟随输入信号(基极电压)变化。与共发射极电路类似,常见的射极跟随器的电路有固定偏置和分压式偏置两种形式,如图 7.6.4 所示。

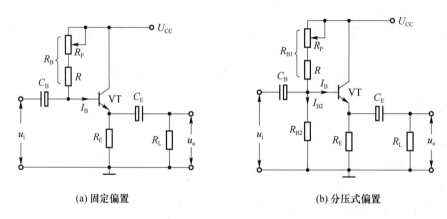

(a) 固定偏置　　　　　　　　　　　　(b) 分压式偏置

图 7.6.4　射极跟随器电路

与共发射极电路相似,图 7.6.4(a)和(b)中,直流电源 U_{CC} 通过适当的偏置电阻 R_B 和 R_E,为晶体管提供了直流偏置电压,使晶体管处于发射结正偏集电结反偏的放大状态。输入耦合电容 C_B 和输出耦合电容 C_E 可以起到隔直流通交流的作用。与共发射极电路相比,射极跟随器电路中晶体管集电极接电源电压,发射极接电阻 R_E 引入了电压串联负反馈,使电路具有输入电阻高输出电阻低的特点,具有较高的电流放大倍数,但电压放大倍数小于等于 1。

射极跟随器频率特性良好,又因其为同相放大器且输入电阻较高,实际应用中容易引起自激振荡。因此,电路中常会用到去耦电路等防止自激振荡的措施。

1. 放大电路静态工作点调整和测量

(1) 静态工作点的确定与调整

放大电路的静态是动态工作的基础,因此静态工作点的位置直接影响放大器的性能。静态工作点偏高,共射放大器可以得到较高的电压放大倍数,射极跟随器也可以具有较大的动态范围,但静态功耗增加,输入阻抗降低,同时晶体管容易进入饱和区,使输出波形产生饱和失真。而静态工作点低可以使静态功耗降低并提高输入阻抗,但会使电路的放大倍数降低,射极跟随器的动态范围减小,晶体管易进入截止区,输出波形产生截止失真。因此放大电路静态工作点位置的确定,要结合多方面的因素,如功耗、输入信号的大小等。

一般以晶体管集电极直流电流 I_{CQ} 作为静态参数的代表,其他还有 I_{BQ}、I_{EQ}、U_{CEQ} 等。

改变电路的电源电压 U_{CC} 或偏置电阻 R_C 和 R_B(R_{B1}、R_{B2})都会引起静态工作点的变化,但通常采用调节偏置电阻 R_B 的方法来改变静态工作点,图 7.6.3 和图 7.6.4 所示电路中,基极直流偏置电路均接有可以改变阻值的电位器 R_P,调节 R_P 即可改变 R_B 或 R_{B1} 的阻值,从而改变晶体管的基极直流电压,使静态工作点改变。

(2)静态工作点参数 I_{CQ} 的测量

① 直接测量法

将直流电流表串接在集电极支路,直接测出 I_{CQ} 的值。

直接测量精度较高,但是由于要断开电路,操作比较麻烦,也容易引起电路故障。而对于一些焊接的电路,则不具有可操作性。因此,实际操作中很少用此方法。

② 间接测量法

用直流电压表测电阻 R_C 两端的电压 U_{RC},然后计算 $I_{CQ}=U_{RC}/R_C$。

对于图 7.6.3(b)和图 7.6.4 所示电路,还可以用直流电压表测电阻 R_E 两端的电压 $U_{RE}=U_{EQ}$,然后计算 $I_{EQ}\approx I_{CQ}=U_{EQ}/R_E$。理论上电压表接在 R_E 两端测量 U_{EQ} 时会减小直流负反馈而使 I_{EQ} 增大,但一般 R_E 的阻值不会太大,电压表内阻与之相比足够大,因而引入的误差可以忽略不计。同时,测量 U_{EQ} 仪表有一端接地,易进行单手操作,因此实际操作中常采用此法。

(3)静态测量注意事项

① 进行 I_{CQ} 的测量时,为保证电路无输入及干扰,应将电路的输入端对地短路。

② 间接测量法测出 I_{EQ} 或 I_{CQ} 后,还需进一步检验其他的静态参数,以免出现假象。例如晶体管发射结因损坏而短路,同样可以测出 U_{RC} 值,但此时 I_{CQ} 数值已无实际意义。因此在测出 I_{CQ} 值后需要测量一下 U_{BEQ} 值或 U_{CEQ} 值,以便对晶体管偏置状态做出正确判断。

在测量 U_{BEQ} 时,将万用表直接跨接在晶体管的 B、E 极间测量,而不要采用 $U_{BEQ}=U_{BQ}-U_{EQ}$ 的测量方法,以免得到错误的结果。

2. 电压放大倍数 A_V 的测量

电压放大倍数是放大电路输出电压 u_o 与输入电压 u_i 之比,代表了放大电路的电压放大能力。晶体管放大电路的电压放大倍数是频率的函数,放大电路的幅频特性显示其电压放大倍数只在电路的通频带内保持稳定。另外,晶体管放大电路具有一定的线性工作范围,输入信号幅度适当,使电路在线性范围内工作,信号才能够不失真地被放大。否则,输出信号将产生非线性失真,即饱和或截止失真。鉴于这些因素,在实验中进行放大电路的电压放大倍数测试时,正确选择输入信号的类型、频率、幅度是顺利测量的重要前提,然后通过正确的监测、判断和测量读数,得到正确的结果。

具体操作要点如下:

(1)正确选择输入信号

① 输入信号为正弦信号。

② 输入信号频率应位于放大器的通频带内,或者是放大电路典型实际工作频率。例如,音频放大器可选择典型音频信号频率 1 kHz。

③ 输入信号幅度不能过大,以免造成输出信号非线性失真;但也不能过小,过小影响测量精度。以图7.6.3(a)固定偏置共射放大电路为例,选择输入信号幅度的思路大致如下:

根据电路静态工作点的位置和交流负载线情况,推算电路的动态范围。从图7.6.5中可以看出,交流负载线为通过静态工作点 Q、斜率为 $-\dfrac{1}{R'}$ 的直线。交流负载线与横轴的截距为 U'_{CC},则

$$U'_{CC} = U_{CEQ} + I_{CQ} \times R'_L \tag{7.6.1}$$

$$R'_L = R_C // R_L \tag{7.6.2}$$

图中 U_{CES} 为晶体管饱和管压降,一般会由该型号的晶体管数据手册给出。理论上 $U'_{CC} - U_{CES}$ 为电路的动态范围,但由于 Q 点并不处在 $U'_{CC} - U_{CES}$ 的中点位置,所以应对比 $U'_{CC} - U_{CEQ}$ 和 $U_{CEQ} - U_{CES}$ 的大小,取较小者的 2 倍即为电路的动态范围。动态范围的大小除以电路的电压放大倍数,理论上为输入信号的最大峰峰值,但为了保证输出信号无非线性失真,实际选取输入信号的峰峰值应至少小于理论计算的 30%。

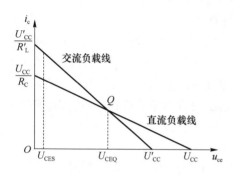

图 7.6.5　直流、交流负载线

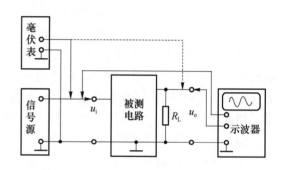

图 7.6.6　测放大电路电压放大倍数

(2) 正确连接测量电路

完整的测量电路连线示意如图 7.6.6 所示。

(3) 监测电路工作状态确保电路正常工作

示波器同时观察输入、输出波形,保证电路输出波形无明显非线性失真、无自激振荡和无严重干扰,电路处于正常工作状态下。

(4) 测量

确认电路正常工作后,可以采取以下任意一种方法进行测量。

① 用毫伏表测输入输出信号

根据输入信号频率的高低选择低频晶体管毫伏表或高频晶体管毫伏表,用毫伏表测量放大器的输入、输出信号有效值 u_i 和 u_o,然后计算电压放大倍数:

$$A_u = \frac{u_o}{u_i} \tag{7.6.3}$$

② 用示波器测输入输出信号

也可以用示波器测量输出、输入信号的峰峰值 u_{opp} 和 u_{ipp} 或者周期均方根值 u_{orms} 和 u_{irms},然后计算电压放大倍数:

$$A_u = \frac{u_{opp}}{u_{ipp}} \quad 或者 \quad A_u = \frac{u_{orms}}{u_{irms}} \tag{7.6.4}$$

3. 伏安法测电路的输入电阻 R_i

放大电路在小信号作用下,可以看作是一个线性电路,这个线性电路对于前一级电路来讲,相当于一个负载阻抗 Z_i,这个阻抗称为放大器的输入阻抗。而在放大器的中频段,可以认为电路的输入电压与输入电流基本同相,因此可用输入电阻 R_i 来表示。

放大器的输入电阻 R_i 可以用伏安法进行测量。具体测量要点如下。

(1) 选择输入信号

① 输入信号为正弦信号。

② 输入信号频率应位于放大器的通频带内,或者是放大电路典型实际工作频率。例如,音频放大器可选择典型音频信号频率 1 kHz。

③ 信号幅度不能过大,应使输出至少小于其动态范围的 30%,以免出现非线性失真;但也不能过小,过小影响测量精度。

(2) 选择参考电阻 R

根据被测输入电阻 R_i 理论计算或仿真值,选择一个与之大小相近的参考电阻 R。R 的阻值太小,测量结果会有较大误差,太大则容易引入干扰,最好取 $R \approx R_i$。计算时 R 的阻值需用欧姆表实际测量。

(3) 正确连接电路

将参考电阻与被测电路的输入端串联,然后连接其他仪表,连线示意如图 7.6.7 所示。

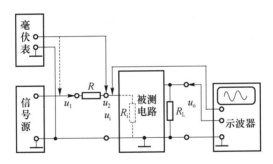

图 7.6.7　伏安法测放大电路输入电阻

(4) 示波器监测电路工作状态确保电路正常工作

示波器同时观察输入、输出波形,保证电路输出波形无明显非线性失真、无自激振荡、无严重干扰,电路处于正常工作状态下。

(5) 测量

确认电路正常工作后,用毫伏表(或示波器)分别测量参考电阻 R 两端对地的交流电压 u_1 和 u_2,则参考电阻 R 上的交流压降为 $u_R = u_1 - u_2$,流过 R 的电流 $i_R = \dfrac{u_R}{R}$,该电流即放大电路的输入电流 i_i,而放大电路的输入电阻是输入电压与输入电流之比,即:

$$R_i = \frac{u_i}{i_i} = \frac{u_2}{\dfrac{u_1 - u_2}{R}} = \frac{u_2 R}{u_1 - u_2} \tag{7.6.5}$$

4. 高输入阻抗电路的输入电阻 R_i 测量方法

当被测电路的输入阻抗很高,比如高达几兆欧姆甚至几百兆欧姆时,使用上述伏安法测

量 R_i 过程中,如果直接测电路输入端参考电阻 R 两端的交流电压,则由于电压表的内阻相对而言不够大,从而引入严重误差。所以输入阻抗很大的电路,伏安法测 R_i 时,不能在输入端测,而在输出端测量。

由于电路在一定的条件下电压放大倍数是恒定的,输入量的变化和输出量的变化是线性关系,因而可以采用在输出端测输出电压的方法来代替输入端的测量,具体测量连线如图 7.6.8 所示。

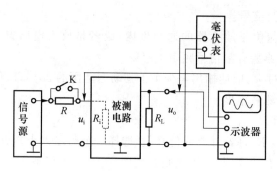

图 7.6.8　高输入阻抗放大电路的输入电阻测量

具体测量要点(1)～(4)与前面"伏安法测电路的输入电阻 R_i"相同,在进行(5)测量时,如图 7.6.8 所示,首先合上开关 K(无参考电阻 R)时,用毫伏表(或示波器)测量输出电压 u_{o1},此时电路的输入信号为 u_{i1};然后开关 K 打开(接入参考电阻 R),再用毫伏表(或示波器)测量输出电压 u_{o2},此时电路的输入信号为 u_{i2},u_{i2} 为 u_{i1} 通过参考电阻 R 和 R_i 形成的回路在 R_i 上的分压。假设电路的电压放大倍数为 A_V,则

$$u_{o1} = A_V u_{i1}$$

$$u_{o2} = A_V u_{i2}$$

$$u_{i2} = \frac{u_{i1} R_i}{R + R_i}$$

$$R_i = \frac{u_{i2} R}{u_{i1} - u_{i2}} = \frac{u_{o2} R}{u_{o1} - u_{o2}} \tag{7.6.6}$$

5. 伏安法测电路的输出电阻 R_o

根据戴维南定理,在放大电路的中频段,从放大电路的后一级电路的角度看,放大电路可以等效为一个内阻为 R_o、源电压为 u_o 的等效电压源。R_o 是放大电路的输出电阻,它反映了放大器的带载能力。放大器的输出电阻也可以用伏安法进行测量,具体测量要点如下。

(1) 选择输入信号

① 输入信号为正弦信号。

② 输入信号频率应位于放大器的通频带内,或者是放大电路典型实际工作频率。例如,音频放大器可选择典型音频信号频率 1 kHz。

③ 信号幅度不能过大,应使输出至少小于其动态范围的 30%,以免出现非线性失真;但也不能过小,过小影响测量精度。

(2) 选择参考负载电阻 R_L

根据被测输出电阻 R_o 的理论值,选择一个与之大小相近的参考负载电阻 R_L(R_L 的阻值如果太小会使放大器过载,太大则会使测量结果有较大误差,最好取 $R_L \approx R_o$),计算时 R_L

的阻值需用欧姆表实际测量。

（3）正确连接电路

将负载电阻接到被测电路的输出端,然后连接其他仪表,连线示意如图7.6.9所示。

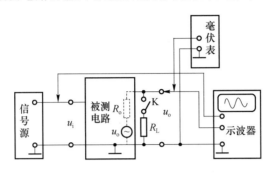

图 7.6.9　伏安法测放大电路输出电阻

（4）监测电路工作状态确保电路正常工作

示波器同时观察输入、输出波形,保证电路输出信号波形无明显非线性失真、无自激振荡、无严重干扰,电路处于正常工作状态下。

（5）测量

确认电路正常工作后,用晶体管(或示波器)分别测量负载 R_L 开路时的输出电压 u_{o1} 和负载 R_L 连接时的输出电压 u_{o2}。

根据图 7.6.9 所示,负载 R_L 开路时测得的开路输出电压 u_{o1},就是等效电压源的源电压 u_o,而接上负载 R_L 后电压源 u_o、R_o 和 R_L 形成回路,输出电压 u_{o2} 就是 u_o 在 R_L 上的分压,所以回路中的电流为 $i_o = u_{o2}/R_L$,而 R_o 上的电压为 $u_{o1} - u_{o2}$,则 R_o 的值为:

$$R_o = \frac{u_{o1} - u_{o2}}{i_o} = \frac{u_{o1} - u_{o2}}{\dfrac{u_{o2}}{R_L}} = \left(\frac{u_{o1}}{u_{o2}} - 1\right)R_L \tag{7.6.7}$$

6. 动态范围和最大动态范围的测量

（1）动态范围的测量

放大器的动态范围是指放大器的线性工作范围,在这个范围内工作时,输入信号可以不失真地放大,超过这个范围后,输出信号将产生非线性失真。当放大器的的输入信号为正弦波时,放大器所能输出的,无明显失真的最大输出电压的峰峰值 u_{opp},就是该放大器的动态范围。

在实际测量中,人们对于“无明显失真”有两种约定:一种是非线性失真系数不超过某一规定的量值(例如,1%或其他数值,可以用失真度测试仪进行监测);另一种是用示波器定性地观察输出的正弦波,没有明显的失真(一般用肉眼可观察出明显的波形失真时,非线性失真系数已不低于 5% 了)。

放大器动态范围的具体测量方法如下。

① 选择输入信号

输入选用正弦信号,信号频率应位于放大器的通频带内,或者是放大电路典型实际工作频率。例如,音频放大器可选择 1 kHz。

② 监测输出信号

示波器监测输入、输出波形,确保电路工作正常。必要时用失真度测试仪监测输出波形失真情况。

③ 测量

逐渐增大输入信号的幅度,放大器输出信号幅度随之增大,直到输出信号波形出现非线性失真(饱和或截至失真),或失真度达到某一数值。在示波器上读出被测放大器此时输出信号的峰峰值 u_{opp},即为动态范围的大小。

(2)最大动态范围的测量

放大器动态范围的大小与电路的静态工作点位置密切相关,如果静态工作点处于电路交流负载线的线性区中点,则电路可以获得最大动态范围。输出信号超过该动态范围则同时进入饱和区和截止区,输出波形正负方向同时产生失真。因此,在测量过程中如果输出信号正负半周失真不同时出现,则可以在失真刚出现时调节电路的静态偏置电路改变其静态工作点,使输出波形的失真消失,然后继续增大输入信号幅度使输出波形失真。如果失真还不对称,继续调节静态工作点使失真消失,再增加输入信号幅度······如此反复调节,直到输出波形正负半周将要同时产生失真,此时的最大不失真输出波形的峰峰值 u_{oppm},即为放大器的最大动态范围的大小。

实验七　OTL 功率放大器的研究

【实验目的】

(1)理解 OTL 功率放大器的工作原理并掌握其分析方法。

(2)掌握 OTL 电路性能指标的测试方法。

(3)了解用集成运放构成单电源供电交流放大器的方法。

(4)了解 OTL 电路对放大电路输出功率的扩展作用。

【实验任务】

1. OTL 电路的调测

被测电路如图 7.7.1 所示。

(1)静态工作点的测试

分别测量电路中 A、B 两点对地的直流电位,判断电路处于正常静态,否则查找原因排除故障。

(2)测量电路的电压放大倍数

输入信号选适当频率和幅度的正弦信号,观察输入、输出波形并测量电路的电压放大倍数。

(3)测量最大输出功率和效率、B 点波形

输入信号选适当频率的正弦信号,测量在有、无自举电容两种情况下,电路的最大输出

功率和效率。定量画出有自举电容时,电路工作于最大不失真输出时的 B 点波形,标注关键点的值。分析 B 点波形最大值为何可以超过电源电压。

（4）测量交越失真

选择适当频率和幅度的正弦输入信号,在输入信号不变的情况下,观察二极管 VD₁ 和 VD₂ 被短路、不被短路两种情况下,电路的输出信号波形,并定量画出两种情况下示波器显示的输入、输出波形,标出关键参数值。对两个输出波形进行对比,讨论二极管 VD₁、VD₂ 的作用。

2. μA741 构成的交流放大电路的测量

测试电路如图 7.7.2 所示。

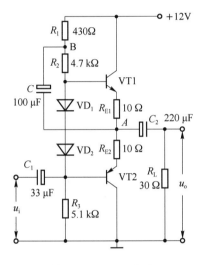

图 7.7.1　OTL 电路

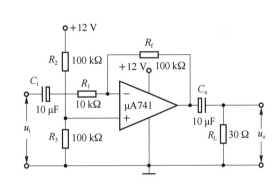

图 7.7.2　集成运放构成的交流放大器

（1）静态工作点的测试

测量电路中集成运放芯片的同相输入端、反相输入端和输出端的直流电位,判断电路处于正常静态,否则查找原因排除故障。

（2）测量电路的电压放大倍数

输入适当频率和幅度的正弦信号,观察输入、输出波形并测量电路的电压放大倍数。

（3）测量最大输出功率

输入适当频率的正弦信号,测量电路的最大输出功率。

3. 测量 OTL 电路对交流放大电路输出功率的放大

将图 7.7.2 所示电路的输出端电容 C_O 和负载电阻去掉后,其输出端接入图 7.7.1 所示电路的输入端,两个电路级联,利用 OTL 电路将交流放大器的输出功率进行放大。

（1）测量电路的电压放大倍数

输入信号参数选择与测量任务 2(2)相同时,观察总电路的输入、输出波形,并测量总电路的电压放大倍数。

（2）测量最大输出功率和效率

输入适当频率的正弦信号,测量总电路的最大输出功率和效率。

以上结果与 2 中的结果相比较,理解 OTL 电路的功率放大作用。

【实验预习】

(1) 查阅所用晶体管和集成运算放大器的数据手册,了解器件重要极限参数的意义,判断器件的极限参数对电路性能有无限制。

(2) 阅读本实验【相关知识】并参考相关文献,理解 OTL 电路的工作原理和特点。

(3) 使用电路仿真软件对实验电路进行仿真。

(4) 参照相关测量方法,拟定实验详细操作和测量步骤,设计相关数据表格,并列出实验注意事项。

(5) 选出实验用元件并检测,在面包板上搭接实验用电路。

(6) 预习思考题:

① 图 7.7.1 所示 OTL 电路在正常情况下,A、B 两点的直流电位应是多少? 图 7.7.2 所示交流放大器在正常情况下,同相输入端、反相输入端、输出端的直流电位各应是多少?

② 图 7.7.1 所示的 OTL 电路中,晶体管的基极偏置电阻 R_1、R_2、R_3 与实验六中单级晶体管放大电路中的基极偏置电阻相比,阻值明显偏小至少一个数量级,为什么? R_1、R_2、R_3 的阻值大小对电路的效率有无影响?

③ 当 OTL 电路中的晶体管 VT_1 和 VT_2 的基极之间出现开路或者短路情况时,电路分别会出现什么现象?

④ 使用二极管 VD_1 和 VD_2 时,应该注意哪些问题或如何操作才能避免 VT_1 和 VT_2 的基极之间出现开路或者短路情况?

【报告撰写】

实验之前

◆ 参考本书附录"实验报告格式",结合实验预习过程完成报告 1~5 项。

实验之后

◆ 结合实验过程继续完成报告 6~9 项。

◆ 思考题:

① 对比分析实验结果,总结 OTL 电路对交流放大器的功率扩展效果以及其他性能的影响。

② 从 B 点波形分析自举电容的作用和充放电回路。

③ 总结 VD_1、VD_2 克服交越失真的原理和效果,提出其他克服交越失真的方法。

【相关知识】

1. OTL 功率放大器

功率放大器以输出较大功率为目的,带载能力强,可以直接驱动负载工作,如扬声器发声、继电器工作、电机转动等。因此功率放大器通常工作在大信号状态。

在实际应用中常用的功率放大器有分立元件组成的推挽电路,如 OTL 电路、OCL 电路以及集成功率放大电路。

分立元件构成的推挽电路是功率放大电路的基本形式。图 7.7.3 所示 OTL 低频功率放大电路由参数对称的 NPN 型晶体管 VT_1 和 PNP 型晶体管 VT_2 组成互补推挽结构。VT_1、VT_2 都接成射极输出形式,因此电路具有输出阻抗低、负载能力强等优点,适合用做功率输出级。在集成运算放大器、集成功率放大器等集成电路中,输出级常采用这种推挽电路形式。

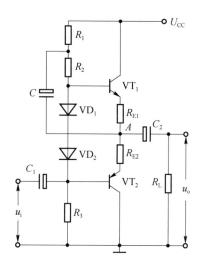

图 7.7.3　OTL 低频功率放大器

图 7.7.3 所示电路中,用于克服交越失真的二极管 VD_1、VD_2 为 VT_1、VT_2 提供合适的静态电压,使电路工作于甲、乙类状态;两个发射极电阻 R_{E1} 和 R_{E2} 对晶体管起保护作用,但也会影响电路的性能,所以阻值不宜太大;偏置电阻 R_1 和 R_2 之和与 R_3 相当,以保持电路上下的对称性。因为电路的输入信号耦合至 PNP 管的基极,由于 VD_1、VD_2 的存在,若电路中无自举电容 C,则输出信号正半周动态范围将小于负半周。

当电路输入正弦交流信号 u_i 时,u_i 的正半周使 VT_1 导通而 VT_2 截止,VT_1 的发射极电流通过负载 R_L,同时向电容 C_2 充电;在 u_i 的负半周 VT_2 导通而 VT_1 截止,此时电容器 C_2 起电源的作用,通过 R_{E2}、VT_2 和负载 R_L 形成的回路放电,这样在 R_L 上就得到完整的正弦波。

功率放大器中的晶体管工作在大信号极限运用状态,因此在选择晶体管时,应特别注意其极限参数应满足电源电压及输出功率的要求,保障器件的使用安全。电路的负载也应注意阻抗匹配问题,尽量选用最佳负载。

2. 功率放大器的主要参数及测试

(1) 最大输出功率 P_{om}

最大输出功率 P_{om} 是当功率放大器输入为正弦信号,且输出为最大不失真输出时,负载上所能够获得的交流功率。

测试时,输入信号选用中频正弦信号,用示波器监测输入、输出波形确保电路正常工作。增加输入信号的幅度,使输出信号在满足失真度要求的前提下达到最大,用交流毫伏表或数字示波器测量负载 R_L 上的输出电压有效值 u_{orms},则负载上的功率即为电路最大输出功率 P_{om},可由下式计算:

$$P_{om} = \frac{u_{orms}^2}{R_L}$$

(7.7.1)

(2) 电源供给功率 P_d

电源供给功率是电路正常动态工作时,电源 U_{CC} 为电路提供的功率。电路的输入信号幅度不同,输出信号的大小不同,则电源供给功率也不一样。测量时注意对电路工作状态的具体要求。

测量电源供给功率时,应使电路正常工作于要求的工作状态,然后用直流电流表串入供电支路,测得电源为电路提供的平均电流 I_Q,则电源供给功率为:

$$P_d = U_{CC} I_Q \tag{7.7.2}$$

(3) 效率 η

功率放大器的效率衡量的是放大器将直流电源能量转换为交流功率输出的能力,是功率放大电路的重要指标。效率的定义为电路的输出功率与电源供给功率之比:

$$\eta = P_o/P_d \times 100\% \tag{7.7.3}$$

实验八　集成运算放大器基本特性研究

【实验目的】

(1) 研究负反馈对放大电路增益和带宽的影响。
(2) 研究大信号工作时运放的压摆率 SR 对放大器的限制。
(3) 学习掌握点频法测电路的幅频特性和截止频率。
(4) 了解集成运放在不同应用情况下的制约因素。

【实验任务】

实验电路如图 7.8.1 所示,运算放大器选用 μA741,电源电压采用 ±12 V。

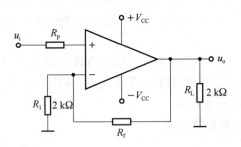

图 7.8.1　负反馈放大器

1. 电路在小信号输入情况下

输入信号 u_i 选用 30mVpp 的正弦信号。

(1) 当反馈电阻 R_f 分别取 10 kΩ 和 20 kΩ 时,测对应的电路工作在 100 Hz 时的电压放大倍数 A_u 和上截止频率 f_H。(电路中平衡电阻 R_p 的取值为 $R_p = R_1 // R_f$)

(2) 根据测量数据计算相应的增益带宽积 GBP,并与器件手册给出的值进行对比分析。

(3) R_f 取 20 kΩ 时,分别观测记录电路工作于 100 Hz 时和上截止频率时两组输入、输出波形,测量输出、输入信号的相位差,并对结果进行对比分析。

2. 电路在大信号输入情况下

R_f 取 20 kΩ,R_p 的取值为 $R_p = R_1 // R_f$,选择 100 Hz 作为中频段工作频率。

(1) 正弦输入信号 u_i 分别为 300 mVpp、1Vpp 时,测量电路对应的上截止频率 f_H,将测量结果与前面输入为 30mVpp 时所测的 f_H 值相比较并进行分析讨论。

(2) u_i 为 1 Vpp 时,分别观测记录电路工作于中频段 100 Hz 和上截止频率时的两组输入、输出波形,并将这两组波形与前面任务 1.(3)中所画的两组波形进行对比分析。

(3) 根据压摆率 SR 的定义,选择上面观测的输出波形中最适当的一个,利用该波形测算所用运算放大器的压摆率 SR 的值,与器件手册给出的 SR 值相比较并分析。

3. 电压传输特性的测量

R_f 取 20 kΩ 时,利用示波器的 *X-Y* 显示,观测电路工作在频率 100 Hz 时的电压传输特性,从特性曲线读出电路电压放大倍数和动态范围。

【实验预习】

(1) 查阅所用集成运算放大器的数据手册,了解其相关参数和使用方法,自拟表格记录相关的重要直流参数、交流参数和极限参数,并解释参数含义。

(2) 阅读本实验【相关知识】并参考相关资料,理解相关理论,了解相关测量方法。

(3) 使用仿真软件对电路进行仿真和分析。

(4) 参照相关测量方法,拟定实验详细测量操作步骤,设计相关数据表格,列出实验操作注意事项。

(5) 选出实验用元器件并检测,在面包板上搭建实验电路。

(6) 预习思考题:

① 如何用实验室的稳压电源提供电路所需的正、负两路电源? 画出接线示意图。

② 使用集成电路时,在操作方面应注意什么?

【报告撰写】

实验之前

◆ 参考本书附录"实验报告格式",结合实验预习过程完成报告 1~5 项。

实验之后

◆ 结合实验过程继续完成报告 6~9 项。

◆ 思考题:

① 集成运放构成的小信号放大器在负反馈下扩展通频带的同时还有什么性能的改变? 在频率比较高时应注意什么?

② 总结实验过程中出现的问题和解决方法,并针对实验内容、测试方法等提出想法或改进建议。

【相关知识】

1. 放大电路的通频带及扩展

在阻容耦合放大电路中,由于耦合电容、旁路电容、晶体管极间电容和电路中的杂散电容的存在,使得电路对不同频率信号的放大能力各不相同。电路的电压放大倍数与频率的关系称为幅频特性或幅频响应;输出信号与输入信号之间的相位差与频率的关系称为相频特性或相频响应。阻容耦合电路的幅频特性曲线如图 7.8.2 所示。

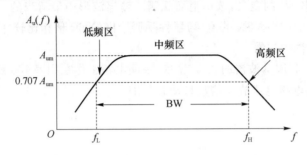

图 7.8.2　放大电路的幅频特性

从图 7.8.2 可以看出,在中间一段频率范围内,放大倍数几乎不随频率变化,这一频率范围称为中频区,电压放大倍数为 A_{um}。在中频区以外,随着频率的减小或增大,放大倍数都将下降,当放大倍数下降到 A_{um} 的 $\frac{\sqrt{2}}{2}$ 即 0.707 倍时,所对应的高频频率和低频频率分别称为上截止频率 f_H 和下截止频率 f_L,二者之间的范围为电路的通频带,二者之差为带宽,用 BW 来表示。

通频带是放大电路频率响应的一个重要指标。通频带越宽表示放大电路对信号频率的适应能力越好。如果放大电路的通频带不够宽,输入信号中不同频率的各次谐波分量就不能被同样地放大,这样输出波形就会失真,这种失真称为频率失真。为了防止产生频率失真,要求放大电路的通频带能够覆盖输入信号占有的整个频率范围。因此,在许多情况下需要对放大电路的通频带进行扩展。

扩展通频带意味着改善电路的低频响应和高频响应。低频响应的改善就是降低 f_L,这种改善是有限的,最彻底的做法是去掉耦合电容,信号采用直接耦合方式,则电路的 f_L 为零,电路具有低通频率响应。改善高频响应就是使 f_H 提高,在器件参数、信号源内阻和负载阻抗确定的条件下,提高电路上截止频率 f_H 的措施有引入负反馈、采用不同组态的电路形式、外接补偿元件等。

2. 放大电路的增益带宽积

放大电路引入负反馈后通频带将获得比较明显的扩展,但要以牺牲电路的电压增益为代价。因此,只有在基本电路具有比较高的增益时,利用负反馈扩展通频带才具有实际意义和可行性。

理想集成运算放大器的开环增益无穷大,实际运算放大器的开环电压放大倍数也将达到 $10^5 \sim 10^6$ 倍。以通用运放 μA741 为例,其增益带宽积(gain bandwidth product,GBP)典型值为 1 MHz,开环幅频特性如图 7.8.3 所示。因为运算放大器是直接耦合的,所以其幅频特性显示出低通特性,不存在下截止频率。从图中还可以看出 μA741 的开环增益接近 110 dB,而开环带宽却很窄,上截止频率 f_{H0} 小于 10 Hz。因此运放在实际应用中用作电压放大时,必须工作在闭环状态,即引入负反馈降低增益,从而获得较宽的通频带。

图 7.8.4 给出了 μA741 引入负反馈后,电压增益降至 40 dB 时,上截止频率 f_{H1} 扩展到约为 10 kHz 位置,幅频特性为图中虚线所示。如果反馈系数随频率的变化而保持不变,则在不同深度的负反馈情况下,电路的增益带宽积基本保持不变。

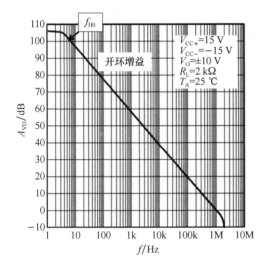

图 7.8.3　运放 μA741 幅频特性

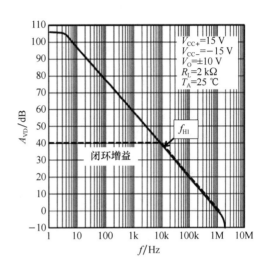

图 7.8.4　运放闭环应用通频带得到扩展

3. 大信号输入时的频带扩展和压摆率的限制

大信号输入时,运算放大器的工作频率增高到一定程度后,输出信号将受到运放的电压摆动速率的限制而变成三角波,运放的最大输出电压值也随着频率的增加而减小。图 7.8.5 中给出 μA741 的最大输出电压随频率的变化关系曲线。

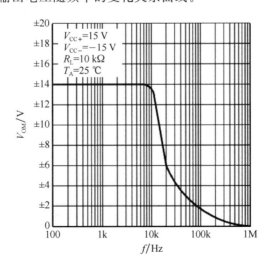

图 7.8.5　运放 μA741 最大输出随频率的变化关系

电路的电压摆动速率(slew rate,SR)简称压摆率,又称电压转换速率,是指单位时间

(一般用微秒)电路输出电压值的最大可改变范围,公式表示为 $SR = \left| \dfrac{du_o}{dt} \right|_{max}$,是体现电路工作速度的重要指标。当输入信号电压变化斜率的绝对值(或输入信号微分的绝对值)小于 SR 时,输出电压才能随输入电压的变化规律而进行变化,输入信号被不失真地放大。待放大的信号幅值越大,频率越高,就需要 SR 更大的运放。

放大电路的输出信号失真变成三角波时,电路的上截止频率 f_H 定义为:当输入正弦波信号的幅度保持不变的情况下,输出三角波信号的基波分量的幅度下降为中频时不失真正弦输出信号幅度的 0.707 倍时,对应的输入信号频率。三角波的基波分量幅度是三角波幅度的 $8/\pi^2$,所以当三角波幅度为中频不失真正弦输出信号幅度的 $0.707 \div 8/\pi^2 = 0.87$ 倍时,对应的输入信号频率为电路的上截止频率。此截止频率小于电路在小信号输入情况下的上截止频率,因此,利用负反馈扩展电路的通频带时,如果电路的输入信号为大信号,则在高频时将受到运算放大器压摆率的限制,达不到小信号输入时的效果。

4. 幅频特性的测量和观察

(1)点频法测电路幅频特性

点频法又叫逐点测量法,可以利用实验室中常见的仪表测试电路在输入信号幅度不变,频率变化时对应的输出信号的幅度变化情况。利用得到的数据,做出电路的增益或电压放大倍数随频率变化的曲线,即电路的幅频特性曲线。

点频法具体操作方法如下:

① 输入选用幅度适当的正弦信号,幅度过小信号的信噪比低影响测量精度,过大则输出容易产生非线性失真;频率选电路的中频段某一频率值。

② 信号正确接入电路,用毫伏表或示波器监测电路输入信号大小,调输入信号的幅度为选定值。

③ 用示波器同时监测输入、输出波形,确保电路工作正常后,用毫伏表或示波器测量电路的输出信号大小,即为电路中频最大输出 u_{om}。

④ 改变输入信号的频率,并用毫伏表或示波器监测电路的输入信号幅度保持不变,用毫伏表或示波器测量不同频率对应的输出信号大小并记录。

⑤ 当输出信号减小为中频输出信号 u_{om} 的 0.707 倍时,对应的频率即为截止频率。

⑥ 利用测得的数据,做出电路电压放大倍数或增益随频率的变化曲线,即为电路的幅频特性曲线。

需要说明的是,测量过程中保持输入信号的幅度不变,意味着如果随着频率的改变电路的净输入信号大小有变化,必须调节信号源使被测电路净输入信号维持原来的大小。另外测量过程中应始终用示波器监测输入输出信号,保障电路处于正常工作状态。选择测试点时,可以先大体测出上、下截止频率的大约数值,然后在它们附近多测一些点,而在曲线变化比较平坦的地方可以少取测试点。

点频法测幅频特性的优点在于测试原理简单,可采用常见仪器进行测量。但由于需要选取的频率点较多,所以操作比较烦琐。另外测量数据不连续,有可能因为取点的不合理或者不够多而漏掉某些细节,不能反映电路的动态幅频特性。

(2)电路幅频特性观测

用扫频仪可以测量显示电路的幅频特性,操作简便结果直观,但需要用到专用的扫频仪。

如果能为电路提供幅度稳定的扫频信号,用数字示波器监测相应的输出信号,也可以观察到输出信号幅度随频率的变化情况,得到电路输出信号幅度随频率的变化规律,及幅频特性。在进行测量时,注意选择扫频信号的幅度适当,扫频范围覆盖电路的高、中、低三个频率区。并根据扫频时间合理选择示波器的时间灵敏度,以便获得理想的显示图形。

(3) 点频法测电路的截止频率

测电路的截止频率时,具体操作和注意事项与测幅频特性基本一致,可以参考前面列出的测幅频特性的方法进行操作,然后根据截止频率的定义确定截止频率点即可。但是,大信号输入情况下高频时输出信号如果出现失真,此时截止频率的定义与小信号有所不同,所以在小信号输入和大信号输入两种情况下,具体确定上截止频率的操作略有不同。

① 小信号输入情况

小信号输入时电路输出信号无非线性失真,根据截止频率的意义,改变输入信号的频率使电路增益或电压放大倍数降为中频增益或中频电压放大倍数的 0.707 倍,此时输入信号频率即为截止频率。比中频段低的为下截止频率 f_L,比中频段高的为上截止频率 f_H。

② 大信号输入情况

运算放大器构成的放大器输入大信号时,中频时输出不出现失真,下截止频率的测定方法与小信号输入时的方法相同。测上截止频率时,频率增加到一定程度后,受运放压摆率的限制,输出信号变成三角波。这时放大器的上截止频率定义为当输出信号的基波分量下降至中心频率不失真信号幅度的 0.707 倍时,对应的输入信号频率。三角波的基波分量幅度是三角波幅度的 $8/\pi^2$ 倍。所以,提高输入信号频率使三角波的幅度下降至中频输出正弦波幅度的 $0.707\div(8/\pi^2)=0.87$ 倍时,对应的输入信号频率即为该放大器的上截止频率。

所以在大信号输入情况下的测量电路的幅频特性或上截止频率,可以通过示波器直接读取中频输出正弦波和高频输出三角波的幅度大小,确定上截止频率。

实验九　集成功率放大器的测试

【实验目的】

(1) 了解集成功率放大器和通用运算放大器的性能区别。

(2) 了解掌握集成功率放大器的工作原理和使用方法。

(3) 了解掌握集成功率放大器的性能指标及测试。

【实验任务】

按照图 7.9.2 所示,搭接 LM386 的应用电路,电源电压 V_S 采用 +5 V,负载扬声器暂用阻值 10 Ω 功率 1 W 的电阻代替。

1. 电路放大倍数的测量

输入信号 u_i 选用频率 1 kHz 幅度 100mVpp 的正弦信号,示波器观测记录输入、输出的大小和相位,计算电压放大倍数。

2. 电路的功率、效率和噪声测量

(1) 输入信号为 1 kHz 正弦信号,测量电路的最大不失真输出功率 P_{om} 和此时的效率 η。

(2) 输入信号为零时,用示波器最高灵敏度观察输出端噪声信号幅度,并测量其均方根值。

3. 观测电路的幅频特性

(1) 用点频法测电路的幅频特性。

(2) 输入适当的扫频信号,用示波器观测整个扫频范围的输出情况,描述电路的幅频特性。

4. 驱动扬声器发声

(1) 输入信号 u_i 仍选用频率 1 kHz,峰峰值 100 mVpp 的正弦信号,将负载电阻换为扬声器,试听扬声器发声情况。

(2) 输入信号 u_i 仍保持频率 1 kHz,让峰峰值在 (100 ± 50) mVpp 的范围内变动,试听扬声器声音的变化。

(3) 保持输入信号峰峰值为 100 mVpp,让频率在 $100 \sim 10$ kHz 内变化,试听扬声器声音的变化。

【实验预习】

(1) 查阅 LM386 的数据手册,了解其相关参数和使用方法,自拟表格记录相关的重要直流参数、交流参数和极限参数,并解释参数含义。

(2) 阅读本实验和前两个实验的【相关知识】并参考相关资料,理解相关理论和有关功率、效率以及点频法的测量要点。

(3) 参照相关测量方法,拟定实验详细测量操作步骤,设计相关实验数据表格,列出实验操作注意事项。

(4) 选出实验用元器件并检测,在面包板上搭建实验电路。

(5) 预习思考题:

① 在点频法测电路的幅频特性时,如何选择输入信号?

② 电路噪声会在实际应用中产生什么影响?

【报告撰写】

实验之前

◆ 参考本书附录"实验报告格式",结合实验预习过程完成报告 1~5 项。

实验之后

◆ 结合实验过程继续完成报告 6~9 项。

◆ 思考题:

① 结合图 7.9.1 所示 LM386 内部电路,分析实验中电路输出端所接 220 μF 电容的作用,是否可以将该电容改为 33 μF 或 10 μF?

② 总结实验过程中出现的问题和解决方法,并针对实验的内容、测试方法等提出想法或改进建议。

【相关知识】

与分立元件构成的功率放大电路相比,集成功率放大器外围电路简单、使用方便,在温度稳定性、电源利用率、非线性失真等方面优势明显,还因为各种保护电路已集成在芯片内部,使用安全性更高,因此在实际中广泛应用。

与集成运算放大器相比较,集成功率放大器首先要求能输出更大的功率,为了达到这个要求,集成功放的输出级常常采用复合管组成。另外,通常还要求更高的直流电源电压。因此在使用时要格外注意使用安全,有些输出功率比较高的集成功率放大器,需要外壳加装散热片。

集成功率放大器类型很多,按照用途可分为通用型功放和专用型功放;按照内部电路的构成可分为单通道功放和双通道功放;按照输出功率可分为小功率功放和大功率功放。

1．音频集成功放 LM386

集成功率放大器 LM386 具有自身功耗低、增益可调、电源电压范围大、外接元件少和总谐波失真小等优点,在实际中获得广泛应用。

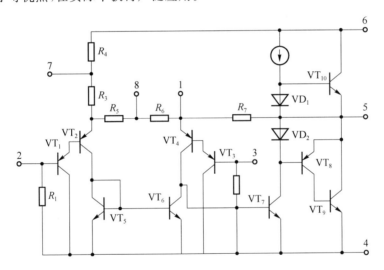

图 7.9.1 LM386 内部电路

LM386 内部电路如图 7.9.1 所示,是一个三级放大电路。第一级为差分放大电路,晶体管 VT_1 和 VT_2、VT_3 和 VT_4 分别构成复合管,作为差分放大电路的放大管,其中的 VT_1 和 VT_3 构成射极跟随器,VT_2 和 VT_4 构成双端入单端出差分电路,引脚 2 为反相输入端,引脚 3 为同相输入端。VT_5 和 VT_6 组成镜像电流源作为 VT_2 和 VT_4 的有源负载。

第二级为共射放大电路,VT_7 为放大管,采用恒流源作有源负载,以提高本级的电压放大倍数。

第三级中的 VT_8 和 VT_9 复合成 PNP 型管,与 NPN 型的 VT_{10} 构成准互补输出级。二极管 VD_1 和 VD_2 为输出级提供合适的偏置电压,用以消除交越失真。

电路采用单电源供电,输出偏置为供电电压的二分之一,故该级为 OTL 电路,输出端(引脚 5)需要通过电容连接负载。

电阻 R_7 从输出端连接到 VT_4 的发射极,形成反馈通路,并与 R_5 和 R_6 构成反馈网络,构成深度电压串联负反馈,稳定整个电路的电压增益。

2. LM386 典型应用电路

图 7.9.2 所示电路为 LM386 典型应用电路之一,这个电路外接元器件最少,LM386 的管脚 1 和 8 之间开路,电路的电压增益为 20 倍。

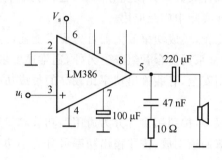

图 7.9.2　LM386 典型应用电路

如果在管脚 1 和 8 之间接入一个大电容,则相当于 1、8 管脚交流短路,电路的增益为 200 倍。

如果在管脚 1 和 8 之间接入一个大电容和一个电阻的串联,则改变这个电阻的取值,可以使电路具有 20～200 倍的不同的电压增益。

作为音频功率放大器,LM386 广泛应用于收音机和录音机中,图 7.9.3 给出收音机中 LM386 的应用电路。

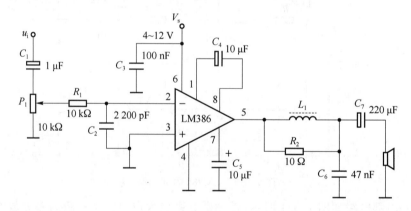

图 7.9.3　LM386 在收音机中的应用电路

第8章 设计和应用型实验

实验一　线性直流稳压电源的设计与实现

【实验目的】

（1）了解直流稳压电源的基本原理、电路组成和性能指标。

（2）掌握使用集成稳压芯片设计直流稳压电源的方法。

（3）掌握直流稳压电源相关性能指标的测试方法。

（4）学习扩大直流稳压电源输出范围的方法。

【设计任务】

（1）使用三端集成稳压器 7805 设计一个直流稳压电源电路,其输出直流电压＋5 V,输出电流 100 mA。

① 给定条件:

◆ 220 V,50 Hz 交流市电供电

② 指标要求:

◆ 稳压系数 $S > 100$

◆ 输出电阻 $R_o < 0.1\ \Omega$

（2）根据 7805 数据手册,修改上面任务（1）所设计的电路,使输出电压在＋5～＋10 V 之间可调,其他条件和指标不变。

（3）用三端集成稳压器 7812 和 7912 设计一个直流稳压电源电路,能够输出±12 V 稳定直流电压,输出电流 100 mA。

① 给定条件:

◆ 220 V,50 Hz 交流市电供电

② 指标要求:

◆ 稳压系数 $S > 100$

◆ 输出电阻 $R_o < 0.1\ \Omega$

(4) 用三端可调集成稳压器 W317 设计一个直流稳压电源电路,其输出电压可调范围为 2~10 V,输出电流 500 mA。

① 给定条件:

◆ 220 V,50 Hz 交流市电供电

② 指标要求:

◆ 稳压系数 $S>100$

◆ 输出电阻 $R_{\circ}<0.1\ \Omega$

【测试任务】

(1) 设计任务(1)中的直流稳压电源电路的测试:

① 降压及整流电路的测试:

◆ 连接变压器和整流桥,整流输出端接适当阻值的电阻 R'_L,R'_L 的取值应使其流过的电流为 100 mA 左右。

◆ 观测变压器次级输出波形和 R'_L 上整流桥输出的全波整流波形(注意二者不能同时观察)。

◆ 测量变压器次级输出的电压有效值和整流桥输出的全波整流电压平均值。

② 滤波电路的测试:

◆ 将一个 100 Ω 电位器与 R'_L 串联,在整流输出端接入滤波电容 C,调电位器使其流过的电流为 100 mA 。

◆ 观测滤波电路输出的脉动直流波形。

◆ 测量变压器次级输出的电压有效值和滤波输出的脉动直流电压平均值,并测量脉动直流中的纹波电压有效值。

③ 稳压电路的测试:

◆ 在电路中接入集成稳压芯片,与所设计的电路图对应,使整个直流稳压电路完整。调节负载 R_L 的大小使流过的电流为 100 mA。

◆ 观测集成稳压芯片的输入和输出端的波形和纹波波形。

◆ 测量集成稳压芯片的输入和输出电压和其中的纹波电压有效值 。

④ 稳压电路内阻 $R_{\circ}$ 的测量:

◆ 通过负载 R_L 的接通与断开,使负载电流 $I_{\circ}$ 从 100 mA 变为 0 mA,测出对应的输出电压的变化量 $\Delta V_{\circ}$,内阻 $R_{\circ}=\dfrac{\Delta V_{\circ}}{\Delta I_{\circ}}$

⑤ 稳压电路稳压系数 S 的测量:

◆ 实验电路中的整流滤波电路与后级稳压电路断开,用实验台上的直流稳压电源某一路输出代替整流滤波电路,接入到稳压电路为其提供输入信号 V_i。

◆ 调稳压电源使 V_i 为 10 V,调 R_L 使 $I_{\circ}$ 为 100 mA,测 $V_{\circ}$ 的值。然后调 V_i 分别为 8 V 和 12 V,测出对应的 $\Delta V_{\circ}$ 值,则

$$S=\frac{\Delta V_i/V_i}{\Delta V_{\circ}/V_{\circ}}$$

(2) 设计任务(2)中的直流稳压电源电路的测试:

① 按照设计图搭建实验电路。

② 测量 V_o 的调节范围。

（3）仿照测试任务（1），分别拟定设计任务（3）、（4）中的稳压电源电路的测试方案详细操作步骤并进行安装测试。

【提高要求】

将测试任务（1）中已经调测完毕的完整电路焊接到 PCB 板上，形成一个独立的电源模块。

【实验预习】

（1）查阅变压器、整流桥块和各种型号集成稳压芯片的相关资料和数据手册，了解这些器件的相关特性和使用注意事项。

（2）阅读实验【相关知识】，掌握相关电路的设计和调测方法。

（3）设计相关电路，列出详细设计过程并画出完整详细的电路图；并对电路进行仿真和分析。

（4）针对测试任务拟定详细的调测操作步骤，设计相关数据表格并准备数据纸，列出实验注意事项。

（5）在面包板上搭建实验电路。

（6）预习思考题：

① 为什么不能用示波器的两个通道同时观察变压器次级输出波形和整流桥输出波形？

② 桥式整流电路中如果有一个二极管损坏将会出现什么现象？

③ 设计任务（1）得到的电路如果需要扩展输出电流，有哪些方案？

【报告撰写】

实验之前

◆ 参考本书附录"实验报告格式"，结合实验预习过程完成报告 1～5 项。

实验之后

◆ 结合实验过程继续完成报告 6～9 项。

【相关知识】

1. 关于直流稳压电源

一切电子电路和电子系统的运行离不开稳压电源电路，后者持续为前者提供能量供给。直流稳压电源电路是一类重要的电子电路形式，其作用是将交流电转换为直流电，在电网波动与负载变化的情况下能基本保持输出稳定的直流电压。

直流稳压电源根据其电路中调整元件的工作状态，可分为线性稳压电路和开关型稳压电路；而根据电源中稳压部件的类型，可分成集成线性稳压器、集成开关稳压器以及分立元件构成的稳压器等。

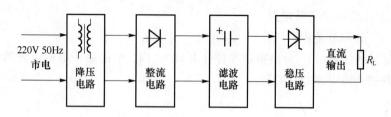

图 8.1.1　线性直流稳压电路框图

2. 线性直流稳压电源的组成

（1）降压电路

一般采用变压器，将市电 220 V 交流电压变换为整流电路所要求的交流低压，同时保证直流电源与市电电源有良好的隔离。

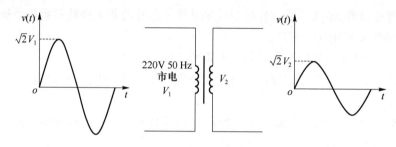

图 8.1.2　变压器的作用

（2）整流电路

整流是指对交流电压进行整形，把交流电压变换为单向脉动直流电压。整流电路一般由整流二极管或整流桥构成，常用的电路形式有半波整流、全波整流和桥式整流。

① 半波整流

半波整流电路由一个二极管构成，元件少电路结构简单。但半波整流输出的脉动直流电压仅是变压器输出交流信号的正半周，直流成分（平均值）低，变压器次级只有一半时间导通，输出利用率低。根据图 8.1.3 可知，忽略二极管的导通压降 V_D，半波整流输出电压的平均值 $\overline{V_\mathrm{o}}$ 和输出电流平均值 $\overline{I_\mathrm{o}}$ 为：

$$\overline{V_\mathrm{o}} = 0.45V_2 \tag{8.1.1}$$

$$\overline{I_\mathrm{o}} = \frac{0.45V_2}{R_\mathrm{L}} \tag{8.1.2}$$

电路中整流二极管流过的平均电流 $\overline{I_\mathrm{D}}$ 和最大反向压降 V_RM 分别为：

$$\overline{I_\mathrm{D}} = \frac{0.45V_2}{R_\mathrm{L}} \tag{8.1.3}$$

$$V_\mathrm{RM} = \sqrt{2}V_2 \tag{8.1.4}$$

以上各式中 V_2 为变压器次级输出的电压有效值。

② 全波整流

全波整流电路和工作原理如图 8.1.4 所示，其中变压器需有中心抽头，次级线圈的每半边同样只在一半的时间导通，变压器利用率低。其输出的脉动直流电压平均值提高为半波整流的 2 倍。

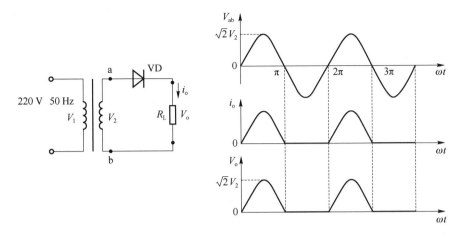

图 8.1.3 半波整流电路及工作原理

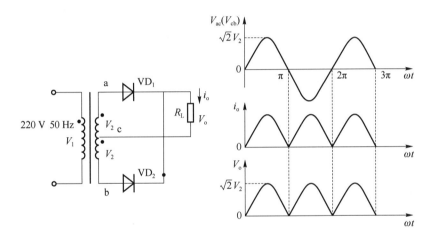

图 8.1.4 全波整流电路及工作原理

根据图 8.1.4 可知,忽略二极管的导通压降,全波整流输出电压的平均值 $\overline{V_o}$ 和输出电流平均值 $\overline{I_o}$ 为:

$$\overline{V_o} = 0.9V_2 \tag{8.1.5}$$

$$\overline{I_o} = \frac{0.9V_2}{R_L} \tag{8.1.6}$$

电路中整流二极管流过的平均电流 $\overline{I_D}$ 和最大反向压降 V_{RM} 分别为:

$$\overline{I_D} = \frac{0.45V_2}{R_L} \tag{8.1.7}$$

$$V_{RM} = 2\sqrt{2}V_2 \tag{8.1.8}$$

以上各式中 V_2 为变压器次级二分之一的输出电压有效值。

从 V_{RM} 可以看出,全波整流中整流二极管的最大反向电压是半波整流的 2 倍,因此全波整流对二极管的选用有更高的要求。

③ 桥式整流

桥式整流电路和工作原理如图 8.1.5 所示。电路中 4 个整流二极管在信号的正负半周轮流两两导通,在负载上也得到全波整流的脉动直流信号,因此桥式整流也被称为桥式全波整流,其电压平均值同样为半波整流的 2 倍,并且整流过程中变压器次级始终导通,变压器利用率得到提高。

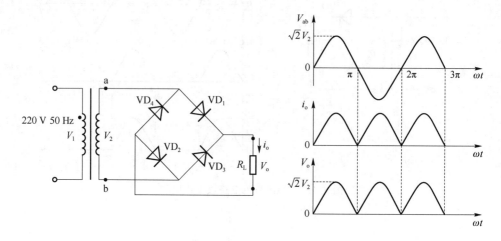

图 8.1.5　桥式整流电路及工作原理

根据图 8.1.5 可知,忽略二极管的导通压降,桥式整流输出电压的平均值 $\overline{V_\text{o}}$ 和输出电流平均值 $\overline{I_\text{o}}$ 为:

$$\overline{V_\text{o}} = 0.9V_2 \tag{8.1.9}$$

$$\overline{I_\text{o}} = \frac{0.9V_2}{R_\text{L}} \tag{8.1.10}$$

电路中整流二极管流过的平均电流 $\overline{I_\text{D}}$ 和最大反向压降 V_RM 分别为:

$$\overline{I_\text{D}} = \frac{0.45V_2}{R_\text{L}} \tag{8.1.11}$$

$$V_\text{RM} = \sqrt{2}V_2 \tag{8.1.12}$$

以上各式中 V_2 为变压器输出电压有效值。

对比以上 3 种整流方式,可以看到桥式整流以使用较多(4 个)整流二极管的代价,换来了整流输出脉动小平均值高、变压器利用率高和整流二极管承受反向压降较小的优势,因而被广泛采用。桥式整流需要 4 个整流二极管,实际应用中常使用的整流桥块,整流桥块是把 4 个二极管封装在一起,从而简化了电路连接。图 8.1.6 是几种不同外封装的整流桥。

图 8.1.6　不同外封装的整流桥

（3）滤波电路

为了使整流输出的电压进一步减小脉动接近直流,在整流电路之后通常接滤波电路。滤波电路常见的形式有单电容滤波、LC 滤波和 Π 型滤波等。

① 单电容滤波

整流输出后接一个电容 C 即形成一个单电源滤波电路。整流电路输出电流为电容 C 充电,然后 C 通过 R_L 放电,当 $\tau = R_L C$ 比较大时,放电过程电容上的电压下降不明显,因而在负载上可以得到较小脉动的直流电压和电流。电路和相关波形示意如图 8.1.7 所示。

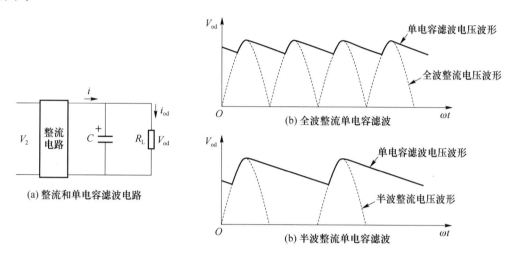

图 8.1.7 整流和单电源滤波电路

另外,由于滤波电路存在对大电容进行充电的过程,因而整流二极管提供较大的输出电流,尤其在滤波电容很大的情况下,整流二极管将经受大电流的冲击。因此必要时可考虑在直流电路中串接保护电阻。

② LC 滤波和 π 型滤波

图 8.1.8 给出了 LC 和 π 型滤波电路,两种电路结构简单,LC 滤波电路适用于大电流且要求电压脉动较小的场合;而 π 型滤波输出电压更加平滑,应用广泛。

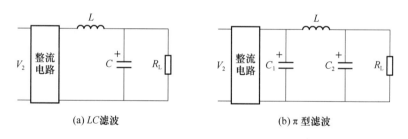

图 8.1.8 LC 和 π 型滤波电路

(4)稳压电路

稳压电路常用的电路形式有二极管简单稳压电路、晶体管串联型稳压电路和集成稳压电路。

① 二极管简单稳压电路

二极管简单稳压电路如图 8.1.9 所示,它利用稳压二极管的稳压特性,电路简单。但该电路带负载能力差,一般只用在负载电流小的基准电压电路中提供稳定的基准电压,不能作为电源使用。

② 晶体管串联稳压电路

图 8.1.10 在二极管简单稳压电路的基础上,增加一个射极输出器,负载上的电压为稳压二极管的稳压值和晶体管发射结电压之差,负载电流 I_o 的变化量是稳压管工作电流变化量的$(1+\beta)$倍,电路的带载能力提高,但稳压输出电压不可调。

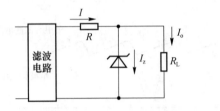 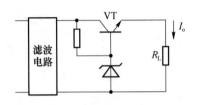

图 8.1.9 二极管简单稳压电路   图 8.1.10 晶体管稳压电路

在图 8.1.10 电路的基础上,增加一个晶体管放大环节,可构成输出电压可调的串联稳压电路,具体电路见图 8.1.11。该电路的稳压原理如下:

$V_{od}\uparrow \rightarrow V_o\uparrow \rightarrow nV_o\uparrow \rightarrow$ VT$_2$ 基极电压$\uparrow \rightarrow$ VT$_2$ 集电极电压$\downarrow \rightarrow$ VT$_1$ 发射极电压$\downarrow \rightarrow V_o\downarrow$

如果负载电流增加导致 V_o 下降,则通过同样的负反馈回路,将使 V_o 回升,从而稳定输出电压。

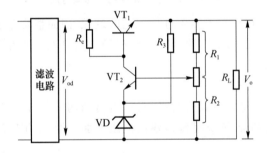

图 8.1.11 晶体管串联稳压电路

图 8.1.11 中稳压二极管 VD 和电阻 R_3 组成一个简单稳压电路,为晶体管 VT$_2$ 发射极提供基准电压 V_Z(稳压二极管 VD 的稳压值)。VT$_2$ 构成比较放大电路,RC 为其集电极电阻。R_1、R_2 组成一个取样电路,将输出电压 V_O 的一部分nV_O引入到比较放大管 VT$_2$ 基极。其中 $n=\dfrac{R_2}{R_1+R_2}$,调节图中的电位器可以改变 n 的大小,而输出电压可以近似为:

$$V_O\approx \frac{V_Z}{n} \qquad (8.1.13)$$

通过调电位器,可以改变输出电压的大小。

③ 集成稳压器

集成稳压芯片性能稳定使用简单而获得广泛应用,常见的集成稳压器有输出电压固定的 78×× 系列和 79×× 系列,输出电压可调的 317 系列和 337 系列。其中 78×× 和 317 系列为正电压输出,79×× 和 337 系列为负电压输出。集成稳压芯片常见的封装形式如

图 8.1.12 所示。

TO-3　　　　　　TO-220　　　　　　TO-263　　　　　　SOT-223

图 8.1.12　集成稳压芯片几种封装

　　不同系列和型号的芯片引脚功能不尽相同,使用时应查阅相关数据手册获得相关引脚信息。数据手册还给出各种性能参数、典型应用电路等供使用者参考使用。因此在使用集成电路前阅读相关使用手册是非常必要的。

　　以 7805 为例,三端固定集成稳压芯片的基本应用如图 8.1.13 所示,此电路可输出固定的 +5 V 电压,而最大输出电流为 $0.4 \sim 1.2$ A。如果需要在一定范围内提高输出电压或电流,可在图 8.1.13 基础上进行稳压电路的修改,各集成稳压芯片的数据手册中都给出了相应的典型应用电路。

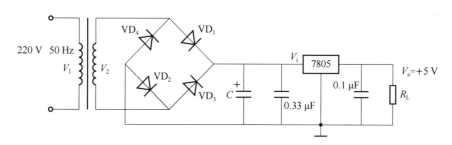

图 8.1.13　三端固定集成稳压芯片 7805 的基本应用

　　如果需要在较大范围内改变电源的输出电压,则应使用三端可调集成稳压芯片如 317 系列,其基本应用如图 8.1.14 所示。三端可调集成稳压芯片的其他应用电路可以查阅相关数据手册。

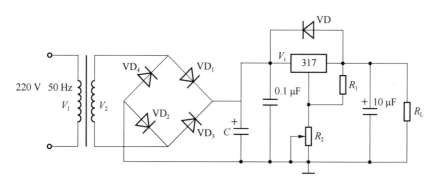

图 8.1.14　三端可调集成稳压芯片 317 的基本应用

3. 直流稳压电源的技术指标及测试

稳压电源常见的技术指标有:稳压系数、稳压电源内阻、纹波电压与纹波系数、交流内阻、输出功率容量等。

(1) 稳压系数 S 及测量

稳压系数是稳压电路的负载电流一定时，输入 V_i 的相对变化与相应的输出电压 V_o 的相对变化之比，定义式为：

$$S = \frac{\Delta V_i / V_i}{\Delta V_o / V_o} \tag{8.1.14}$$

稳压系数代表市电变化时，稳压电路输出电压的稳定程度。稳压系数的测试原理如图 8.1.15 所示。

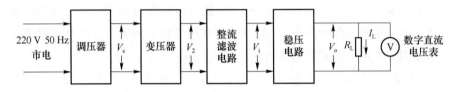

图 8.1.15　稳压系数 S 的测量原理图

具体测试方法如下：

首先，调稳压电源输出，将输出电压调到一定的值，对于输出可调的稳压电源，通常取其输出电压的最大值、中间值和较小值，或者某一规定值。

然后，接入适当的负载 R_L，使负载电流 I_L 达到测试规定值。分别用万用表交流电压挡和直流电压挡测量对应的调压器输出 V_s 和稳压输出 V_o。

根据图示可以看出 $V_i \propto V_s$，有：

$$S = \frac{\Delta V_i / V_i}{\Delta V_o / V_o} = \frac{\Delta V_s / V_s}{\Delta V_o / V_o} \tag{8.1.15}$$

所以，调节调压器使 V_s 产生变化 ΔV_s，测量对应的 ΔV_o，即可根据公式计算 S 的值。因为 ΔV_o 的数值较小，应注意采用高精度数字直流电压表进行测量。

(2) 稳压电源内阻 R_o 及测量

稳压电源内阻即输出电阻，它代表了负载电流变化时，稳压电源输出电压的稳定程度。电源内阻值等于由于负载变化引起的输出电压变化量和对应的电流变化量之比，即：

$$R_o = \frac{\Delta V_o}{\Delta I_o} \tag{8.1.16}$$

根据定义，测量输出电阻 R_o 应在输入电压不变的条件下，改变负载电阻(可采用负载开路和接入两种情况)测量对应的输出电压和负载电流，然后根据公式计算 R_o。具体测量原理如图 8.1.16 所示。

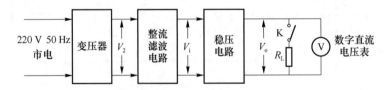

图 8.1.16　输出电阻测量原理图

在测量中同样要注意使用高精度数字万用表测量电压的变化量，而电流值可以直接用直流电流表测量，也可以利用欧姆定律计算。

（3）纹波电压 V_{rip} 与纹波系数 γ 及测量

纹波电压是指稳压电路直流输出电压上所叠加的交流成分。半波整流的稳压电路,其纹波电压频率为 50 Hz,而全波整流的稳压输出其纹波电压频率为 100 Hz。当稳压电路负载电流较大时其纹波电压也较大。

纹波系数 γ 定义为负载上电压的交流分量总有效值与直流分量之比:

$$\gamma = \frac{V_{rip}}{V_o} \times 100\% \tag{8.1.17}$$

进行纹波电压的测量时,应保持 220 V 50 Hz 的输入电压不变,负载电流为允许最大值时,用示波器观察稳压电路的输出,直接读取纹波电压的幅值。用毫伏表接稳压电路的输出端,可以测量纹波电压的有效值。但应注意的是,一般纹波电压不是正弦波,毫伏表的读数应进行变换才是纹波电压的有效值。如果纹波电压为锯齿波,应将毫伏表读数乘以变换因数 1.04。

4. 小电流直流稳压电源的设计

小电流直流稳压电源的设计指标和条件一般包括:输出电压 V_o、最大输出电流 I_o、输出电阻 R_o、稳压系数 S 以及交流供电情况等。根据这些指标和条件,可以按照如下思路进行设计:

（1）确定电路形式

① 对比几种类型的稳压电路类型,选择合适的稳压电路。一般小电流直流稳压电源选择三端集成稳压芯片比较方便。

② 根据电流的要求,选择滤波电路的形式。如果电流较小,采用简单的电容滤波即可。

③ 整流电路选择桥式全波整流,可以提高变压器输出的利用,也可以简化变压器。

（2）电路参数计算

① 由电路的输出电压 V_o 推出整流滤波电路输出电压 V_{o1}

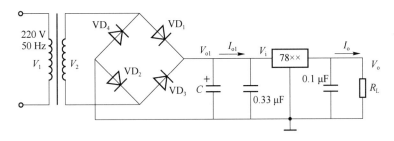

图 8.1.17　直流稳压电源电路

集成稳压芯片在使用时要求输入电压 V_i 必须在一定的范围内大于其稳压输出 V_o,综合各方面的因素一般取高于 V_o 3～6 V。参考图 8.1.17 电路,整流滤波电路输出电压 V_{o1} 的范围为:

$$V_{o1} = V_o + (3\sim6)\text{伏} \tag{8.1.18}$$

② 确定整流滤波电路输出电流 I_{o1}

整流滤波电路的输出电流 I_{o1} 即是稳压电路的输入电流,因此 I_{o1} 应该不小于稳压电路输出的最大电流 I_o 和集成电路总偏置电流 I_Q 的和,即:

$$I_{o1} = I_o + I_Q \tag{8.1.19}$$

一般取 I_Q 为 10 mA 左右。

③ 确定变压器次级输出交流电压有效值 V_2、整流二极管的电流 I_D 和反向电压 V_{Dmax}

根据经验,桥式整流电容滤波电路的输出电压 V_{o1} 可达变压器次级交流电压有效值的 1.2 倍,即有

$$V_2 = \frac{V_{o1}}{1.2} \tag{8.1.20}$$

所以,每个整流二极管承受的最大反向电压:

$$V_{Dmax} = \sqrt{2}V_2 \tag{8.1.21}$$

而桥式整流电路中每个整流二极管只在一半的时间导通,所以每个二极管流过的电流 I_D 是整流滤波电流的一半。

$$I_D = \frac{1}{2}I_{O1} \tag{8.1.22}$$

(3) 选择器件

电路中各个部分的电流和电压参数确定后,即可根据参数要求选择具体元器件。

① 选择集成稳压芯片

根据稳压输出 V_o 和最大输出电流 I_o 的具体要求选择集成稳压芯片,比如要求 V_o 为 $+15$ V、$+12$ V 或 $+5$ V 时,可选择 7815、7812 或 7805;如果为 -15 V、-12 V 或 -5 V,则可选择 7915、7912 或 7905;如果 V_o 为正电压并在一定的范围可调,可以选择 317;如果 V_o 为负且可调,则可以考虑选用 337。

在输出电流较大的情况下,考虑在稳压芯片上使用散热片加以保护。

② 选择滤波电容

为了使滤波输出纹波尽量小,滤波电容 C 的容值应满足以下关系:

$$R_L C \geqslant (3 \sim 5)\frac{T}{2} \tag{8.1.23}$$

其中,$R_L = \dfrac{V_{o1}}{I_{o1}}$,$T$ 为交流供电 V_1 的周期。

滤波电容的耐压值应大于 $\sqrt{2}V_2$。

③ 选择整流二极管或整流桥块

根据 V_{Dmax} 和 I_D 选择适当的二极管或整流桥。

④ 选择变压器

变压器的次级输出电压和输出电流应分别大于 V_2 和 I_{o1} 一定的值。

实验二 单级共射晶体管放大电路的设计与调测

【实验目的】

(1) 学习分压式电流负反馈偏置的单级晶体管放大电路的设计方法,初步建立工程概念。

(2) 熟练掌握放大器静态调测和动态参数测量方法。

（3）加深对单级晶体管放大电路工作原理的理解。

【设计任务】

设计一个分压式电流负反馈偏置的单级共射小信号放大电路，电路形式如图 8.2.1 所示。

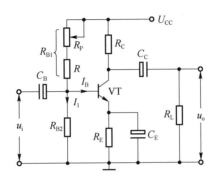

图 8.2.1 分压式电流负反馈偏置单级共射放大电路

（1）给定条件：
- ◆ 晶体管采用 8050
- ◆ 电源电压 U_{CC} 为 $+12\text{ V}$
- ◆ 电路最低工作频率为 100 Hz
- ◆ 负载 R_L 为 2 kΩ
- ◆ 测试用信号源内阻 r_s 为 50 Ω

（2）指标要求：
- ◆ 电压放大倍数 $A_u > 50$
- ◆ 输入电阻 $R_i \geqslant 2$ kΩ

【调测任务】

1. 静态工作点调测（用监测 U_{EQ} 的方法间接测量 I_{CQ}）

将电路的静态工作电流 I_{CQ} 调节至设计值，并进一步测量其他静态参数，验证晶体管处于放大状态，记录相关静态参数。

提示：正确使用电源，保障电路和元器件安全。

2. 指标的测量验证

（1）选择适当的输入信号，测量电路的电压放大倍数 A_u，验证其是否达到指标要求。如果不能达到指标要求，调整电路直至达标。

（2）在坐标纸上定量画出 A_u 达标电路的输入输出波形。

（3）伏安法测量电路的输入电阻 R_i，验证其是否达到指标要求。如果不能达到指标要求，调整电路直至达标。

3. 研究性测量

（1）测量电路的输出电阻 R_O。

（2）观察静态工作点对输出波形失真的影响。

（3）测量研究静态工作点对电路动态范围（最大不失真输出电压）的影响。

4. 拓展与探索

在放大电路中的 R_C 两端并联一个电容 C，则电路工作时负载变成容性负载。容性负载的特点是随着工作频率的增加，负载减小，输出电压相应减小。也就是电阻 R_C、R_L 和电容 C 组成一个低通电路如图 8.2.2 所示，这个低通回路的特征频率为 $f=\dfrac{1}{2\pi R'_L C}$，其中 $R'_L=R_C//R_L$。这个特征频率如果低于原电路的上截止频率，则放大电路现在的上截止频率就是该特征频率。

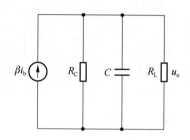

图 8.2.2 R_C、R_L 和电容 C 组成等效低通回路

因此可以通过在 R_C 两端并联电容来降低放大电路的上截止频率，减小电路的通频带，这种做法可以应用于音频放大器以达到声音质量的控制和调整。

在电路的 R_C 旁分别并联 $0.1\ \mu F$ 或 $0.022\ \mu F$ 的电容，输入选用适当的扫频信号，用数字示波器观察电路的输出，分析其幅频特性的变化。

【提高要求】

将已经调测完毕符合要求的完整电路焊接到 PCB 上，形成一个独立的模块。

【实验预习】

（1）查阅晶体管 8050 的数据手册，了解其相关参数和使用方法，自拟表格记录相关重要参数并解释其含义。

（2）阅读本实验【相关知识】内容，掌握电路设计调测方法。

（3）根据设计任务进行电路设计，列出详细设计过程，画出完整详细电路图，并对电路进行仿真和分析。

（4）复习相关的测量方法，并针对测量任务，拟定详细的实际调测操作步骤，设计相关数据表格并准备数据纸；罗列实验操作注意事项。

（5）在面包板上搭建实验电路。

（6）预习思考题：

① 图 8.2.1 电路中只用电位器 R_P 即可完成对电路静态工作点的调整，为什么还要串接一个电阻 R？

② 电路中会用到电解电容，电解电容使用时应注意什么？

【报告撰写】

实验之前
◆ 参考本书附录"实验报告格式",结合实验预习过程完成报告 1～5 项。

实验之后
◆ 结合实验过程继续完成报告 6～9 项。

◆ 思考题:

① 本实验中,如果输入阻抗不能达到指标要求,是否可以在满足其他指标前提下,在前级增加一个电路以提高输入阻抗?请画出该电路的电路图并阐述其工作原理。

② 实际测量时如果电路不能正常工作,应从哪些方面寻找原因排除故障?

③ 测试中函数信号发生器、交流毫伏表、示波器中任意一个仪器的接地端连接有误,将会出现什么问题?

④ 总结自己实际测试过程,你认为有哪些事项需要提醒其他实验者注意?

【相关知识】

1. 分压式电流负反馈偏置的单级共射晶体管放大电路

图 8.2.1 所示分压式电流负反馈偏置的共射晶体管放大电路,采用 R_{B1} 和 R_{B2} 组成的分压电路为晶体管 VT 的基极提直流电位 U_B;在发射极接有电阻 R_E 引入直流负反馈,以稳定放大器的静态工作点;R_C 为集电极引入直流电压。适当设置这些电阻的大小,可以使晶体管处于发射结正偏、集电结反偏的放大状态。C_B 和 C_C 分别为输入、输出耦合电容,起到隔直流通交流的作用。旁路电容 C_E 使发射极对地交流短路,消除了由于 R_E 的存在而可能引入的交流负反馈,避免了电路放大倍数的下降。这样,在电路输入端输入信号 u_i 后,在输出端便可得到一个与 u_i 相位相反、幅值被放大了的输出信号 u_o,从而实现了信号的放大。

(1) 电路的直流特性

图 8.2.1 所示电路中,当电路交流输入信号 $u_i = 0$ 时,晶体管的基极直流电位 U_B 为电源电压 U_{CC} 通过 R_{B1} 和 R_{B2} 分压确定,晶体管的基极电流 I_B 与流过 R_{B1} 和 R_{B2} 的电流 I_1 相比很小,可以忽略。所以

$$U_B \approx \frac{R_{B2}}{R_{B1} + R_{B2}} V_{CC} \tag{8.2.1}$$

假设晶体管为 NPN 型硅管,则发射结导通压降 U_{BE} 为 0.6 V,发射极直流电压 U_E 为

$$U_E = U_B - 0.6 \tag{8.2.2}$$

晶体管发射极电流 I_E 为

$$I_E = \frac{U_E}{R_E} = \frac{U_B - 0.6}{R_E} \tag{8.2.3}$$

一般晶体管的 β 值很大,所以基极直流电流 I_B 与发射极、集电极的直流电流相比很小,可以忽略。可以认为集电极直流电流 I_C 与发射极直流电流 I_E 近似相等。所以集电极直流电位为

$$U_C \approx V_{CC} - R_C I_E \tag{8.2.4}$$

(2) 电路的交流特性

图 8.2.1 所示电路在动态工作过程中,基极和发射极之间电阻为

$$r_{be} = r_{bb'} + (1+\beta)\frac{26}{I_{EQ}} \approx r_{bb'} + \beta\frac{26}{I_{CQ}} \tag{8.2.5}$$

则电路的交流电压放大倍数为

$$A_u = -\frac{\beta}{r_{be}}(R_C//R_L) \tag{8.2.6}$$

输入电阻为 $R_i = r_{be}//R_{B1}//R_{B2}$,一般 r_{be} 比 $R_{B1}//R_{B2}$ 小得多,因此可以近似认为

$$R_i = r_{be} = r_{bb'} + \beta\frac{26}{I_{CQ}} \tag{8.2.7}$$

输出电阻为

$$R_O = R_C \tag{8.2.8}$$

2. 共射放大电路的设计

进行电路的设计时,首先要根据电路的具体应用场合以及前后级情况,明确电路的性能指标。例如,根据前级电路的带载能力和需要放大的信号的频率范围,确定电路的输入阻抗范围和通频带宽度;根据电路的后级负载的大小和对信号大小的要求,明确电路的输出阻抗范围、电压放大倍数、最大输出电压等。为了更加清楚直观,现将这些指标以表格形式列出,如表 8.2.1 所示。

表 8.2.1 设计放大电路时可能需要考虑的指标

根据前级电路确定	根据后级电路确定
输入阻抗	输出阻抗
频带宽度	电压放大倍数
	最大输出电压

根据这些指标要求,首先选择电路形式,然后逐步选择供电电压、器件型号、元件参数等,最后通过实际测量和调整,最终得到满足性能指标的电路。

本节中已经确定电路形式为分压式电流负反馈偏置的单级共射晶体管放大电路,下面从供电电源电压的选择开始,介绍放大电路的设计过程。

(1) 确定电源电压

确定电源电压的重要依据是电路的最大输出电压,电路最大输出电压的峰峰值 u_{opp} 应小于电路的最大动态范围 $u_{opp(max)}$。

图 8.2.3 给出图 8.2.1 所示电路的直流负载线和交流负载线情况。从图中可以看出,电源电压 U_{CC} 为电路的最大动态范围 $u_{opp(max)}$ 加晶体管的饱和压降 U_{CES} 以及 U_{CC} 和 U'_{CC} 的差。晶体管的饱和压降 U_{CES} 由器件数据手册给出。而 U_{CC} 和 U'_{CC} 的差可推导如下:

$$\begin{aligned} U_{CC} - U'_{CC} &= I_{CQ}\times(R_E+R_C) - I_{CQ}\times R_C//R_L \\ &= I_{CQ}\times R_E + I_{CQ}\times(R_C - R_C//R_L) \\ &= U_{EQ} + I_{CQ}\times(R_C - R_C//R_L) \end{aligned} \tag{8.2.9}$$

在设计过程中,由于 U_{CC} 尚未确定,所以 U_{CC} 和 U'_{CC} 的差无从计算。一般考虑 R_E 要起到稳定静态工作点的作用,消除由于温度变化引起的 U_{BE} 的波动,就必须保障在 R_E 上至少有 $1\sim2$ V 的直流压降,即 U_{EQ} 预估大于 1 V,所以 U_{CC} 和 U'_{CC} 的差大致为 $3\sim5$ V 的范围。

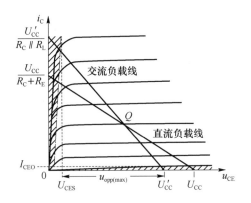

图 8.2.3 共射放大电路的交、直流负载线

为防止输出信号出现非线性失真,不能设计电路最大动态范围 $u_{\mathrm{opp(max)}}$ 与最大输出信号峰峰值 u_{opp} 相等,而应取 $u_{\mathrm{opp(max)}}$ 大于 u_{opp},比如可以取 $u_{\mathrm{opp(max)}}$ 为 u_{opp} 的 1.5 倍。因此可用如下关系确定电路电源电压 U_{CC}:

$$U_{\mathrm{CC}} \geqslant 1.5 \times u_{\mathrm{OPP}} + U_{\mathrm{CES}} + (3 \sim 5\ \mathrm{V}) \tag{8.2.10}$$

式中,晶体管饱和压降 U_{CES} 一般小功率管小于 1 V,大功率管 2~3 V。

实际上,在选取电路的电源电压时经常需要全盘考虑整个电路系统的供电条件,在保证满足式(8.2.10)的基础上,尽量多个单元电路使用相同的电源电压,以简化电路系统的供电。

(2)选择晶体管

晶体管的特性很大程度上决定了电路的性能,所以设计放大电路时应慎重选择晶体管。目前在实际应用中,晶体管的具体型号可达上千种之多,每个型号又有几十个参数,进行选择时不可能也没必要考察所有类型和参数,只需从几个重点方面考虑即可。

① 晶体管的类型与材料

按照结构不同,晶体管的类型有 NPN 型与 PNP 型两种,由于这两类晶体管工作时偏置电压的极性不同,使用时可以通过电源的不同接法实现。

按照半导体材料的不同,晶体管分为锗管和硅管两类。它们 PN 结导通电压不同,锗管 PN 结的导通电压为 0.2 V 左右,而硅管 PN 结的导通电压为 0.6~0.7 V。

在放大电路中,一般可以用同类型的锗管和硅管进行互换,但要对基极偏置电压进行必要的调整。

② 晶体管最大额定参数和性能参数

晶体管的最大额定参数是安全使用晶体管的界限,所以应重点考察,保证所选用的晶体管在电路运行时处于正常工作状态。而晶体管的性能参数则决定了电路的工作性能。在选择晶体管具体型号时应查阅其数据手册,根据手册中给出的各种参数和特性,考察该型号晶体管是否适用。

图 8.2.4 是 NPN 型小功率晶体管 S8050 数据手册的一部分,给出 S8050 的最大额定参数和性能参数。下面以此图为例,说明在选择晶体管时如何考虑晶体管的一些重要参数。

绝对最大额定参数(极限参数)

〔ABSOLUTE MAXIMUM RATINGS($T_a = 25\ ℃$,除非另有说明(unless otherwise specified))〕

参数(PARAMETER)	符号(SYMBOL)	数值(VALUE)	单位(UNIT)
集电极-基极电压(Collector-Base Voltage)	V_{CBO}	30	V
集电极-发射极电压(Collector-Emitter Voltage)	V_{CEO}	20	V
发射极-基极电压(Emitter-Base Voltage)	V_{EBO}	5	V
集电极耗散功率〔Collector Dissipation($T_a = 25\ ℃$)〕	P_c	1	W
集电极电流(Collector Current)	I_c	700	mA
结温度(Junction Temperature)	T_j	150	℃
贮存温度(Storage Temperature)	T_{STG}	$-65 \sim +150$	℃

电气性能

〔ELECTRICAL CHARACTERISTICS($T_a = 25\ ℃$,除非另有说明(unless otherwise specified))〕

参数(PARAMETER)	符号 (SYMBOL)	测试条件 (TEST CONDITIONS)	最小 (MIN)	典型 (TYP)	最大 (MAX)	单位 (UNIT)
集电结反向击穿电压 (Collector-Base Breakdown Voltage)	BV_{CBO}	$I_C = 100\ \mu A, I_E = 0$	30			V
集电极发射极击穿电压 (Collector-Emitter Breakdown Voltage)	BV_{CEO}	$I_C = 1\ mA, I_B = 0$	20			V
发射结反向击穿电压 (Emitter-Base Breakdown Voltage)	BV_{EBO}	$I_E = 100\ \mu A, I_C = 0$	5			V
集电结反向饱和电流 (Collector Cut-Off Current)	I_{CBO}	$V_{CB} = 30\ V, I_E = 0$			1	μA
发射结反向饱和电流 (Emitter Cut-Off Current)	I_{EBO}	$V_{EB} = 5\ V, I_C = 0$			100	nA
直流电流放大系数(注) (DC Current Gain(note))	H_{FE1} H_{FE2} H_{FE3}	$V_{CE} = 1\ V, I_C = 1\ mA$ $V_{CE} = 1\ V, I_C = 150\ mA$ $V_{CE} = 1\ V, I_C = 500\ mA$	100 120 40	110	400	
集电极-发射极饱和压降 (Collector-Emitter Saturation Voltage)	$V_{CE}(sat)$	$I_C = 500\ mA, I_B = 50\ mA$			0.5	V
发射结饱和压降 (Base-Emitter Saturation Voltage)	$V_{BE}(sat)$	$I_C = 500\ mA, I_B = 50\ mA$			1.2	V
发射结电压 (Base-Emitter Valtage)	V_{BE}	$V_{CE} = 1\ V, I_C = 10\ mA$			1.0	V
特征频率 (Current Gain Bandwidth Product)	f_T	$V_{CE} = 10\ V, I_C = 50\ mA$	100			MHz
输出电容 (Output Capacitance)	C_{ob}	$V_{CB} = 10\ V, I_E = 0, f = 1\ MHz$		9.0		pF

注:H_{FE2} C 档为 120-200,D 档为 160-300,E 档为 280-400。

图 8.2.4 晶体管 S8050 的极限参数和性能参数

◆ V_{CBO} 和 V_{CEO} 的最大额定值

从图 8.2.4 中可以看出,S8050 的集电极—基极电压 V_{CBO} 和集电极—发射极电压 V_{CEO}

的最大额定值分别是 30 V 和 20 V。这意味着如果晶体管集电极—基极电压 V_{CBO} 超过 30 V，或者集电极—发射极电压 V_{CEO} 超过 20 V，晶体管将被击穿并造成永久性损坏或性能下降。

电路在输入信号幅度很大的情况下，电源电压 U_{CC} 可能直接加到集电极—基极和集电极—发射极之间，因此必须选用 V_{CBO} 和 V_{CEO} 的最大额定值超过电路电源电压 U_{CC} 的晶体管。

如果晶体管型号已经选定，则在确定电源电压 U_{CC} 时，在满足式（8.2.10）的基础上，还应注意 U_{CC} 必须小于 V_{CBO} 和 V_{CEO} 的最大额定值。

◆　集电极耗散功率 P_{C} 和集电极电流 I_{C}

从图 8.2.4 可以看出，S8050 的集电极耗散功率 P_{C} 的额定值为 1 W。集电极耗散功率是指晶体管在工作时，集电极电流在集电结上产生热量而消耗的功率。若耗散功率过大，晶体管集电结将因温度过高而烧坏。在使用中晶体管的集电极实际耗散功率应小于额定值。而一些大功率晶体管（P_{C} 额定值超过 5 W）给出的额定值都是在加有一定规格散热装置情况下的参数，使用中应注意。

图中还给出 S8050 的集电极电流 I_{C} 的额定值为 700 mA。晶体管工作时当集电极电流超过一定数值时，其电流放大系数 β 将下降。为此规定晶体管的电流放大系数 β 变化不超过允许值时的集电极最大电流为 I_{C} 的额定值。所以在使用中当集电极电流 I_{C} 超过额定值时不至于损坏晶体管，但会使 β 值减小，影响电路的工作性能。

一般晶体管正常应用时，电路的集电极电流 I_{C} 远小于其额定值，集电极实际耗散功率 $P_{\mathrm{C}} = I_{\mathrm{C}} \times U_{\mathrm{CE}}$ 也远小于其额定功率。

◆　直流电流放大系数 H_{FE}（β 值）

晶体管直流电流放大系数 H_{FE} 常被称为 β 值，是衡量晶体管放大能力的重要参数，决定了放大电路的电压放大倍数等重要性能。β 值较高的晶体管可以获得较高的电压放大倍数，但过高的 β 值影响晶体管的线性度和稳定性。

设计放大电路时应选择 β 值大于电路电压放大倍数的晶体管。

图 8.2.4 中给出 S8050 在不同测试条件下的 H_{FE}（β）的最小值、典型值和最大值。

◆　特征频率 f_{T}

随着工作频率的升高，晶体管的放大能力将会下降。当 β 值下降到 1 时，晶体管失去放大能力，此时的工作频率称为晶体管的特征频率，记为 f_{T}。从图 8.2.4 可以看到 S8050 的特征频率为 100 MHz。图 8.2.4 中还可以看到 f_{T} 的英文名称 current gain bandwidth product，直译为"电流增益带宽积"，意思是晶体管工作在较高频率时，其电流增益 β 与频率 f 的乘积为常数，该常数即为 f_{T}。

特征频率 f_{T} 为 100 MHz 的晶体管，工作在低于 1 MHz 的频率范围内，其 β 值为 100 并且随工作频率的下降保持稳定。因此工作在低于 1 MHz 的低频放大电路选择晶体管时基本不受晶体管频率特性的限制，而工作在高于 1 MHz 的高频放大电路，应选用 f_{T} 较高的晶体管，一般选 f_{T} 至少为最高工作频率的 3～5 倍。

（3）选择集电极静态工作电流 I_{CQ}

放大电路的静态是动态工作的基础，选择适当的静态工作点，是确定放大电路工作状态的关键。静态工作点的主要参数就是集电极静态工作电流 I_{CQ}。如图 8.2.5 所示，I_{CQ} 的大小代表了静态工作点 Q 在电路直流负载线上的高低，决定了集电极-发射极电压 U_{CE} 的不同,从而决定了晶体管静态功耗的大小,还影响电路动态工作时电压放大倍数、输入阻抗、输出信号的失真度等诸多性能。因此,很多性能指标或应用要求都是静态工作点的选择的依据,例如:

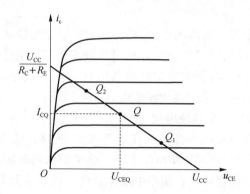

图 8.2.5　共射放大电路的直流负载线以及静态工作点

① 高频应用时追求 f_T 最大

前面提到,如果电路工作频率大于 1 MHz,需要晶体管特征频率 f_T 具有较高的值。而晶体管的 f_T 与其集电极电流 I_C(或发射极电流 I_E)有很大关系,图 8.2.6 是晶体管 S8050 数据手册的一部分,给出了 S8050 的特征频率 f_T 与其集电极电流 I_C 的关系。从图中可以看出,当 I_C 在 40~80 mA 范围内,f_T 的值接近 200 为最大值。因此,如果电路对高频特性有较高的要求,静态工作电流 I_{CQ} 可在 40~80 mA 范围内取值。

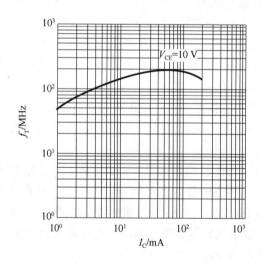

图 8.2.6　晶体管 S8050 的特征频率 f_T 与集电极电流 I_C 的关系

② 对电路的输入阻抗有要求

电路工作于较低频率情况下,对高频特性无特别要求。但为了减轻对前级的负载,常会要求电路的输入电阻不得低于某一值 $R_{i(min)}$。从式(8.2.7)可以看出,静态工作电流 I_{CQ} 与电路的输入电阻有关,I_{CQ} 的值越大,电路的输入电阻越小。因此可以将输入电阻的最低限定值 $R_{i(min)}$ 带入式(8.2.7),计算出 I_{CQ} 的最高限定值,在限定值之内选定一个确定的电流值。为了计算和实际测量的方便,一般取 1 mA、1.5 mA、2 mA 等类似比较规整的数值。

如果通过以上方法取得的 I_{CQ} 值与电路其他指标的满足相矛盾,则应考虑采用其他提高输入电阻的措施。

③ 对电路的频率特性、输入电阻等均无要求

如果对电路的频率特性、输入电阻等均无要求,则应考虑电路在实际应用时输入信号幅度的大小。如果输入信号较小,电路不容易出现非线性失真,因此可以主要考虑其他指标要求。若以追求低功耗为主,则工作点应尽量选低些,如图 8.2.5 中的 Q_1 点;若以追求高放大倍数为主,则工作点可以尽量选高些,如图 8.2.5 中的 Q_2 点。当放大器输入信号较大时,电路易出现非线性失真,因此要尽量将静态工作点选在交流负载线的中央,而阻容耦合放大电路的交流负载线与直流负载线相比更陡峭,如图 8.2.3 所示,所以静态工作点应选在直流负载线中间偏上位置。

当小信号放大电路选用的晶体管 β 值在低于 150 范围内时,I_{CQ} 在 0.5～2 mA 范围取值,可以得到基本不失真的输出信号。

当电路选用的晶体管 β 值较大时,如果 I_{CQ} 在 0.5～2 mA 范围内取值,输出信号波形很容易出现正负半周不对称的情况。这是因为 β 值较大时,相同的集电极电流 I_{CQ} 的值会对应较小的基极电流 I_{BQ},也就是静态工作点在晶体管输入特性曲线上处于过低的位置,如图 8.2.7 中的 Q_2 点。这样动态工作时输入电流 i_B 的正负半周对称性变差,反应到输出特性上,输出信号波形正半周将出现变圆变短的正负不对称的情况,如果是 PNP 组成的电路,则其输出信号波形负半轴将出现变圆变短的情况。

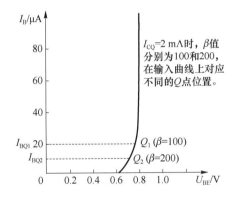

图 8.2.7 相同 I_{CQ} 值 β 值不同时对应不同 I_{BQ}

因此当电路选用的晶体管 β 值较大,并且对输出波形的失真度有要求时,可以将 I_{CQ} 的取值适当提高至 3～4 mA。

(4) 确定偏置电阻 R_{B1} 和 R_{B2} 的值

当流过 R_{B1} 和 R_{B2} 的电流 I_1 远大于晶体管基极电流 I_{BQ} 时,可以认为晶体管基极直流电压 U_{BQ} 稳定,一般取 $I_1 \geqslant 10 I_{BQ}$。

$$I_{BQ} = \frac{I_{CQ}}{\beta} \tag{8.2.11}$$

$$I_1 \geqslant 10 I_{BQ} \tag{8.2.12}$$

$$(R_{B1} + R_{B2}) = \frac{U_{CC}}{I_1} \tag{8.2.13}$$

发射极电阻 R_E 引入直流负反馈以稳定静态工作点,则负反馈愈强电路的静态工作点

稳定性愈好。前面也曾提到电阻 R_E 上至少应有 $1\sim2$ V 的直流压降,才能消除晶体管发射结电压波动造成的影响,而 U_{BQ} 为 $U_{EQ}+U_{BE}$,所以 U_{BQ} 越大,电路的稳定性越好。从反馈角度看,R_E 上的电压越大,则负反馈越深,电路越稳定。但实际确定 U_{BQ} 时,还要考虑电源电压的限制,U_{BQ} 过高可能导致 U_{CEQ} 过低,晶体管容易饱和。因此选择 U_{BQ} 时应综合考虑折中选定,一般取 $U_{BQ}=(1/3\sim1/5)U_{CC}$,即可计算 R_{B1} 和 R_{B2} 的值:

$$R_{B2}=\frac{U_{BQ}}{I_1} \tag{8.2.14}$$

$$R_{B1}=\frac{U_{CC}}{I_1}-R_{B2} \tag{8.2.15}$$

实际电路中,R_{B1} 通常用一个电位器和一个固定电阻串联以便于调节,同时起到保护电路的作用。而 R_{B2} 的计算值如果不在电阻标称系列阻值内,可以取相近的标称值,通过 R_{B1} 中电位器的调节,保持 R_{B1} 和 R_{B2} 比例不变,即可使晶体管基极电位 U_{BQ} 达到设计值。

(5)确定 R_E 和 R_C 的值

根据电路的直流特性可知:

$$R_E=\frac{U_{BQ}-U_{BE}}{I_{EQ}}\approx\frac{U_{BQ}-U_{BE}}{I_{CQ}} \tag{8.2.16}$$

其中,U_{BE} 为晶体管发射结导通电压,一般硅管为 0.6 V,锗管为 0.2 V。

根据设计指标对电压放大倍数的要求确定 R_C 的值:

$$A_U=-\frac{\beta}{r_{be}}R_L' \tag{8.2.17}$$

其中,$R_L'=R_C//R_L$,R_L 为电路所接负载。

通过以上计算得到的 R_E 和 R_C 的值如不在标称系列内,可以取相近的标称阻值。

(6)核算工作点电压及静态功耗

各电阻值取标称值后,要反过来核算一下晶体管的工作点电压 U_{BQ}、U_{CQ} 和 U_{EQ},确保晶体管处于放大状态,否则需要重新设计。核算集电极耗散功率 $P_C=I_{CQ}\times U_{CEQ}$ 的值,与晶体管数据手册中给出的 P_C 额定值相比较,P_C 必须小于该额定值。

(7)确定各个电容值

放大电路输入、输出耦合电容 C_B 和 C_C 的作用是隔直流通交流,对交流信号近似短路。旁路电容 C_E 与 R_E 并联,在交流情况下 C_E 的容抗比 R_E 小很多,也可视作短路,所以这 3 个电容都与周围的元件一起组成高通滤波等效电路,如图 8.2.8 所示。为了使问题简化,图 8.2.8(a)和(b)中忽略 C_E 和 R_E 的影响;图 8.2.8(c)中忽略 C_B、C_C 的影响。

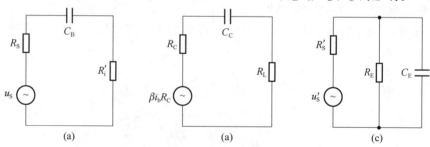

图 8.2.8 耦合电容、旁路电容组成高通滤波等效电路

图 8.2.8(a)中，R_S 为放大器前级电路的输出电阻，R_i 由式(8.2.7)计算；图 8.2.8(c)中 $R_S' = \dfrac{R_S + r_{be}}{1 + \beta}$。放大器的最低工作频率 f_L 应高于这 3 个高通滤波电路的转折频率，为了稳定起见，一般用下面关系式来估算耦合电容和旁路电容的取值范围：

$$C_B \gg (3 \sim 10) \frac{1}{2\pi f_L (R_S + r_{be})} \tag{8.2.18}$$

$$C_C \gg (3 \sim 10) \frac{1}{2\pi f_L (R_C + R_L)} \tag{8.2.19}$$

$$C_E \gg (1 \sim 3) \frac{1}{2\pi f_L R_S'} \tag{8.2.20}$$

选定电容值以后还应考察电路中电容两端的电压情况，所选择电容的耐压值高于实际加在电容上的电压。

综上所述，电路设计是一个综合考虑各方面因素、以技术指标和适用性为原则的工程性工作。电路设计成功与否最终要依靠对实际电路的测量，检测指标是否达到预定值。

实验三　差分放大器的设计与调测

【实验目的】

(1) 进一步理解差分放大器的性能及特点。
(2) 掌握差分放大器的设计和测试方法。
(3) 提高独立设计和调测电路的能力。

【设计任务】

参考图 8.3.2 电路，设计一个恒流源偏置的差分放大器。
(1) 给定条件：
◆ 电源电压±5 V；
◆ 晶体管使用 8050；
◆ 调零电位器 R_P 用 100 Ω。
(2) 指标要求：
◆ 差模输入电阻 $R_{id} \geqslant 20$ kΩ；
◆ 单端输出电压放大倍数 $A_{ud单} \geqslant 15$。
(设计提示：晶体管 8050 的 β 值比较分散，设计时用 β 取 200 进行计算；$r_{bb'}$ 取 300 Ω)

【测试任务】

1. 静态调测

将电路的静态工作电流调至设计值，并调节电路的对称性至最佳。测量各个晶体管的直流偏置情况，确定电路直流偏置正常。

2. 测量差模电压放大倍数

选用适当的输入信号,测量电路单端输入－单端输出情况下的差模电压放大倍数是否达到指标要求。如不达标则调整电路直至达标,并在坐标纸上定量画出示波器显示的合格电路输入、输出波形。

提示:

◆ 信号源内阻为 50 Ω。

◆ 根据电路的动态范围和电压放大倍数的理论值,选择输入信号幅度。

3. 测量差模输入电阻 R_{id}

参考单管放大电路输入电阻的测试方法,选用适当的输入信号,测量电路的差模输入电阻 R_{id} 是否达到指标要求,如不达标则调整电路直至达标。

注意:

◆ 信号输入端接入参考电阻时,在另一不用的输入端也应接入相同阻值的电阻以保持电路的对称性。

◆ 差分电路为高输入阻抗电路。

4. 测量传输特性

① 选择适当的输入信号,示波器观察差分放大器的传输特性曲线,在坐标纸上定量画出该曲线,标出曲线上各个关键点的值,并标出曲线不同的区域。

② R_P 两固定端之间并联一个 100 Ω 电阻,观测传输特性曲线的变化,定量画出该曲线,标出曲线上各个关键点的值,并标出曲线不同的区域。

【实验预习】

(1) 查阅晶体管 8050 的用户使用手册,了解其相关参数和使用方法,自拟表格摘录与本实验相关的重要参数并解释其含义。

(2) 阅读本实验【相关知识】,掌握差分电路设计和调测方法。

(3) 根据设计任务进行电路设计,列出详细设计过程并画出完整详细电路图,并对电路进行仿真和分析。

(4) 根据相关的测量方法,针对测试任务,拟定详细的调测操作步骤,设计相关数据表格并准备数据纸,列出实验操作注意事项。

(5) 在面包板上搭建实验电路。

(6) 预习思考题:

① "安装差分电路时,如果仅需要从差分电路的 u_{o1} 单端输出信号,则只需根据设计阻值选择 R_{C1} 进行连接即可,R_{C2} 可以选比 R_{C1} 小的电阻,甚至可以去掉,将 VT_2 的集电极直接接正电源,不会影响电路正常工作",上述说法正确吗? 为什么?

② 测差分电路的双端输出信号时,为什么不能将示波器或毫伏表接在两个输出端 u_{o1} 和 u_{o2} 之间进行测量? 用什么方法可以使示波器显示出 u_{o1} 端和 u_{o2} 端之间的电压波形?

③ 测量电路的电压传输特性曲线时输入信号的频率越低,越不受电路工作速度的影响,差分电路是直接耦合电路,无下截止频率,则用示波器测量其电压传输特性曲线时,频率可否用 1 Hz? 为什么? 如何确定合适的频率?

【报告撰写】

实验之前

◆ 参考本书附录"实验报告格式",结合实验预习过程完成报告 1～5 项。

实验之后

◆ 结合实验过程继续完成报告 6～9 项。

◆ 思考题:

① 根据实验结果,从传输特性角度分析 R_P 对差分电路的影响。

② 通过本次实验,总结对差分电路的认识。

【相关知识】

1. 差分放大电路的性质

差分放大电路也称差动放大电路,简称差分电路,由两个参数特性相同的晶体管用直接耦合方式构成,具有很高的输入阻抗和共模抑制比,常被用于直流放大器、测量放大器,也广泛应用于集成电路中的输入级和中间放大级。了解差分放大电路的特性有助于更好地理解和运用集成运放。

图 8.3.1 是带恒流源的差分放大器。晶体管 VT_1 和 VT_2 组成对称的差分结构,电阻 $R_{C1} = R_{C2} = R_C$。VT_3 构成恒流源电路为差分结构提供恒定工作电流。电位器 R_P 为调零电位器,通过调节 R_P 可以弥补因 VT_1 和 VT_2 的参数不一致引起的电路不平衡。因 R_P 引入负反馈会降低电路的电压放大倍数,所以 R_P 的取值不能太大,一般取 100 Ω。

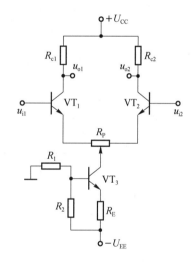

图 8.3.1　带恒流源的差分放大器

差分电路有两个输入端 u_{i1} 和 u_{i2} 以及两个输出端 u_{o1} 和 u_{o2},输入信号分为差模输入信号和共模输入信号两类。

(1)差分放大器的静态分析

静态时,图 8.3.1 所示差分放大电路输入信号为零,也就是两个输入端 u_{i1} 和 u_{i2} 均接地。

恒流源电路中晶体管 VT_3 的基极电位 U_{B3} 由 R_1 和 R_2 分压决定:

$$U_{B3} = \frac{R_1}{R_1 + R_2}(-U_{EE}) \tag{8.3.1}$$

VT_3 的发射极电位 U_{E3} 为:

$$U_{E3} = U_{B3} - U_{BE} \tag{8.3.2}$$

U_{BE} 为晶体管 VT_3 的发射结导通压降,硅管为 $0.6\sim0.7$ V,锗管为 0.2 V。

VT_3 的发射极电流 I_{E3} 为:

$$I_{E3} = \frac{U_{E3} - (-U_{EE})}{R_E} \tag{8.3.3}$$

从以上各式的推导可以看出，VT_3 的 U_{BE} 确定后，其发射极电流 I_{E3} 由负电源 $-U_{EE}$、电阻 R_1 和 R_2、R_E 决定，不受差分电路状态和晶体管 β 等参数的影响。而晶体管集电极电流和发射极电流近似相等，所以 VT_3 的集电极电流 I_{C3} 也是恒定的，所以 VT_3 组成的电路称为恒流源电路。其恒定电流与两个晶体管 VT_1 和 VT_2 的静态电流关系为：

$$I_{E1} + I_{E2} = I_{C3} \approx I_{E3} \qquad (8.3.4)$$

因 VT_1 和 VT_2 组成的电路具有对称性，有：

$$I_{E1} = I_{E2} \approx I_{C2} = I_{C1} \qquad (8.3.5)$$

通过式(8.3.4)和式(8.3.5)，可以得到差分电路的重要电流关系：

$$I_{C1} = I_{C2} = \frac{I_{E3}}{2} \qquad (8.3.6)$$

（2）差分放大器的差模特性

差分放大器的输入和输出各有单端和双端两种方式，因此差分放大器的输入输出共有 4 种不同的连接方式。连接方式不同，电路的特性参数不同。各种情况下的差模特性如表 8.3.1 所示。由表可知，电路的差模电压放大倍数与输入方式无关，只与输出方式有关，且双端输出放大倍数为单端输出放大倍数的两倍。

表 8.3.1　差分电路不同输入输出方式的差模特性

连接方式	差模特性		
	差模电压放大倍数 A_{ud}	差模输入电阻 R_{id}	差模输出电阻 R_{od}
双端输入-双端输出	$A_{ud双} \approx -\dfrac{2\beta R_C}{R_{id}}$　(8.3.7)	$R_{id} = 2r_{be} + (1+\beta)R_P$　(8.3.9)　$r_{be} = r_{bb'} + (1+\beta)\dfrac{26}{I_{C1}}$　(8.3.10)	$R_{od} = 2R_c$　(8.3.11)
单端输入-双端输出	同上	同上	同上
双端输入-单端输出	$A_{ud单} \approx \dfrac{-\beta R_C}{R_{id}}$　(8.3.8)	同上	$R_{od} = R_c$　(8.3.12)
单端输入-单端输出	同上	同上	同上

（3）差分放大器的共模特性及共模抑制比

差分电路的共模电压放大倍数定义为：

$$A_{uC} = \frac{\Delta U_{OC}}{\Delta U_{iC}} \qquad (8.3.13)$$

式中，U_{iC} 为共模输入信号，指差分电路两个输入端同时输入一对极性相同、幅值相同的信号。理想差分电路的共模电压放大倍数为零。但实际电路中由于两个晶体管的参数不完全对称，其共模电压放大倍数为一个不为零的值。

共模抑制比(CMRR)是衡量差分放大电路抑制共模信号放大差模信号能力的指标，其定义为：

$$\mathrm{CMRR} = 20\lg\left|\frac{A_{ud}}{A_{uc}}\right| \qquad (8.3.14)$$

CMRR 的英文全称是 Common Mode Rejection Ratio，也是集成运算放大器的重要指标，符号也常用 Kcmr，单位是分贝(dB)。

2. 差分放大器的设计

与其他放大电路的设计类似，首先根据电路的具体应用场合以及前后级情况，明确差分放大器的各项性能指标。例如,根据前级电路的带载能力和需要放大的信号的频率范围,确定电路的输入阻抗范围和通频带宽度;根据电路的后级负载的大小和对信号大小的要求,明确电路的输出阻抗范围、电压放大倍数、最大输出电压等。对于差分电路来讲,可能还有 CMRR 的指标要求,CMRR 的指标要求可以分解为差模电压放大倍数和共模电压放大倍数的指标要求。

设计差分放大电路时可能需要考虑的指标如表 8.3.2 所示。根据这些指标要求,逐步选择供电电压、器件型号、元件参数等,通过实际测量和调整,最终得到满足性能指标的电路。

表 8.3.2　设计差分放大电路时可能需要考虑的指标

根据前级电路确定	根据后级电路确定
差模输入阻抗	差模输出阻抗
频带宽度	差模电压放大倍数
	共模电压放大倍数
	最大输出电压

(1) 确定电源电压

差分放大电路从 $+U_{CC}$ 端到 $-U_{EE}$ 端的电源电压范围,应大于电路的最大输出电压加 R_{E3} 上的电压的和,满足该条件后,一般要结合系统中其他电路的电源电压情况,合理选取统一的电源电压值,以简化供电电路。

(2) 选择晶体管 VT_1、VT_2

根据指标要求,如果电路的频带宽度有要求,应注意选择特征频率 f_T 高、r'_{bb} 和 C_{ob} 小的晶体管,并且晶体管集电极—发射极电压 V_{CEO} 和基极—发射极电压 V_{BEO} 的额定值应大于电路从正电源 $+U_{CC}$ 到负电源 $-U_{EE}$ 的电压范围。

差分放大电路是以 VT_1 和 VT_2 的特性一致为前提进行工作的,所以应选同一型号的晶体管,然后通过测量,选择 β 值相近的两只管子,以获得较好的共模抑制特性。如果对电路的共模抑制比有较高要求,应选集成差分对管。

(3) 选择 VT_1 的 VT_2 的静态工作电流 I_C

因差分电路的对称性,VT_1 的 VT_2 的静态工作电流 $I_{C1} = I_{C2} = I_C$。从表 8.3.1 可以看出,晶体管静态工作电流影响电路的差模输入阻抗 R_{id},对差模电压放大倍数也有影响。因此选择 I_C 的值时应根据电路差模输入电阻的指标要求,根据表 8.3.1 中的公式计算 I_C 的取值范围,然后在允许范围内,结合恒流源电路的设计并兼顾测量的方便性,取定 I_C 的值。

(4) 确定恒流源电路

① 确定 R_E

考虑对 VT_3 发射结电压的稳定作用,R_E 上的电压 U_{RE} 至少应在 1 V 以上。电路设计时 U_{RE} 一般在 $1\sim3$ V 的范围取值。而 R_E 上的电流应为 I_C 的两倍,所以可以计算 R_E 的值:

$$R_E = \frac{U_{RE}}{2I_C} \qquad (8.3.15)$$

② 确定电阻 R_1、R_2

R_1、R_2 在地和 $-U_{EE}$ 之间分压,为 VT_3 提供基极直流电位。当流过 R_1 和 R_2 的电流 I_1

远大于晶体管 VT_3 基极电流 I_{B3} 时,才能保证晶体管基极直流电压 U_{B3} 的稳定,一般取 $I_1 \geqslant 10 I_{B3}$,而 I_{B3} 可以通过式(8.3.16)计算,然后确定分压电路电流 I_1。

$$I_{B3} = \frac{2 I_C}{\beta} \tag{8.3.16}$$

已知 VT_3 发射极电阻 R_E 的电压降为 U_{RE},所以为 VT_3 的发射极直流电位 U_{E3} 和基极的直流电位 U_{B3} 分别为:

$$U_{E3} = -U_{EE} + U_{RE} \tag{8.3.17}$$

$$U_{B3} = U_{E3} + U_{BE} \tag{8.3.18}$$

U_{BE} 为晶体管 VT_3 的基极-发射极导通电压,一般硅管为 0.6 V,锗管为 0.2 V。

$$R_1 = \frac{0 - U_{B3}}{I_1} \tag{8.3.19}$$

$$R_2 = \frac{U_{B3} - (-U_{EE})}{I_1} \tag{8.3.20}$$

实际电路中,R_1 通常用一个电位器和一个固定电阻串联以便于调节,同时起到保护电路的作用。

R_2 和前面 R_E 的计算值如果不在电阻标称系列阻值内,可以取相近的标称值,通过 R_1 中电位器的调节,即可使 VT_3 晶体管发射极电流为 $2I_C$。

(5) 确定 R_{C1}、R_{C2}

R_{C1} 和 R_{C2} 的阻值相等,记为 R_C,从表 8.3.1 中可以看出 R_C 与电路的差模电压放大倍数相关。如果对电路的差模电压放大倍数 A_{ud} 有要求,应根据要求计算 R_C 的合理取值或取值范围,然后结合 R_C 对电路动态范围的影响,在满足 A_{ud} 要求的前提下,R_C 的取值应使晶体管 VT_1 和 VT_2 的集电极直流电位约等于 $+U_{CC}$ 的一半。

电阻值取标称系列阻值。

3. 差分放大器的调测

(1) 静态调整

差分放大器的静态调整电路如图 8.3.2 所示。图中电路的两个输入端接地,恒流源电路中的 R_1 用电位器和一个固定电阻组成。

第一步,调恒流源电流为设计值。用万用表直流电压挡检测 R_E 上的压降,调 R_1 中的电位器改变 R_1 的大小,使 R_E 上的压降为 $2I_C \times R_E$,则恒流源电流为 $2I_C$。

第二步,调 $I_{C1} = I_{C2} = I_C$。用万用表直流电压挡检测两个输出端之间的电压,调节调零电位器 R_P 使两个输出之间的电压为零,电路达到对称平衡。

第三步,进一步检测各个晶体管的静态参数,确保各晶体管处于正常偏置状态。

(2) 电压放大倍数测量

① 测差模电压放大倍数 A_{ud}

差分放大器的差模电压放大倍数 A_{ud} 是指在差分放大器两个晶体管的基极加上大小相等、极性相反的输入信号时,电路输出电压与输入电压之比。差分放大器的 A_{ud} 与输入方式无关,只与输出方式有关,因此,在测 A_{ud} 时,可以将差分放大器接成单端输入方式,以方便连接。具体电路如图 8.3.3 所示。

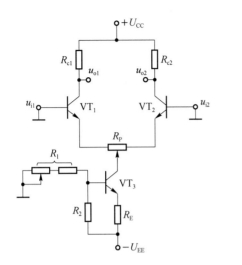

图 8.3.2 差分放大器的静态调整

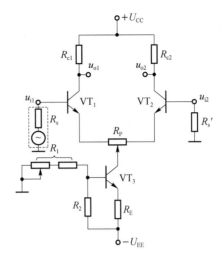

图 8.3.3 测差分放大器 A_{ud}

内阻为 R_S 的信号源选择输出适当频率和幅度的正弦信号,接入差分电路的输入端 u_{i1}, 为了保持电路的对称性,在另一输入端 u_{i2} 需要对地接入一个与信号源内阻 R_S 相等的平衡电阻 R_S'。

如果测量单端输出,用示波器同时观测输入信号和单端输出信号 u_{o1} 或 u_{o2},输出信号应无自激、无干扰、无非线性失真,确保电路正常工作。用晶体管毫伏表测输入输出信号的有效值 u_{id} 和 u_{od}。

如果测双端输出,示波器或毫伏表是不能接在两个输出端 u_{o1} 和 u_{o2} 之间的,所以应先用示波器正确观察两输出信号波形正常,然后用毫伏表分别测量 u_{o1} 和 u_{o2} 两个的输出信号的有效值,相加得到双端输出信号有效值 $u_{od双}$。

$$A_{ud单} = \frac{u_{od单}}{u_{id}} \tag{8.3.21}$$

$$A_{ud双} = \frac{u_{od双}}{u_{id}} \tag{8.3.22}$$

② 测共模电压放大倍数 A_{uc}

共模电压放大倍数的测量与差模电压放大倍数的测量类似,只要将图 8.3.3 中 u_{i2} 所接的电阻 R_S' 去掉,将差分电路的两个输入端 u_{i1}、u_{i2} 并在一起,同时接信号源提供的同一个输入信号,其他操作和 A_{ud} 完全一致,也可以分单端输出和双端输出两种情况。

(3) 传输特性曲线的测量

差分放大器的传输特性是指差分放大器在差模输入信号 u_{id} 的作用下,两个晶体管电流 i_C 随输入电压 u_{id} 变化的规律,如图 8.3.4 所示。

差分放大器传输特性可以分为三个区,理想情况下三个区的范围如下:

◆ 线性区:在 $|u_{id}| \leqslant V_T = 26$ mV 范围内,电流与电压之间有良好的线性。

◆ 非线性区:在 $V_T \leqslant |u_{id}| \leqslant 4V_T$ 范围,i_C 随 u_{id} 作非线性变化。

◆ 限幅区:在 $|u_{id}| \geqslant 4V_T = 104$ mV 的范围,i_C 不再随 u_{id} 而变化。

由于输出电压 $u_o = +U_{CC} - i_c R_c$,而 U_{CC}、R_c 是确定的,因此 u_o 与 i_c 的变化规律为线性

关系,只是大小变化方向相反。测量 u_o 比测量 i_c 方便,可用示波器测量输出电压 u_o 随差模输入电压 u_{id} 的变化规律,这个规律也是差分放大器的电压传输特性,如图 8.3.5 所示。电压传输特性是研究许多大信号输入电路的工具。

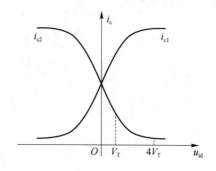
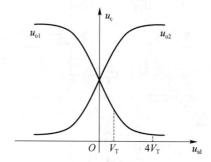

图 8.3.4　差分电路传输特性曲线　　　　图 8.3.5　差分电路电压传输特性曲线

差分电路电压传输特性曲线的测量框图如图 8.3.6 所示,该图也适用于其他电路电压传输特性曲线的测量。

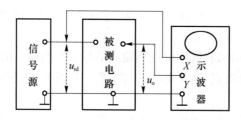

图 8.3.6　电压传输特性曲线的测量框图

电压传输特性曲线的测量应注意两点:

◆ 第一点,正确选择输入信号的幅度和频率

因电压传输特性体现输出电压随输入电压的变化规律,所以输入信号的电压能随时间变化即可,变化规律不限。所以输入可以是任意随时间变化的信号,如正弦、三角波等。

输入信号幅度不能太小,输入信号的电压变化范围应覆盖电路工作的所有线性区和非线性区。根据电路特点,还需判断输入信号是否需要加入直流偏移量。

根据电压传输特性的特点,理想情况下输入信号的频率对电路的电压传输特性应无影响,但是实际上输入信号频率过高,电路会受到器件速度的限制导致性能发生变化。所以输入信号的频率应在示波器能够稳定显示的基础上尽量选低。

◆ 第二点,正确使用示波器

在测试前,应通过示波器显示屏上两通道的零电平(或基线)位置,确定 X-Y 方式下坐标原点在显示屏上的位置。

测试过程中先同时观察输入、输出波形正常,再转用 X-Y 方式观测传输特性,并注意理解 X 和 Y 方向上的坐标意义。

实验四　集成运算放大器的线性应用

【实验目的】

(1) 了解集成运算放大器的性能、特点和使用方法。

(2) 掌握运算放大器线性应用电路的设计及测试方法。

【设计任务】

1. 反相放大器设计

给定条件：

◆ 运放选用 $\mu A741$；

◆ 待放大正弦交流信号峰峰值范围为 20～30 mV，频率范围为 0 Hz～100 kHz，无直流偏移。

指标要求：

◆ 输出信号幅度尽可能大且无非线性失真；

◆ 在输入信号的整个幅度范围和频率范围内电路增益稳定。

步骤提示：

(1) 根据供电条件和输入信号特点确定电源形式。

(2) 根据输入信号频率范围确定电路的带宽。

(3) 根据带宽和运放增益带宽积确定电路的放大倍数。

(4) 由放大倍数和输入信号幅度范围推测电路的最大输出电压。

(5) 由最大输出电压值确定电路的电源电压。

(6) 最后计算和选择电路中的元件值。

2. 反相加法器设计

给定条件：

◆ 运放选用 $\mu A741$；

◆ 待相加信号 V_{i1} 为 0～3 V 的直流信号；v_{i2} 为频率 1～10 kHz、峰峰值 2～5 V、无直流偏移的正弦交流信号。

指标要求：

◆ 能够实现 $v_o = -(2V_{i1} + v_{i2})$ 的运算；

◆ 设计一个分压电路以获得符合要求的 V_{i1}。

(提示：分压支路的电流应远大于电路的输入电流)

3. 积分运算电路设计

给定条件：

◆ 运放选用 $\mu A741$；

◆ 待积分信号为频率 1 kHz、峰峰值范围 3～6 V、无直流偏移的方波信号。

指标要求：

◆ 将待积分方波进行积分得到三角波积分输出；

◆ 输出三角波线性良好、无畸变；

◆ 输出三角波和输入方波的峰峰值满足 $\frac{2}{3} \leqslant \frac{V_{opp}}{V_{ipp}} \leqslant 1$ 关系。

4. 移相电路设计

给定条件：

◆ 运放选用 μA741；

◆ 待移相信号为频率 500 Hz、峰峰值 2 V 的正弦信号。

指标要求：

◆ u_o 相位落后于 u_i 90°；

◆ u_o 与 u_i 幅度相等。

【测试任务】

1. 反相放大器的调测

（1）根据设计任务中给出的输入信号频率和幅度范围，选择适当的输入信号。

（2）测量电路的电压放大倍数，验证电路达到设计要求，否则调整电路直至达标。

（3）在坐标纸上定量画出符合要求的输入输出波形。

（4）在原达标电路的基础上逐渐增加输入信号的幅度，直至输出波形开始出现限幅，读出限幅波形的峰峰值，分析限幅的原因。

（5）保持（4）中输入信号的幅度不变，逐渐增加输入信号的频率，观察输出波形的变化情况，直至输出波形完全变成三角波，分析这一过程的原因。

根据以上测量过程总结运算放大器在实际应用中应该注意哪些方面的限制。

2. 反相加法器的调测

（1）根据设计任务中给出的输入信号频率和幅度范围，选择适当的输入信号。

（2）测量电路的输入、输出波形，分析输入、输出关系，验证电路达到设计要求，否则调整电路直至达标。

（3）在坐标纸上定量画出符合要求的输入、输出波形。

3. 积分运算电路的调测

（1）根据设计任务中给出的输入信号频率和幅度范围，选择适当的输入信号。

（2）测量电路的输入、输出波形，分析输入、输出关系，验证电路符合设计要求，否则调整电路直至合格。

（3）在同一坐标系中定量画出符合要求的输入输出波形。

（4）选择适当频率和幅度的正弦输入信号，验证积分运算电路的移相功能。

（5）观察输入和输出波形的相位关系，分析相移与频率和电路参数之间的关系。

4. 移相电路的测试

（1）选择频率为 500 Hz、幅度适当的正弦信号作为输入，观察输入和输出波形的幅度和相位关系。

（2）改变输入信号的频率，观察输入、输出相位差的变化。

【实验预习】

（1）查阅运算放大器 μA741 的数据手册，了解运算放大器相关参数的意义和对实际应用的影响。

（2）阅读本实验【相关知识】，掌握集成运放线性应用电路设计原理和方法以及运放使用注意事项。

（3）设计相关电路，列出详细设计过程，画出完整详细的电路图，并对电路进行仿真和分析。

（4）复习电路相关性能指标的测试方法和操作要点，拟定详细的操作步骤，设计相关数据表格并准备数据纸，列出实验注意事项。

（5）在面包板上正确搭接实验电路。

（6）预习思考题：

① μA741 的增益带宽积 GBP 是多少？它对运放的应用有何意义？

② μA741 的压摆率 SR 是多少？它对运放的应用有何意义？

③ 如果在反相加法器的测试中用示波器观察输入、输出波形，发现输出波形的交流分量正常，而直流分量为零，可能的原因有哪些？

【报告撰写】

实验之前

◆ 参考本书附录"实验报告格式"，结合实验预习过程完成报告 1～5 项。

实验之后

◆ 结合实验过程继续完成报告 6～9 项。

◆ 思考题：

① 测试中各个电路都不要求对运放进行调零，是否有几个电路应该调零？根据运放调零的相关知识，设计详细的调零操作步骤。

② 如果积分电路可以选择其他运放，可以换成哪类运放？为什么？

【相关知识】

1. 理想集成运算放大器的特点

集成运算放大器是一种高增益的直接耦合多级放大电路，当外部接入不同的线性或非线性元器件组成输入电路和反馈电路时，可以灵活地实现各种特定的功能。当引入了深度负反馈时，运放电路稳定工作在线性区，称为运放的线性应用。

在线性应用方面，运放可组成比例、加法、减法、积分、微分、对数等模拟运算电路，这些运算电路是构成复杂运算的基础，也是其他各种应用的基本单元。

在大多数情况下，为便于理论分析将运放的各项技术指标理想化，满足下列条件的运算放大器称为理想运算放大器：

◆ 开环电压增益无穷大；

◆ 输入阻抗无穷大；

◆ 输出阻抗为零；

◆ 带宽无穷大;

◆ 输入失调与漂移均为零。

理想运放在线性应用时有两个重要特性,即"虚短"和"虚断"。

(1)"虚短"

运算放大器的输出电压 u_o 与两个输入端的输入电压 u_+ 和 u_- 之间满足如下关系式:

$$u_o = A_{ud}(u_+ - u_-) \tag{8.4.1}$$

由于 $A_{ud} = \infty$ 而 u_o 为有限值,因此须有 $u_+ - u_- \approx 0$ 才能使关系式成立,即 $u_+ \approx u_-$。运放的同相输入端和反相输入端的电压相等,好像两个端子之间短路,称为"虚短"。

(2)"虚断"

由于 $r_i = \infty$,故流进运放两个输入端的电流可视为零,即 $I_{ib} = 0$,好像两个端子断路,称为"虚断"。"虚断"说明运放输入阻抗极大,从其前级吸取电流极小。

上述两个特性是分析运放线性应用电路的基本原则,可简化电路的计算。

2. 集成运算放大器的主要参数

实际的集成运算放大器并非理想,其各项参数都与理想值有相当的差距,了解这些参数的意义和对实际应用的影响,可以更好地使用集成运算放大器。

(1)输入失调电压 V_{IO}(Input Offset Voltage)

输入失调电压的定义是集成运放输出端电压为零时,两个输入端之间所加的补偿电压。输入失调电压实际上反映了运放内部的电路对称性,对称性越好,输入失调电压越小。

输入失调电压是运放的一个十分重要的指标,特别是对于精密运放和直流放大电路。

(2)输入偏置电流 I_{IB}(Input Bias Current)

输入偏置电流是指运算放大器内部第一级放大电路输入晶体管的基极直流电流。这个电流保证放大器工作在线性范围,为放大器提供直流工作点。

输入偏置电流定义为当运放的输出直流电压为零时,其两输入端的偏置电流平均值。输入偏置电流对进行高阻信号放大、积分电路等有较大的影响,会引起积分电路输出信号的"爬行"现象。

(3)输入失调电流 I_{IO}(Input Offset Current)

输入失调电流是指运放的两个差分输入端偏置电流的误差。输入失调电流定义为当运放的输出直流电压为零时,其两输入端偏置电流的差值。输入失调电流同样反映了运放内部电路的对称性,对称性越好,输入失调电流越小。

输入失调电流是运放的一个十分重要的指标,特别是精密运放或直流放大电路。输入失调电流大约是输入偏置电流的百分之一到十分之一。输入失调电流对于小信号精密放大或是直流放大有重要影响,特别是运放外部采用较大的电阻(例如,10 kΩ 或更大)时,输入失调电流对精度的影响可能超过输入失调电压对精度的影响。输入失调电流越小,直流放大时中间零点偏移越小。

(4)开环电压增益 A_{VOL}(Open-loop Gain)

在无负反馈情况下(开环状态下),运算放大器的放大倍数称为开环增益,记作 A_{VOL}。有的运放数据手册上写成 large signal voltage gain。A_{VOL} 的理想值为无限大,一般约为数千倍至数万倍,其表示法有 dB 或 V/mV 为单位两种形式。

（5）输出电压摆幅 $\pm V_{\mathrm{OPP}}$（Output Voltage Swing）

当运放工作于线性区时，在指定的负载下，运放在当前电源电压供电时，运放能够输出的最大电压范围。

（6）输入电压范围

① 差模输入电压范围 V_{id}（Differential Input Voltage）

差模输入电压范围为运放两输入端允许加的最大输入电压差。当运放两个输入端加的输入电压差超过差模输入电压范围时，可能造成运放输入级的损坏。

② 共模输入电压范围 V_{icm}（Input Common Mode Voltage Range）

共模输入电压范围就是当运放工作于线性区时，共模抑制比下降 6 dB 时所对应的共模输入电压值，也可以称为最大共模输入电压。最大共模输入电压限制了输入信号中的共模输入电压范围。在有干扰的情况下，在电路设计中应注意这个参数的限制。

（7）共模抑制比 CMRR（Common Mode Rejection Ratio）

共模抑制比定义为当运放工作于线性区时，运放差模增益与共模增益的比值，是运放一个极为重要的指标。由于数值较大，所以一般采用分贝方式记录和比较。一般运放的共模抑制比在 80～120 dB 之间。

（8）静态功耗 P_{D}（Total Power Dissipation）

运放在给定电源电压下的静态功率，通常是无负载状态下。

（9）摆率 SR（Slew Rate）

摆率又称压摆率、转换速率，定义为运放接成闭环条件下，将大信号或阶跃信号输入到运放的输入端，从运放的输出端测得运放的输出电压上升速率。摆率是运放用于大信号处理时一个很重要的指标。一般运放摆率 SR≤10 V/μs，高速运放的转换速率 SR＞10 V/μs，目前的高速运放最高转换速率 SR 达到 6 000 V/μs。

（10）增益带宽

① 增益带宽积 GBP（Gain Bandwidth Product）

运算放大器带宽与增益的积。

② 单位增益带宽 GB（Unity Gain Bandwidth）

运算放大器放大倍数为 1 时的带宽，又称 0 dB 带宽。

单位增益带宽 GB 和带宽增益积 GBP 这两个概念有些相似但不同。对电压反馈型运放来说，带宽增益积是一个常数。而对于电流反馈型运放，带宽和增益不是一个线性的关系。

以上只是列举运算放大器几个主要参数，若要了解更详细的有关运放的技术参数，可查阅运算放大器产品的数据手册。

3. 不同性能的集成运算放大器

运算放大器种类型号繁多，不同的运放性能不同，适用范围也不同。根据性能的差别，运算放大器一般可分为通用运放、低功耗运放、精密运放、高输入阻抗运放、高速运放、宽带运放、高压运放等类型。另外，还有一些特殊运放，如程控运放、电流运放、电压跟随器等。

通用运放以通用为目的而设计，主要特点是价格低廉，产品量大，适用面广，其性能指标能适合于一般性使用。例如，常见的 μA741、LM358、LM353、LM324 等都属于通用运放，是目前应用最为广泛的集成运算放大器。

低功耗运放一般指静态功耗低于 1 mW 的运放。低功耗运放在低电压下保持良好的电气性能,可用于对功耗有限制的场所,如手持设备。

精密运放是指漂移和噪声非常低、增益和共模抑制比非常高的集成运放,也称为低漂移运放或低噪声运放。精密运放主要用于对放大处理精度要求高的地方,如自控仪表等。

高输入阻抗运放的输入阻抗一般大于 10^9 Ω,因其输入阻抗高附带其电压转换速率也比较高。高输入阻抗运放用途十分广泛,如采样保持电路、积分器、对数放大器、测量放大器、带通滤波器等。

高速运放的电压转换速率一般在 100 V/μs 以上,用于高速 AD/DA 转换器、高速滤波器、高速采样保持、锁相环电路、模拟乘法器、精密比较器、视频电路。

宽带运放是指-3 dB 带宽(BW)比通用运放宽得多的集成运放。很多高速运放都具有较宽的带宽,也可以称为高速宽带运放。这个分类是相对的,同一个运放在不同使用条件下的分类可能有所不同。宽带运放主要用于处理输入宽频带信号的电路。

高压运放是为了解决高输出电压或高输出功率的要求而设计的。在设计中主要解决电路的耐压、动态范围和功耗的问题。实际使用中,也可以用通用运放加晶体管或 MOS 管来代替高压运放以节约成本。

上述分类并不绝对,随着技术的进步分类的界限一直在变化。另外有一些运放同时具有两种或更多种不同的优异性能,就可能同时归入多个类别中。

4. 集成运算放大器的选择和使用

(1) 集成运放的选择

集成运算放大器是模拟集成电路中应用最广泛的一种器件。在由运算放大器组成的各种电路和系统中,由于应用要求不同,对运算放大器的性能要求也有差别。选择运放的原则是在满足所需电气特性的前提下,尽可能选择性能价格比高、通用性强的元器件。

① 初步选定运放类别

在没有特殊要求的应用场合,尽量选用通用集成运放,这样既可降低成本,又容易保证货源。对于放大音频、视频等交流信号的电路,应选转换速率比较高的运放;对于处理微弱的直流信号的电路,应选用输入失调电流、输入失调电压及温漂均比较小的高精度运放。不过在选用运放时适用即可,因为运放的性能参数之间常相互制约,盲目选用高档的运放不但无谓地提高了电路成本,也不一定能保证电路系统的高质量。

② 明确供电方式和电源电压作为进一步选择运放型号的依据

集成运放有两个电源接线端$+V_{CC}$和$-V_{EE}$,既可以对称双电源供电,也可以单电源供电,设计电路时可以根据整个电路系统的供电情况灵活选用。但运放的两种供电方式对输入信号的要求是不同的,因此还需考虑电路的输入信号类型与供电方式的适应性。

◆ 对称双电源供电

运算放大器应用电路多采用这种方式供电,相对于公共地端对称的正负电源分别接于运放的$+V_{CC}$和$-V_{EE}$端子。在这种方式下,电路的输入信号和输出信号采用直接耦合,输入信号既可以是直流,也可以是交流,而输出电压的振幅可达到或接近正负对称的电源电压。

◆ 单电源供电

将运放的$+V_{CC}$端子接正电源,$-V_{EE}$端子接地,为了保证运放内部电路具有合适的静态工作点,应加入直流偏置电路将运放的其中一个输入端的直流电位偏置在供电电压的二分之一。输入信号用电容耦合方式输入另一个输入端,则运放的输出端的电压将在二分之一供电电压的基础上随输入信号变化规律而变化,因此在运放输出端也使用耦合电容将其直流量隔离,则在耦合电容后就可得到电路的输出信号,输出信号为交流信号。

◆ 运放的电源电压

不同的运放或同一运放在不同的供电形式下,电源电压的范围各不相同,决定了电路输出电压的范围各不相同。因此在选择供电方式时,还应根据输出信号的最大电压值,选择适当的电源电压值。一般运放在中频段,电路所能输出的最大输出电压幅度会比电源电压小 1 V 左右。例如,电源电压为 ±15 V 时,输出电压最大值为 ±14 V 左右。而轨对轨运放的最大输出电压幅度几乎与电源电压相等。

因此,电路设计时应根据输出电压的最大值设定运放的电源电压值,根据电源电压的取值通过查阅运放的数据手册选定适当的运放。

实际应用中选择运放型号时还需考虑其他因素。例如,前级电路和负载的性质、运放输出电压和电流的是否满足要求以及环境温度条件、功耗、封装与体积等因素。运放型号的选择是一个综合考虑、反复平衡的过程。当确定在一个系统中使用多个相同类型的运放时,可以选用多运放集成电路,如 LM358(双运放)、LM324(四运放)等,以节约成本并减小电路体积。

(2) 集成运放的调零

集成运算放大电路在放大含有直流成分的信号时,有时需要进行调零,即对运放的输入失调进行补偿,以保证运放闭环工作时,输入为零时输出也为零。

新型的运放产品对称性好,输入失调小,没有调零端,在深负反馈(放大倍数不高)的情况下,可以靠深负反馈抑制零点的漂移,可以不调零。通用运放引入深度负反馈,在要求不高的情况下,也可以不调零。还有一些运放(如斩波自稳零运放)是不需要调零的。

有调零补偿端的运放,如 LM318、μA741 等型号的运放,只需按照器件手册给出的调零电路和方法进行调零即可。

无调零端的运放如需要调零,可参考图 8.4.1 和图 8.4.2 的调零电路形式进行连接和调零。

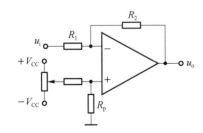

图 8.4.1 反相放大器调零电路

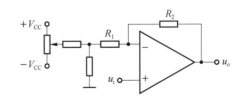

图 8.4.2 同相放大器调零电路

(3) 集成运放的使用保护

① 输入端的保护

图 8.4.3 在输入端接入反向并联的二极管,这样就可以保证输入信号电压过高时,运放的输入电压被限制在二极管的正向导通压降以下,不至于因输入过高而损坏运放的输入级。

② 输出端的保护

如图 8.4.4 所示,电路正常工作时,输出电压值小于双稳压管稳压值,稳压管不会被击穿,双稳压管支路相当于断路,对运放工作无影响。当某些非正常原因引起输出电压值大于双稳压管稳压值时,其中一只稳压管被反向击穿而另一只稳压管正向导通,则输出电压被限制在稳压管的导通值,从而保护了运放不至于输出过大而损坏。

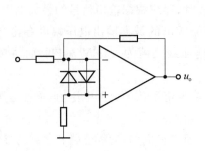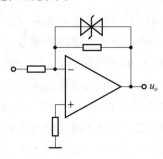

图 8.4.3　输入限幅保护　　　　　　　图 8.4.4　输出限幅保护

③ 电源保护

为了防止运放正、负电源极性接错而损坏运算放大器,可将两只二极管分别串接在运放的正、负电源电路中,如图 8.4.5 所示。如果电源极性接错正接负或负接正,则二极管不导通,错的电源电压不能加到运放的电源管脚,从而保护了运放。

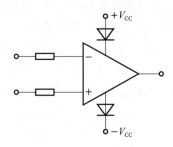

图 8.4.5　电源极性保护

5. 集成运算放大器的线性应用(以对称双电源供电电路为例)

(1) 反相比例运算电路

反相比例运算电路又称反相放大器,电路如图 8.4.6 所示。对于理想运放,该电路的输出电压 u_o 与输入电压 u_i 的关系为:

$$u_o = -\frac{R_f}{R_1}u_i \tag{8.4.2}$$

因此图 8.4.6 所示电路电压放大倍数为:

$$A_u = -\frac{R_f}{R_1} \tag{8.4.3}$$

为了减小运放输入级偏置电流引起的误差,在运放同相输入端应接入平衡电阻 R_p,R_p 的取值为:

$$R_P = R_1 // R_f \tag{8.4.4}$$

(2) 反相加法器

反相加法器电路如图 8.4.7 所示,其输出电压 u_o 与输入电压 u_i 的关系为:

$$u_o = -\left(\frac{R_f}{R_1}u_{i1} + \frac{R_f}{R_2}u_{i2}\right) \tag{8.4.5}$$

同相输入端的平衡电阻 R_P 的取值为：

$$R_P = R_1 // R_2 // R_f \tag{8.4.6}$$

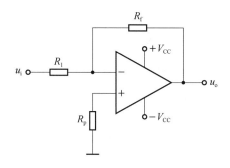

图 8.4.6　反相比例运算电路

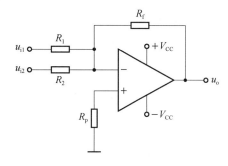

图 8.4.7　反相加法器

（3）同相比例运算电路和电压跟随器

同相比例运算电路即同相放大器，电路如图 8.4.8 所示。其输出电压 u_o 与输入电压 u_i 的关系为：

$$u_o = \left(1 + \frac{R_f}{R_1}\right)u_i \tag{8.4.7}$$

因此图 8.4.8 所示电路的电压放大倍数为：

$$A_u = 1 + \frac{R_f}{R_1} \tag{8.4.8}$$

同相端的输入电阻 R_2 的取值为：

$$R_2 = R_1 // R_f \tag{8.4.9}$$

当同相比例运算电路中的电阻 R_1 无穷大，即 R_1 开路时，即得到如图 8.4.9 所示电路，该电路具有完全电压负反馈。从式（8.4.8）可以得出此时 $u_o = u_i$，即输出电压跟随输入电压，所以图 8.4.9 被称为电压跟随器。图中 $R_2 = R_f$，一般取 $10\ \mathrm{k\Omega}$ 左右。R_f 用于抵消运放输入偏置电流的影响，使运放的工作更对称。

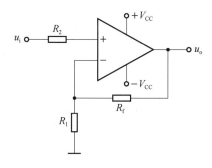

图 8.4.8　同相比例运算电路

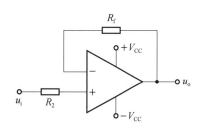

图 8.4.9　电压跟随器

（4）减法器（差分放大器）

图 8.4.10 所示的减法器电路，输出 u_o 为：

$$u_o = \frac{R_3}{R_2 + R_3} \cdot \frac{R_1 + R_f}{R_1} u_{i2} - \frac{R_f}{R_1} u_{i1} \tag{8.4.10}$$

当 $R_2 = R_1$，$R_3 = R_f$ 时，有如下关系式：

$$u_o = \frac{R_f}{R_1}(u_{i2} - u_{i1}) \tag{8.4.11}$$

（5）反相积分器

反相积分电路如图 8.4.11 所示。在理想化条件下，输出电压 u_o 为：

$$u_o(t) = -\frac{1}{R_1 C_f}\int_0^t u_i \mathrm{d}t + u_c(0) \tag{8.4.12}$$

其中，$u_c(0)$ 是 $t = 0$ 时刻电容 C_f 两端的电压值，即初始值。

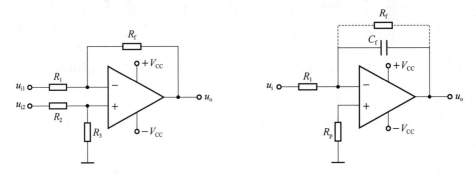

图 8.4.10　减法器电路　　　　　　图 8.4.11　反相积分器

如果 $u_i(t)$ 是幅值为 E 的阶跃电压，且初始值 $u_c(0) = 0$，则有：

$$u_o(t) = -\frac{1}{R_1 C_f}\int_0^t E \mathrm{d}t = -\frac{E}{R_1 C_f}t \tag{8.4.13}$$

即输出电压 $u_o(t)$ 随时间的推移而线性下降，并且 $R_1 C_f$ 的数值越大，达到给定的 u_o 值所需的时间就越长。积分输出电压所能达到的最大值，将受到运放最大输出电压范围的限制。

如果 $u_i(t)$ 是周期为 T，峰峰值为 u_{ipp} 的方波信号，在不受到运放动态范围限制的情况下，输出 $u_o(t)$ 将是与 $u_i(t)$ 的周期相同的三角波，其幅度满足以下关系：

$$u_{opp} = \frac{1}{2}\frac{u_{ipp}}{R_1 C_f}\frac{T}{2} \tag{8.4.14}$$

图 8.4.11 所示反相积分器的电路中，反馈电阻 R_f 的作用是克服运放输入端的失调电流和偏置电流引起的输出"爬行"现象。R_f 取值需根据电路的参数而定，取值过大则负反馈不够，不能完全消除"爬行"现象引起的输出限幅问题；过小则负反馈过强，使输出信号的线性变差。

（6）90°移相电路

图 8.4.11 所示反相积分器电路中，如果输入信号 u_i 为正弦信号，则有：

$$u_o = -\frac{1}{R_1 C_f}\int u_i \mathrm{d}t = -\frac{1}{R_1 C_f}\int \frac{U_I \sin \omega t}{\omega}\mathrm{d}\omega t = \frac{U_I}{R_1 C_f \omega}\cos \omega t = U_O \cos \omega t \tag{8.4.15}$$

u_o 为余弦信号，与正弦信号相位相差 90°。所以图 8.4.11 所示反相积分电路可以用作移相电路，实现对正弦信号 u_i 的 90°移相，u_o 超前 u_i。

另外一种移相电路可以实现 u_o 落后 u_i 90°的移相，如图 8.4.12 所示。

图 8.4.12 所示电路也是一个一阶全通滤波电路。其传递函数为：

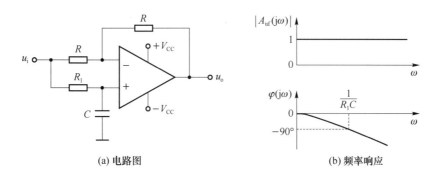

(a) 电路图　　　　　　　　　　(b) 频率响应

图 8.4.12　一阶移相电路

$$A(j\omega) = \frac{1 - j\omega R_1 C}{1 + j\omega R_1 C} \tag{8.4.16}$$

其幅频特性和相频特性分别为：

$$|A(j\omega)| = 1 \tag{8.4.17}$$

$$\varphi(j\omega) = -2\arctan(\omega R_1 C) \tag{8.4.18}$$

可以看出，当 $\omega = \dfrac{1}{R_1 C}$ 时，移相为 $-90°$，u_o 落后 u_i，同时 u_o 幅度与 u_i 相等。

6. 运放线性应用电路中电阻的选取

以上运放线性应用电路的设计和确定，可以根据电路指标要求，通过相关公式得到电路中各个电阻的比值关系。但确定各个电阻的具体阻值，则应结合电路的工作状态和具体的运放型号，进行合理选取。

以运放的反馈电阻 R_f 为例，R_f 的取值过大或过小都对电路有不好的影响。R_f 取值大要求电路的信号输入端电阻也大，运放另一输入端的平衡电阻也大，则运放的输入失调电流的影响也会较大。同时输入信号的电流较小，杂散干扰也大。另外较大阻值的电阻与系统的分布电容组成的特征频率较低，容易引起电路的不稳定。如果 R_f 取值过小，则会从运放的输出端取得较大的电流，因此要求运放的电流输出能力更强。同时由于较小阻值的 R_f 上面的功耗会较大，可能会产生较大的温漂。

因此运放应用电路的电阻取值需要结合信号处理的要求，同时考虑器件性能的限制。例如，反馈电阻的最小取值受运放输出电流的限制，其最大反馈电流应小于运放的输出电流；而反馈电阻的最大电阻值受运放噪声和失调等条件限制。

通常反馈电阻 R_f 一般在 $10\sim100$ kΩ 范围取值，如有必要可根据电路的输出电压、输出电流和反馈电流的关系进行计算。

实验五　二阶有源滤波器的设计与调测

【实验目的】

(1) 了解二阶有源滤波器的典型电路、基本原理和快速设计方法。

(2) 利用快速设计法设计相关有源滤波器电路。

(3) 练习电路仿真软件在有源滤波器设计中的应用。

（4）学习滤波器的相关测试方法。

【设计任务】

1. 用滤波器快速设计法设计一个二阶有源低通滤波器

给定条件：

◆ 电源电压±12 V；

◆ 运放 μA741。

指标要求：

◆ 低通滤波器的截止频率 $f_c=1$ kHz；

◆ 通带电压放大倍数 $A_v=2$。

2. 用滤波器快速设计方法设计一个二阶有源高通滤波器

给定条件：

◆ 电源电压±12 V；

◆ 运放 μA741。

指标要求：

◆ 截止频率 $f_c=200$ Hz；

◆ 通带电压放大倍数 $A_v=2$。

3. 级联电路

◆ 将任务 1 和任务 2 所设计的低通和高通两个滤波器按照一定的方式级联,得到一个带通滤波器电路；

◆ 注意不同电路类型的低通和高通滤波器进行级联时要考虑相位的一致性。

4. 用滤波器快速设计方法设计一个二阶带通滤波器

给定条件：

◆ 电源电压±12 V；

◆ 运放 μA741。

指标要求：

◆ 通带中心频率 $f_c=2$ kHz；

◆ 通带电压放大倍数 $A_v=1$；

◆ 品质因数 $Q=5$。

5. 利用 4 所设计的带通滤波器,设计一个带阻滤波器

给定条件：

◆ 电源电压±12 V；

◆ 运放 μA741。

指标要求：

◆ 阻带中心频率 $f_c=2$ kHz；

◆ 通带电压放大倍数 $A_v=1$。

【测试任务】

1. 二阶有源低通滤波器的测量

（1）选择适当的输入信号,用扫频法观察设计任务 1 所设计的低通滤波器的幅频特性,

读出通带电压放大倍数和上截止频率。

（2）选择适当的输入信号，测通带电压放大倍数；并用点频法测量其幅频特性和上截止频率。

（3）两种方法结果进行对比，总结二者的优缺点和各自的操作注意事项。

（4）将测量结果与指标要求进行对照，相差较大的要分析原因并调整相应的元件以减小偏差。

2．二阶有源高通滤波器的测量

（1）选择适当的输入信号，用扫频法观察设计任务 2 所设计的高通滤波器的幅频特性，读出通带电压放大倍数和下截止频率。

（2）选择适当的输入信号，测通带电压放大倍数；并用点频法测量其幅频特性和下截止频率。

（3）两种方法结果进行对比，总结二者的优缺点和各自的操作注意事项。

（4）将测量结果与指标要求进行对照，相差较大的要分析原因并调整相应的元件以达到指标要求。

3．级联电路的测量

（1）用扫频法观察设计任务 3 级联后总电路的幅频特性，判断是否是带通特性，并读出截止频率和通带内电压放大倍数；

（2）与测量任务 1 和 2 的测量结果对照，讨论参数的对应情况。

4．二阶有源带通滤波器的测量

（1）选择适当的输入信号，用扫频法观察设计任务 4 所设计的带通滤波器的幅频特性，读出通带电压放大倍数、上下截止频率和中心频率。

（2）选择适当的输入信号，测其通带电压放大倍数；并用点频法测量其幅频特性和上、下截止频率。

（3）将两种方法所得结果进行对比，总结二者的优缺点和各自的操作注意事项。

（4）将测量结果与指标要求进行对照，相差较大的要分析原因并调整相应的元件以达到指标要求。

5．带阻滤波器的测量

（1）选择适当的输入信号，用扫频法观察设计任务 5 所设计的带通滤波器的幅频特性，读出通带电压放大倍数、上下截止频率和中心频率。

（2）选择适当的输入信号，测通带电压放大倍数；并用点频法测量其幅频特性和上、下截止频率。

（3）将两种方法所得结果进行对比，总结二者的优缺点和各自的操作注意事项。

（4）将测量结果与测量任务 4 的测量结果进行对照，讨论参数的对应情况。

【实验预习】

（1）查阅运算放大器 μA741 的数据手册，了解哪些参数可能对滤波器电路性能产生影响。

（2）阅读本实验【相关知识】，掌握相关电路的设计和调测方法。

（3）设计相关电路，列出详细设计过程，画出完整详细的电路图，并对电路进行仿真和分析。

(4) 拟定详细调测操作步骤,设计相关数据表格并准备数据纸,列出实验注意事项。

(5) 在面包板上搭建实验电路。

(6) 预习思考题:

① 有源滤波器一般适用于什么频率范围?为什么?

② 画出压控电压源型带通滤波器转换成带阻滤波器的电路图。

③ 画出无限增益多路反馈型带通滤波器转换成带阻滤波器的电路图。

【报告撰写】

实验之前

◆ 参考本书附录"实验报告格式",结合实验预习过程完成报告 1~5 项。

实验之后

◆ 结合实验过程继续完成报告 6~9 项。

【相关知识】

1. 关于滤波器

滤波器是一种应用广泛的选频电路,它能够使某些频率范围的信号通过,同时抑制或衰减其他频率的信号。

滤波器类型繁多,按照其电路构成特点,通常分为无源滤波器和有源滤波器两大类。仅由电阻、电容、电感这类无源元件构成的滤波器为无源滤波器,其主要形式有电容滤波、电感滤波和复式滤波等。若滤波器电路不仅包含无源元件,还包含有源元件如晶体管、集成运放等,则为有源滤波器。有源滤波器工作时必须有适当的直流电源供电,不适用于高电压大电流的场合,电路组成和设计也比较复杂。但是,有源滤波电路的负载不影响滤波特性,在滤波的同时还可以进行放大,并具有一定的缓冲作用,因此常用于信号处理要求高的场合。

常用的有源滤波器一般由 RC 网络和集成运放组成。因受集成运放频带的限制,此类滤波器主要用于低频范围,工程上常用来进行信号处理、数据传送或抑制干扰。

滤波器的特性常用频率响应来表征,在幅度频率响应中能够通过的信号频率范围称为通带,受阻的信号频率范围称为阻带,通带和阻带的界限频率称为截止频率。按照通带和阻带的分布位置情况,滤波器可分为低通滤波器、高通滤波器、带通滤波器和带阻滤波器等。理想滤波器幅频响应在通带内具有零衰减,在阻带内具有无限大的衰减,通带与阻带之间是跳变。但实际滤波器的通带和阻带之间的跳变并不存在,通带阻带之间是一个渐变的过渡过程。

滤波器的四种幅频响应如图 8.5.1 所示。图中 f_H、f_L 分别是滤波器通带增益下降 3 dB 时对应的截止频率;f_c 是带通滤波器通带和带阻滤波器阻带的中心频率。

由运放和 RC 网络构成的有源滤波器电路中,RC 网络的阶数与滤波传递函数中的极点个数对应,也对应滤波器的阶数,滤波器阶数决定了频率响应渐变区的变化速度,一般每增加一阶(一个极点),就会增加 20 dBDec(20 dB 每十倍频程)。

2. 巴特沃斯型滤波器和切比雪夫型滤波器

由图 8.5.1 可以看出,实际滤波器电路的频率响应特性与理想情况存在较大差异,实际情况只是向理想情况的逼近。不同类型滤波器电路对应不同类型的频率响应特性,实际应用中比较常见的有巴特沃斯型、切比雪夫型、贝塞尔型等。

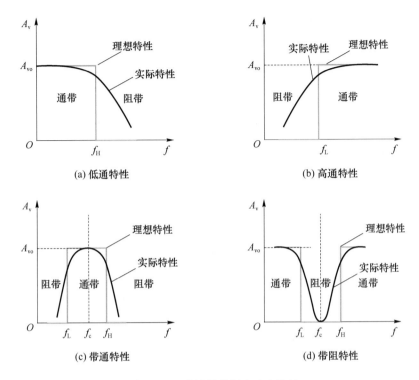

图 8.5.1 滤波器的频率响应特性

图 8.5.2给出了3阶和7阶的巴特沃斯型以及切比雪夫型幅频特性曲线。可以看出，巴特沃斯型幅频特性在通带内平坦，在截止频率处幅度增益下降 3 dB，随着阶数增加，其过渡带曲线陡度增加。切比雪夫型幅频特性在通带内具有微小的起伏，过渡带曲线陡度同样随阶数的增加而加大。在相同阶数下，切比雪夫型滤波器可得到比巴特沃斯型滤波器更陡峭的过渡特性。

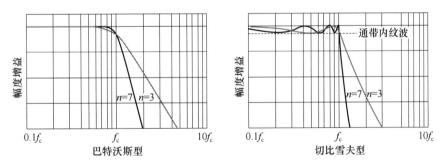

图 8.5.2 巴特沃斯和切比雪夫滤波器幅频特性比较（3 阶和 7 阶）

所以，无论是巴特沃斯型还是切比雪夫型，滤波器的阶数越高，过渡带就越窄，其频率选择性就越好，但滤波器的电路结构就越复杂。

高阶滤波器可以通过几个低阶滤波器（称为滤波节）级联而成。

3. 有源滤波器设计的一般思路

有源滤波器电路类型繁多，性能参数复杂，具体设计方法也多种多样，一般设计思路如下：

- ◆ 首先,根据滤波器通带纹波要求、过渡带陡峭程度以及电路的复杂程度等方面综合考虑,选定滤波器频率响应的类型。
- ◆ 然后,根据过渡带陡峭度的具体要求确定滤波器的阶数。
- ◆ 接下来,根据阶数确定滤波器或各个滤波节的截止频率和品质因数。
- ◆ 最后,根据滤波电路对应的传递函数,确定元器件的值。

在确定元器件值的过程中,往往由于限定条件少于元器件个数,各个元器件取值并不唯一,所以最后电路的确定还需结合元器件取值的方便性等因素。

可以看出,有源滤波器的设计过程复杂、计算烦琐,因此现在多利用计算机技术借助设计软件完成。在计算机的帮助下,巴特沃斯、切比雪夫响应的各种类型的不同阶数的有源滤波器的电路及对应的 RC 元件值已经被制成设计表格,在进行有源滤波器设计时可以通过查表完成,这种方法被称为有源滤波器的快速设计法。

4. 巴特沃斯型二阶有源滤波器的快速设计法

在频率选择性要求不是特别苛刻的情况下,巴特沃斯型二阶有源滤波器电路简单,通带内增益稳定,因而得到广泛应用。并且通过低阶滤波器的级联可以实现任何高阶的滤波器,因此这里重点介绍巴特沃斯型二阶有源滤波器快速设计。

二阶有源滤波器通常为线性系统,在复数频域的传输函数分别如下:

低通:
$$\dot{A}_v(s) = \frac{A_{v0}\omega_c^2}{s^2 + \dfrac{\omega_c}{Q}s + \omega_c^2} \tag{8.5.1}$$

高通:
$$\dot{A}_v(s) = \frac{A_{v0}s^2}{s^2 + \dfrac{\omega_c}{Q}s + \omega_c^2} \tag{8.5.2}$$

带通:
$$\dot{A}_v(s) = \frac{A_{v0}\dfrac{\omega_c}{Q}s}{s^2 + \dfrac{\omega_c}{Q}s + \omega_c^2} \tag{8.5.3}$$

带阻:
$$\dot{A}_v(s) = \frac{A_{v0}(\omega_c^2 + s^2)}{s^2 + \dfrac{\omega_c}{Q}s + \omega_c^2} \tag{8.5.4}$$

以上各式中:

- A_{v0} 为通带内电压放大倍数。
- $\omega_c = 2\pi f_c$ 为低通、高通滤波器的截止角频率或带通、带阻滤波器的中心角频率。
- Q 为品质因数,其中带通、带阻滤波器有 $Q \approx \dfrac{\omega_c}{BW}$,BW 为带宽;而低通和高通滤波器

的 Q 值为截止频率处电压放大倍数与通带电压放大倍数之比。

在进行有源滤波器的快速设计时,给定的性能指标通常有截止频率或角频率、带内电压放大倍数或增益以及品质因数 Q,对于巴特沃斯型的二阶高通或低通滤波器的 Q 值为 0.707。

应用快速设计法进行二阶巴特沃斯型二阶有源滤波器的设计步骤:

第一步,根据滤波器截止频率或中心频率值,选择电容值、确定参数 K。

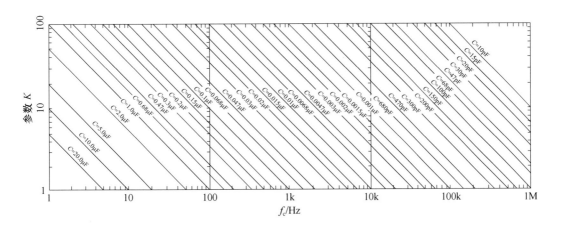

图 8.5.3　频率 f_c、电容 C 和参数 K 的对应关系

由滤波器截止频率或中心频率值,可通过图 8.5.3 确定电容值 C 和 K 值。或者根据以下关系确定电容值 C 和 K 值:

$$K = \frac{100}{f_c C} \tag{8.5.5}$$

注意:式(8.5.5)中 C 的单位为 μF。

另外,建议 K 值不要太大,否则将导致滤波器电路中的电阻值很大,一般取 $K < 10$。

第二步,根据滤波器带内电压放大倍数 A_V、Q 值、电容 C 值等参数,从对应的设计表中查出相应的电容值和 $K = 1$ 时的电阻值。

第三步,将这些电阻值与第一步确定的 K 值相乘,即可得到滤波器电路中各电阻的设计值。

下面给出巴特沃斯型二阶有源滤波器各种类型的典型电路、性能参数和设计表。

(1) 二阶低通滤波器典型电路、性能参数以及设计表

① 压控电压源二阶低通滤波器(如图 8.5.4 所示)

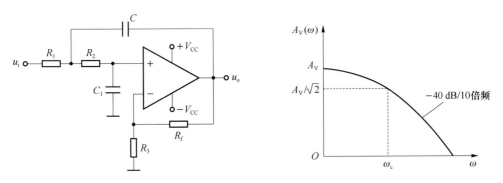

图 8.5.4　压控电压源二阶低通滤波器电路及幅频特性

在这个电路中运放为同相输入接法,带内增益容易调整,具有输入阻抗高输出阻抗低的特点。其性能参数有:

$$\omega_c^2 = \frac{1}{R_1 R_2 C_1 C} \tag{8.5.6}$$

$$\frac{\omega_c}{Q} = \frac{1}{R_1 C} + \frac{1}{R_2 C} + (1 - A_V)\frac{1}{R_2 C_1} \tag{8.5.7}$$

$$A_V = 1 + \frac{R_f}{R_3} \tag{8.5.8}$$

表 8.5.1　压控电压源二阶低通滤波器电路(巴特沃斯响应)设计表

带内电压放大 A_V		1	2	4	6	8	10
$K=1$ 时的 电阻值(kΩ)	R_1	1.422	1.126	0.824	0.617	0.521	0.462
	R_2	5.399	2.250	1.537	2.051	2.429	2.742
	R_3	开路	6.752	3.148	3.203	3.372	3.560
	R_f	0	6.752	9.444	16.012	23.602	32.038
电容值	C_1	0.33C	C	2C	2C	2C	2C

②　无限增益多路反馈二阶低通滤波器(如图 8.5.5 所示)

该电路具有反相作用,电路如果失调明显可在同相端接入平衡电阻加以改善。由于存在 C_1 电容负反馈,所以运算放大器宜选用完全补偿的电压反馈型运放,而非完全补偿的运放以及电流反馈型运放在这个电路中容易引起自激振荡。

该电路的性能参数有:

$$\omega_c^2 = \frac{1}{R_2 R_3 C_1 C} \tag{8.5.9}$$

$$\frac{\omega_c}{Q} = \frac{1}{C}\left(\frac{1}{R_1} + \frac{1}{R_2} + \frac{1}{R_3}\right) \tag{8.5.10}$$

$$A_V = -\frac{R_2}{R_1} \tag{8.5.11}$$

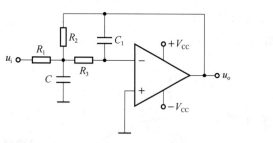 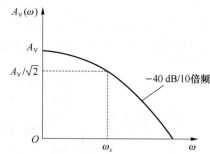

图 8.5.5　无限增益多路反馈二阶低通滤波器电路及幅频特性

表 8.5.2　无限增益多路反馈二阶低通滤波器电路(巴特沃斯响应)设计表

带内电压放大 A_V		1	2	6	10
$K=1$ 时的 电阻值(kΩ)	R_1	3.111	2.565	1.697	1.625
	R_2	3.111	5.130	10.180	16.252
	R_3	4.072	3.292	4.977	4.723
电容值	C_1	0.2C	0.15C	0.05C	0.033C

（2）二阶高通滤波器典型电路、性能参数以及设计表

① 压控电压源二阶高通滤波器（如图 8.5.6 所示）

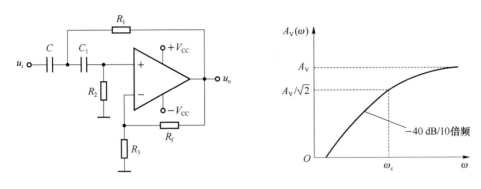

图 8.5.6　压控电压源二阶高通滤波器电路及幅频特性

其性能参数有：

$$\omega_c^2 = \frac{1}{R_1 R_2 C C_1} \tag{8.5.12}$$

$$\frac{\omega_c}{Q} = \frac{1}{R_2}\left(\frac{1}{C}+\frac{1}{C_1}\right)+(1-A_V)\frac{1}{R_1 C} \tag{8.5.13}$$

$$A_V = 1 + \frac{R_f}{R_3} \tag{8.5.14}$$

表 8.5.3　压控电压源二阶高通滤波器电路（巴特沃斯响应）设计表

带内电压放大 A_V		1	2	4	6	8	10
$K=1$ 时的电阻值(kΩ)	R_1	1.125	1.821	2.592	3.141	3.593	3.985
	R_2	2.251	1.391	0.977	0.806	0.705	0.636
	R_3	开路	2.782	1.303	0.968	0.806	0.706
	R_f	0	2.782	3.910	4.838	5.640	6.356
电容值	C_1	C	C	C	C	C	C

② 无限增益多路反馈二阶高通滤波器（如图 8.5.7 所示）

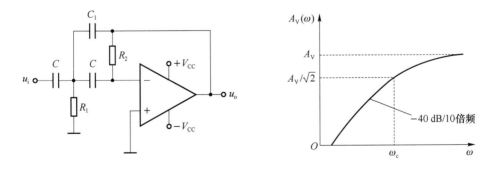

图 8.5.7　无限增益多路反馈二阶高通滤波器电路及幅频特性

该电路在同相端接入平衡电阻亦可以减少失调。电路的其性能参数有：

$$\omega_c^2 = \frac{1}{R_1 R_2 C_1 C} \tag{8.5.15}$$

$$\frac{\omega_c}{Q} = \frac{1}{R_2 C C_1}(2C + C_1) \tag{8.5.16}$$

$$A_V = -\frac{C}{C_1} \tag{8.5.17}$$

表 8.5.4　无限增益多路反馈二阶高通滤波器电路(巴特沃斯响应)设计表

带内电压放大 A_V		1	2	5	10
$K=1$ 时的	R_1	0.750	0.900	1.023	1.072
电阻值(kΩ)	R_2	3.376	5.627	12.379	23.634
电容值	C_1	C	0.5C	0.2C	0.1C

(3) 二阶带通滤波器典型电路、性能参数以及设计表

① 压控电压源二阶带通滤波器(如图 8.5.8 所示)

其性能参数有：

$$\omega_c^2 = \frac{1}{R_2 C^2}\left(\frac{1}{R_1} + \frac{1}{R_3}\right) \tag{8.5.18}$$

$$\frac{\omega_c}{Q} = \frac{1}{R_1 C} + \frac{2}{R_2 C} - \frac{R_f}{R_3 R_4 C} = \mathrm{BW} = \frac{f_c}{\Delta f} \tag{8.5.19}$$

$$A_V = \left(1 + \frac{R_f}{R_4}\right)\frac{1}{R_1 C} \cdot \frac{1}{\mathrm{BW}} = \left(1 + \frac{R_f}{R_4}\right)\frac{1}{R_1 C} \cdot \frac{Q}{\omega_c} \tag{8.5.20}$$

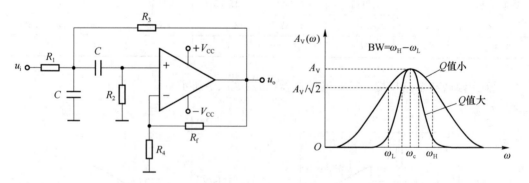

图 8.5.8　压控电压源二阶带通滤波器电路及特性

从以上特性参数的表达式可以看出，电路的 Q 值越高，带宽越窄，频率选择性越好。但中心频率处的放大倍数与 Q 值相关，在 Q 值较大时电路的稳定性变差，因此电路的 Q 值不宜太高，一般取小于 10 的值。

表 8.5.5　压控电压源二阶带通滤波器电路(巴特沃斯响应)设计表

		Q=5					
带内电压放大 A_V		1	2	4	6	8	10
K=1 时的电阻值(kΩ)	R_1	15.915	7.958	3.979	2.653	1.989	1.592
	R_2	2.251	2.416	2.778	3.183	3.626	4.100
	R_3	1.211	1.208	1.183	1.137	1.077	1.010
	R_4, R_f	4.502	4.832	5.556	6.366	7.252	8.200
		Q=10					
带内电压放大 A_V		1	2	4	6	8	10
K=1 时的电阻值(kΩ)	R_1	31.831	15.915	7.958	5.305	3.979	3.183
	R_2	2.251	2.332	2.502	2.684	2.876	3.078
	R_3	1.167	1.166	1.160	1.148	1.131	1.110
	R_4, R_f	4.502	4.664	5.004	5.368	5.752	6.156

② 无限增益多路反馈二阶带通滤波器(如图 8.5.9 所示)

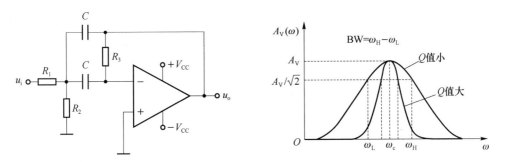

图 8.5.9　无限增益多路反馈二阶带通滤波器电路

该电路在同相端接入平衡电阻亦可以减少失调。电路的其性能参数有:

$$\omega_c^2 = \frac{1}{R_1 R_2 C^2} \tag{8.5.21}$$

$$\frac{\omega_c}{Q} = \frac{2}{R_3 C} \tag{8.5.22}$$

$$A_V = -\frac{R_3}{2R_1} \tag{8.5.23}$$

表 8.5.6　无限增益多路反馈二阶带通滤波器电路(巴特沃斯响应)设计表(Q=5)

带内电压放大 A_V		1	2	4	6	8	10
K=1 时的电阻值	R_1	7.958	3.979	1.989	1.326	0.995	0.796
	R_2	0.162	0.166	0.173	0.181	0.189	0.199
	R_3	15.915	15.915	15.915	15.915	15.915	15.915

(4) 有源带通、带阻滤波器设计的灵活思路

① 带通滤波器的灵活设计

实际设计工作中如果有源带通滤波器的通带宽度较大,比如上截止频率是下截止频率

的两倍以上,可以将带通滤波器拆分为一个低通滤波器和一个高通滤波器的级联,直接运用低通滤波器与高通滤波器的设计过程进行。由于运放本身具有隔离作用,分别设计的两个滤波器之间不会相互影响。但是两个截止频率靠得很近,通带宽度较窄,此时若还是用高通与低通级联的方法,则由于两个滤波器频率特性在过渡带的影响而难以得到预料的滤波特性,因此需要直接综合进行设计。另外,如果对通带内平坦度要求较高,即使通带宽度很大,也应该直接综合进行设计。

② 带阻滤波器的灵活设计

对于带阻滤波器的设计,如果其上、下截止频率相距几个倍频程,则上、下截频的相互影响可以忽略,也可以将该带阻滤波器拆分为一个低通滤波器和一个高通滤波器独立进行设计,两个滤波器的输出通过加法器电路叠加即可得到带阻特性。

还有一种方法是设计一个带通滤波器,然后用差分放大器(减法器)将原始信号减去该带通滤波器输出信号,就形成了带阻特性。此方法要注意带通滤波器在通带内的幅度和相位应该与原始信号相同。如果带通滤波器有反相的功能,则可以用加法器电路将原始信号和反相的带通滤波器输出相加,也可得到带阻特性。如果带通滤波器为切比雪夫型,构成的带阻滤波器阻带内将有较大的波动,所以通常带通只用巴特沃斯型滤波器。还应注意的是,由于带通转换为带阻后,相当于幅频特性上下翻转,所以各个截止频率的位置有所变化,最后得到的带阻滤波器的带宽要大于原带通滤波器的带宽。

如果是窄带带阻滤波器(例如,整个阻带的宽度不到一个倍频程),则阻带的两个边缘将相互影响,就不能用前面的方法设计,而必须从低通原型出发通过频率变换的方式进行整体设计。另外,如果对于带阻滤波器的频率特性有较严格的要求,则尽管阻带较宽可能也需要这样进行整体的设计。如果是只要求滤除某个单一频率的点阻滤波器(又称陷波器),则可以用单个带阻滤波节或具有相同中心频率的带阻滤波节串联构成。

5. 有源滤波器电路的调测

(1)元器件的选取

根据所设计的滤波器电路中各元件的设计值,选取标称值尽可能与设计值接近或相等的阻容元件,必要时可以通过元件的串、并联使之达到或尽可能接近设计值。

运放宜采用电压反馈型运放。

(2)滤波器幅频特性的测量

① 点频法

利用正弦信号发生器、示波器、毫伏表等常规仪表,可以通过调节输入信号的频率,观察测量滤波器电路在不同频率下对信号的通过情况,从而得到电路的幅频特性。具体操作步骤和注意事项参见第 7 章实验八中的相关内容。

② 扫频法

利用专用的扫频仪可以直接测量得到电路的幅频特性曲线。或者利用扫频信号源,为电路提供一个扫频信号,扫频范围应覆盖滤波器的通带和阻带,扫频信号幅度应选择在电路的线性范围内且便于观察。然后利用高性能的示波器观察电路在整个扫频范围的输出情况,通过输出信号的包络,可以间接观察到电路的幅频特性。

实验六　电压比较器的设计和应用

【实验目的】

（1）了解电压比较器的不同类型和工作原理。

（2）掌握电压比较器的设计和测试方法。

（3）了解电压比较器在实际中的应用。

【设计任务】

1. 波形转换电路的设计

利用集成运算放大器设计一个电压比较器电路用于波形转换，将频率范围为 $100\ \mathrm{Hz}\sim$ $1\ \mathrm{kHz}$，幅度范围为 $10\ \mathrm{mVpp}\sim1\ \mathrm{Vpp}$ 的交流信号转换为矩形波信号。

给定条件：

◆ 电源电压 $\pm12\ \mathrm{V}$。

指标要求：

◆ 输出矩形波的幅度为 $\pm6\ \mathrm{V}$ 左右。

◆ 输出矩形波上升时间 t_r 和下降时间 t_f 不超过 $25\ \mu\mathrm{s}$。

2. 湿度调控电路的设计

参考图 8.6.11 电路，利用湿敏电阻，设计一个加湿器开关控制电路，控制加湿器的工作。

给定条件：

◆ 电源电压 $\pm5\ \mathrm{V}$。

◆ 湿敏电阻 R_S 特性如图 8.6.1 所示。

◆ 相对湿度采样电路如图 8.6.2 所示。

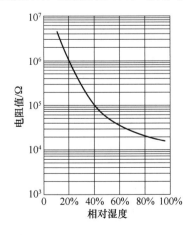

图 8.6.1　湿敏电阻 R_S 特性曲线图

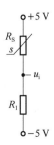

图 8.6.2　相对湿度采样电路

指标要求:

◆ 将环境相对湿度控制在 40％～70％范围内,低于 40％启动加湿器工作,高于 70％加湿器停止工作。

◆ 用绿色发光二极管点亮代表加湿器工作,红色发光二极管点亮代表加湿器不工作。

设计提示:

① 分析题目要求,该控制电路可以用滞回电压比较器实现,环境相对湿度为 40％和 70％时,采样电路的 u_i 分别对应滞回电压比较器两个不同的比较电压。另外,为了电路接线简单参考电压取 $U_R＝0$ V。

② 测试时,电路的实际输出负载为发光二极管,所以输出幅度大于发光二极管的导通电压即可;为了电路结构的简单,选用双电源±5 V 供电,输出端加限流电阻用于发光二极管的保护。

③ 从图 8.6.1 所示湿敏电阻特性曲线读出 R_S 在相对湿度为 40％和 70％时的电阻值分别为 R_{S1} 和 R_{S2}。

④ 确定图 8.6.2 中与 R_S 串联的电阻 R_1 的值和两个比较电压的值。从图中可以看出 R_1 的取值应满足当 R_S 的阻值分别为 R_{S1} 和 R_{S2} 时,u_i 的电压值为一对相反数,即滞回电压比较器两个比较电压的值。

⑤ 实际调测时可用电位器代替 R_S。

3. 专用电压比器应用电路设计

设计一个滞回电压比较器电路,可以将连续变化的交流信号转换为正脉冲信号。

给定条件:

◆ 电源电压＋5 V。

◆ 专用电压比较器 LM311。

指标要求:

◆ 电路具有如图 8.6.3 所示电压传输特性。

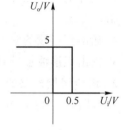

图 8.6.3 电压比较器电压传输特性曲线

【测试任务】

1. 波形转换电路的测量

◆ 根据设计任务中给定的输入信号频率和幅度范围,选择适当的输入信号,测量电路的输入输出波形,验证电路达到设计要求,否则调整电路直至达标。

◆ 在坐标纸上定量画出合格电路的输入输出波形,标注波形各项参数,给出电路合格的理由。

2. 湿度调控电路的测量

◆ 根据设计要求,验证 R_S(用电位器代替)的阻值变化时,电路可以正确驱动红、绿两个发光二极管分别点亮。

◆ 将电路中滞回电压比较器的输入端与湿度检测电路断开,用函数信号发生器为滞回电压比较器提供适当的输入信号,测量其电压传输特性曲线。

◆ 从电压传输特性曲线上读出 U_{th+} 和 U_{th-} 的值,与设计值相比较,如与设计值不符调整电路直至符合。

◆ 画出合格电路的电压传输特性曲线。

3. 专用电压比较器电路的调测

选择适当的输入信号,实际测量所设计的 LM311 构成滞回电压比较器,观察其输入输出波形,并画出示波器显示的传输特性曲线。

【实验预习】

(1)查阅实验所用集成运放和专用电压比较器 LM311 的数据手册,说明在本次设计中需要对器件的哪些参数格外关注。

(2)阅读本实验【相关知识】,掌握各种电压比较器的工作原理和设计、测量方法,了解电压比较器在实际中的应用。

(3)根据要求设计相关电路,说明设计思路和电路具体参数的选择过程和选择理由,并画出详细实验电路图。

(4)根据调测任务,结合电路的设计要求,制定相关电路的测试方案,拟定详细的实际调测步骤,设计相关数据表格并准备数据纸,列出操作注意事项。

(5)根据器件手册正确使用器件搭接实验电路。

(6)预习思考题:

① 实际测试时,要从哪些方面考虑合理选择滞回电压比较器的输入信号?

② 示波器测量电压比较器的传输特性曲线要注意哪些问题? 从传输特性曲线可以读出电压比较器的哪些参数? 如何规范读取这些参数?

【报告撰写】

实验之前

◆ 参考本书附录"实验报告格式",结合实验预习过程完成报告 1~5 项。

实验之后

◆ 结合实验过程继续完成报告 6~9 项。

◆ 思考题:

• 通过实验,总结电压比较器电路中的运算放大器的工作状态的特点。

• 如果设计任务(1)中波形转换电路的输入信号频率范围为 100 Hz~20 kHz,原设计电路是否还满足要求? 为什么? 如需改进,应如何更改?

• 设计任务(2)是否可以用 +5 V 单电源电路实现? 如果可以列出设计过程,画出电路图。

【相关知识】

1. 电压比较器的工作原理

电压比较器是一种对电压幅度进行比较和鉴别的电路。当电压比较器的输入信号 u_i 的变化经过某一个或两个比较电压时,会引起电压比较器输出电压从一个状态到另一个状态的跳变。

电压比较器根据工作特点分为无滞回电压比较器和滞回电压器两大类。电压比较器可以由集成运算放大器构成,也有专用的电压比较器集成电路。专用电压比较器的精确性和速度都优于前者。集成运算放大器构成电压比较器时工作于非线性区,处于大信号工作状态,需考虑运放相关参数对电路性能的影响。

(1) 无滞回电压比较器(以反相输入为例)

图 8.6.4 为运算放大器组成的反相无滞回电压比较器,其中(a)输出端无限幅稳压二极管,输出信号 u_O 的幅度 U_O 即为运放的最大输出幅度 $U_{op(max)}$,正负分别接近正负电源的值;而图 8.6.4(b)输出端接有限幅稳压的双稳压管,可以通过选择不同的稳压管得到不同幅度的输出信号 u_o。

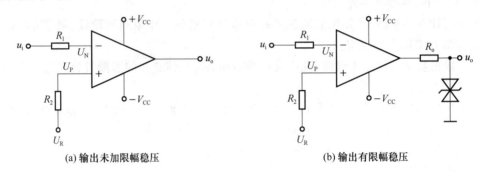

(a) 输出未加限幅稳压   (b) 输出有限幅稳压

图 8.6.4 反相无滞回电压比较器

u_i 为输入信号,U_R 为参考电压,U_N 为反相输入端电压,U_P 为同相输入输端电压。根据理想运算放大器的特点,有:

$$U_N = U_P = U_R \tag{8.6.1}$$

则在 u_i 大于、小于 U_R 两种情况下,电路分别输出低电平 U_{oL} 和高电平 U_{oH}。

对于图 8.6.4(a)有:

$$U_{oH} = +U_{op(max)} \approx +V_{CC} \quad U_{oL} = -U_{op(max)} \approx -V_{CC} \tag{8.6.2}$$

对于图 8.6.4(b)有:

$$U_{oH} = +(U_Z + U_D) \quad U_{oL} = -(U_Z + U_D) \tag{8.6.3}$$

U_Z 和 U_D 分别是稳压二极管的反向稳定电压和正向导通电压,不同的稳压二极管 U_Z 和 U_D 的值不同。

电压比较器输出电平发生反转时对应的输入电压值,被称为比较电压。无滞回电压比较器的比较电压等于参考电压 U_R,U_R 的取值可正可负也可以为零。参考电压 U_R 为零的无滞回电压比较器被称为过零电压比较器,当 u_i 的瞬时电压变化经过零伏时,电压比较器的输出电平发生反转。

图 8.6.5 为无滞回电压比较器的参考电压 U_R 在大于零、等于零、小于零三种情况下,所对应的输入输出波形。从 3 个输出波形对比可以看出:参考电压的不同还引起了输出矩形波的占空比的不同。图 8.6.6 为无滞回电压比较器的参考电压 U_R 大于零、等于零、小于零 3 种情况下,所对应的 3 条电压传输特性曲线。可以看出,无滞回电压比较器无论参考电压为何值,都只存在一个与之相等比较电压。

(2) 滞回电压比较器

滞回电压比较器也被称为施密特触发器,图 8.6.7 为运放构成的反相滞回电压比较器,(a)和(b)分别为输出端无限幅稳压和有限幅稳压。无论是(a)还是(b)中,均有 R_2、R_3 构成正反馈网络,参考电压 U_R 和输出电压 u_o 通过 R_2、R_3 的串联电路,共同决定运算放大器的同

相输入端的电压 U_P，也就是比较器的比较电压。

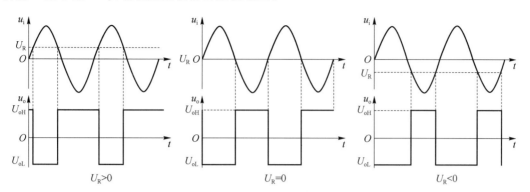

图 8.6.5　反相无滞回电压比较器输入输出波形

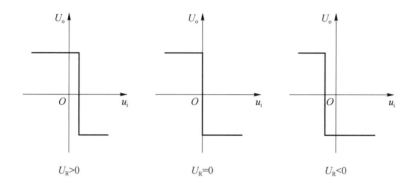

图 8.6.6　反相无滞回电压比较器的电压传输特性

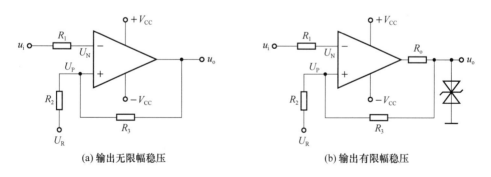

图 8.6.7　反相滞回电压比较器

根据叠加原理，有

$$U_P = \frac{R_3}{R_2 + R_3} U_R + \frac{R_2}{R_2 + R_3} u_o \tag{8.6.4}$$

而输出信号 u_o 分别有高、低两个值 U_{OH} 和 U_{OL}，记作

$$U_{OH} = +U_{op(max)} \qquad U_{OL} = -U_{op(max)} \tag{8.6.5}$$

所以

$$U_P = \frac{R_3}{R_2 + R_3} U_R \pm \frac{R_2}{R_2 + R_3} U_{op(max)} \tag{8.6.6}$$

可以看出,滞回电压比较器的两个输出电压值 U_{oH} 和 U_{oL},通过正反馈决定了两个比较电压,分别是

$$U_{th+} = \frac{R_3}{R_2 + R_3} U_R + \frac{R_2}{R_2 + R_3} U_{op(max)} \tag{8.6.7}$$

$$U_{th-} = \frac{R_3}{R_2 + R_3} U_R - \frac{R_2}{R_2 + R_3} U_{op(max)} \tag{8.6.8}$$

U_{th+} 称为上比较电压,U_{th-} 称为下比较电压,两个比较电压之差称为滞回电压,用 U_{th} 表示

$$U_{th} = 2 \frac{R_2}{R_2 + R_3} U_{op(max)} \tag{8.6.9}$$

在图 8.6.7(a)所示电路输出端无限幅稳压情况下,其输出电压的高低电平幅度为运放的最大输出幅度 $U_{op(max)}$,具体数据可以通过查阅运放的数据手册得到。在要求不严格的情况下,也可以认为 $\pm U_{op(max)}$ 近似等于电路的电源电压 $\pm V_{CC}$,即

$$U_o = \pm U_{op(max)} \approx \pm V_{CC} \tag{8.6.10}$$

而图 8.6.7(b)所示电路输出端接有双稳压二极管进行限幅稳压情况下,$U_{op(max)}$ 的值由双稳压管的稳压值参数决定,即

$$U_{op(max)} = U_D + U_Z \tag{8.6.11}$$

其中,U_D 为稳压二极管正向导通电压,U_Z 为稳压二极管的反向稳定电压。

滞回电压比较器的工作过程可以概述如下:

当输出电压为高电平 U_{oH} 时,U_{oH} 通过 R_2、R_3 构成的正反馈网络和参考电压 U_R 共同建立了上比较电压 U_{th+},当输入信号 u_i 的瞬时电压大于上比较电压 U_{th+} 时,输出电压即由高电平 U_{oH} 翻转为低电平 U_{oL},同时在 U_{oL} 的作用下,运放同相端的比较电压也转为 U_{th-}。当输入信号 u_i 的瞬时电压小于下比较电压 U_{th-} 时,输出电压再次翻转为高电平输出 U_{oH},比较电压也相应地转换为上比较电压 U_{th+}。

可以看出,由于正反馈的存在,使得比较器的比较电压与输出电压相关,输出电压有高、低两个值,决定了比较电压也有高、低两个值,分别为上比较电压 U_{th+}、下比较电压 U_{th-}。当输入信号由小变大时,上比较电压起作用;在输入信号由大变小时,下比较电压起作用。两个比较电压 U_{th+} 和 U_{th-} 与参考电压 U_R 以及 R_2、R_3 有关。而滞回电压 U_{th} 只与 R_2、R_3 有关。R_3 越小,表明正反馈越强,滞回电压 U_{th} 越大。滞回电压比较器的输入输出波形和电压传输特性如图 8.6.8 所示。

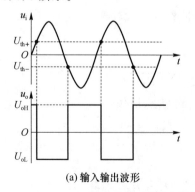

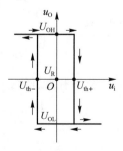

(a)输入输出波形　　　　　　　(b)电压传输特性

图 8.6.8　滞回电压比较器工作特性

（3）专用集成电压比较器

图 8.6.9 是采用专用集成电压比较器 LM311 组成的滞回电压比较器,与集成运放构成的滞回电压比较器图 8.6.7(a)电路相比,不同之处有:输出端接有上拉电阻 R;电路采用单电源$+V_{\mathrm{CC}}$供电。

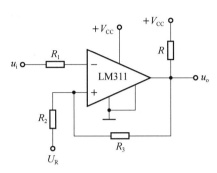

图 8.6.9　LM311 组成滞后电压比较器

因为 LM311 的输出级采用集电极开路结构,必须外接上拉电阻 R 与正电源连接,这样可以得到更高的输出驱动能力。采用单电源供电,简化了电路,输出电压直接由电源电压限幅。如电源采用$+5\ \mathrm{V}$,则输出信号可以满足数字电路的输入要求,即可完成模拟信号到数字信号的转换。输出端还可以通过上拉电阻接更高的电压以适用不同的负载。

一般情况下,专用电压比较器比通用运放的开环增益更高,输入失调电压更小,共模输入电压范围更大,压摆率较高。

与前面的分析类似,图 8.6.9 电路的两个比较电压和滞回电压分别是:

$$U_{\mathrm{th}+}=\frac{R_3}{R_2+R_3}U_{\mathrm{R}}+\frac{R_2}{R_2+R_3}U_{\mathrm{oH}} \tag{8.6.12}$$

$$U_{\mathrm{th}-}=\frac{R_3}{R_2+R_3}U_{\mathrm{R}}+\frac{R_2}{R_2+R_3}U_{\mathrm{oL}} \tag{8.6.13}$$

$$U_{\mathrm{th}}=U_{\mathrm{th}+}-U_{\mathrm{th}-}=\frac{R_2}{R_2+R_3}(U_{\mathrm{oH}}-U_{\mathrm{oL}})=\frac{R_2}{R_2+R_3}U_{\mathrm{oH}} \tag{8.6.14}$$

电路的输入输出波形如图 8.6.10 所示。

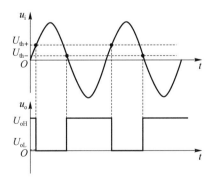

图 8.6.10　LM311 组成的滞后电压比较器输入输出波形

以上所列均为反相输入的电压比较器,较低的输入信号对应高电平输出;也可以将输入信号与的参考电压的位置互换,电路变成同相输入端电压比较器,工作原理与反相输入相同,只是输入与输出信号的对应发生变化,较低输入信号对应低电平输出,较高的输入信号对应高电平输出。

2. 电压比较器的应用举例

电子系统中大功率器件在工作时会产生较多热量而使温度升高,温度过高将影响器件性能甚至使器件烧毁。因此需要使用温度监控装置以保证器件正常工作。图 8.6.11 是一种无滞后电压比较器构成的温度控制电路,使用负温度系数(NTC)热敏电阻 R_T 检测功率器件的温度,R_T 与固定电阻 R_1 组成分压电路,从 +5 V 分得电压作为电压比较器的输入信号。随温度的升高 R_T 的阻值下降,电压比较器的输入增加。

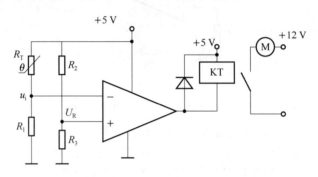

图 8.6.11 电压比较器构成的温度调控电路

假如设定最高工作温度为 50 ℃,则根据 R_T 的特性曲线找到 R_T 在 50 ℃对应的阻值,结合固定电阻 R_1 和电源电压的值,计算出 50 ℃时的 u_i 值为 A。通过合理选取 R_2 和 R_3 的阻值,将电压比较器的参考电压 U_R 设为 A。

电路工作时,电压比较器的输入电压 u_i 随温度升高而增加,温度一旦高于 50 ℃则 $u_i >$ U_R,则比较器输出低电平,继电器 KT 吸合,直流电机带动散热风扇工作,使器件降温。一般器件的散热体有较大的热容量,风扇需要工作一定时间才能把温度降到 50 ℃以下,温度低于 50 ℃后 $u_i < U_R$,电路输出高电平,继电器释放,风扇停止工作。

3. 电压比较器的设计

(1) 根据实际需要选择电压比较器电路形式

无滞后电压比较器只有一个比较电压,输入信号大于或小于比较电压分别对应两种不同的输出状态,电路灵敏度高,但也容易受到干扰信号的作用而发生误翻转。

滞后电压比较器有两个不同的比较电压,在输入信号增加和减小的两种变化趋势下对应不同的比较电压,降低了对输入信号的灵敏度,可以有效防止误动作的发生。

根据输入信号与电压比较器输出的高低对应关系,选择同相输入还是反相输入;根据输出信号的幅度要求选择比较器电路的供电方式和电源电压范围,并考虑输出是否使用稳压限幅措施。

(2) 核心元件的确定

根据对响应速度的要求,选择用运算放大器组成电压比较器还是专用集成电压比较器。如果要求响应时间短,一般选择专用集成电压比较器。

如果要求灵敏度高且输入电阻大,工作稳定,应选择高增益、高输入阻抗、低失调、低温漂的集成运算放大器,构成无滞后电压比较器。

（3）电压比较器中电阻值的确定

① 图 8.6.4～图 8.6.9 所示各电压比较器电路中的输入端电阻 R_1 并不影响电路的工作性能，但可以在异常情况下起到保护芯片的作用，因此可以在数 kΩ 的范围随意取值。

② 参考电压端所接电阻 R_2 取值可以与 R_1 相等。

③ 滞回电压比较器根据上比较电压 U_{th+}、下比较电压 U_{th-} 以及参考电压 U_R 的值，或滞回电压 U_{th} 的值，确定 R_2 和 R_3 的关系，从而确定 R_3 的值。

④ 如果对电压比较器的工作速度有要求，则应根据速度要求选择适当的带宽积和电压转换速率的运算放大器，或者采用专用集成电压比较器。

⑤ 输出端有限幅稳压二极管的电路中，根据电路无稳压管时的最大输出电压和稳压二极管的稳压值、稳压二极管工作电流，可以确定限流电阻 R_0 的值。

⑥ 有些专用集成电压比较器的输出端是集电极开路的，需要一个上拉电阻接在电源和输出端之间，如图 8.6.9 中的电阻 R。上拉电阻的取值与电源电压有关，一般电源电压在 5～15 V 的范围内，R 大致在 1～10 kΩ 的范围取值。

4. 电压比较器传输特性曲线的测量

电压比较器的传输特性曲线反映了其输出电压随输入信号电压的变化而变化的规律，用示波器可以直接观测电压比较器的传输特性曲线，具体方法和操作注意事项可参考本章实验三相关内容。测量时电压比较器输入信号可以选正弦信号，也可以选三角波信号；信号频率不能过高，应取 100 Hz 以下；输入信号幅度最大值应大于电压比较器的上门限电压值，最小值应低于电压比较器的下门限电压值。

实验七　运放构成的波形产生电路

【实验目的】

（1）了解掌握矩形波和三角波产生电路的工作原理。

（2）加深对运放线性和非线性应用的认识和理解。

（3）掌握波形产生电路的设计和调测方法。

【设计任务】

（1）使用集成运放设计一个频率可调的方波发生器电路。

给定条件：

◆ ±12 V 供电；

◆ 集成运放 μA741。

指标要求：

◆ 振荡频率 20 Hz～2 kHz；

◆ 方波输出幅度 $U_{op} = \pm 6$ V 左右。

（2）将任务（1）所得电路改造成一个占空比可调的矩形波发生器。

（3）使用集成运放设计一个频率可调的方波、三角波发生器电路。

给定条件：

◆ ±12 V 供电;

◆ 集成运放自选。

指标要求:

◆ 振荡频率 100 Hz～10 kHz 可调;

◆ 方波输出峰峰值 12 V±15%;

◆ 三角波输出峰峰值为 8 V±10%;

◆ 方波输出信号的上升和下降时间小于 10 μs。

(4) 利用图 8.7.7 电压-频率电路,设计一个高温报警装置。

给定条件:

◆ ±12 V 供电;

◆ 环境温度变化范围 10～50 ℃;

◆ 温度传感采用 NTC10k 热敏电阻,其他元器件自选;

◆ NTC10k 温度—阻值对应如表 8.7.1 所示。

功能要求:

◆ 环境温度不超过 25 ℃,绿色 LED 亮,红色 LED 灭,扬声器静音。

◆ 环境温度超过 25 ℃,绿色 LED 灭,红色 LED 亮,扬声器响起报警声,警报声音调随温度的升高而升高。

表 8.7.1　NTC10k 温度—阻值对照表

温度/℃	R_t/kΩ	温度/℃	R_t/kΩ	温度/℃	R_t/kΩ
10	18.015 1	30	8.309 6	50	4.160 5
11	17.293 5	31	8.012 4	51	4.026 8
12	16.604 8	32	7.727 5	52	3.898 0
13	15.947 5	33	7.454 1	53	3.773 9
14	15.319 8	34	7.191 9	54	3.654 4
15	14.720 3	35	6.940 3	55	3.539 3
16	14.147 5	36	6.698 7	56	3.428 4
17	13.600 3	37	6.466 9	57	3.321 5
18	13.077 2	38	6.244 2	58	3.218 5
19	12.577 1	39	6.030 4	59	3.119 1
20	12.098 8	40	5.825 0	60	3.023 4
21	11.641 3	41	5.627 6	61	2.931 0
22	11.203 7	42	5.400 0	62	2.841 9
23	10.784 8	43	5.255 7	63	2.755 9
24	10.383 9	44	5.080 4	64	2.672 9
25	10.000 0	45	4.911 9	65	2.592 9
26	9.632 4	46	4.749 8	66	2.515 6
27	9.280 2	47	4.593 9	67	2.441 0
28	8.942 8	48	4.443 9	68	2.369 0
29	8.619 5	49	4.299 5	69	2.299 4

【测试任务】

1. 频率可调的方波发生器的调测

（1）静态检测

断掉负反馈使电路停振，检测运放 μA741 的 2、3、4、6、7 的直流电压正常。

（2）动态测试

① 调整电路起振，观察振荡输出的幅度是否符合要求；

② 调测振荡输出的频率范围；

③ 分别记录频率为 100 Hz 和 2 kHz 的振荡波形，对比二者的不同；

④ 测输出方波的上升时间 t_r 和下降时间 t_f，分析运放的压摆率 SR 与输出方波上升、下降时间的关系。

⑤ 同时观察输出方波和反相输入端的负反馈波形，比较其相位和幅度关系，理解电路的工作过程。

2. 占空比可调的矩形波发生器的测量

测试任务（1）完成后。将电路改装成占空比可调的矩形波发生器，用示波器观测输出波形，记录输出信号的频率和占空比调节情况。

3. 方波、三角波发生器电路的调测

（1）静态检测

断开前后级之间的连接使电路停振，检测运放的各引脚的直流电压正常。

（2）观测振荡波形

① 调整电路起振，示波器同时观察振荡输出的方波和三角波幅度以及频率调节范围是否符合要求，测量方波的上升和下降时间。

② 记录 $f=1$ kHz 时的方波和三角波的波形。

4. 实际调整测试高温报警电路的功能

（1）静态检测

电压控制端接地使电路停振，检测运放的各引脚的直流电压正常。

（2）观测振荡波形

① 电压控制端接低频三角波信号，调整电路起振，示波器观察振荡电路两级输出波形。

② 接入温度检测电路，大致在 $10\sim50$ ℃ 范围内改变环境温度，调测高温报警的实际功能。

【提高要求】

从以上已经调测完毕的电路中任选一个，焊接到 PCB 上并保障其工作正常。

【实验预习】

（1）查阅相关集成电路芯片的相关资料和数据手册，了解器件相关特性和使用注意事项。

（2）阅读本实验【相关知识】，掌握相关电路的分析、设计和调测方法。

（3）设计相关电路，列出详细设计过程，画出完整详细的电路图，并对电路进行仿真和分析。

（4）拟定详细的调测操作步骤，设计相关数据表格，列出实验注意事项。

（5）在面包板上搭建实验电路。

（6）预习思考题：

① 图8.7.4电路中，运放A1的同相输入端所接电阻 R_{f1} 和 R_f 起到什么作用？应该如何取值？反相输入端电阻 R_1 和输出端电阻 R_O 的作用是什么，如何取值？

② 如果将图8.7.4电路中A1的反相输入端接一个不为零的参考电压，是否可以使 u_{o1} 的占空比不再是50%？

③ 如果使用分向电路，使图8.7.4电路中A1的反馈电阻 R_{f1} 在不同的输出状态下有不同的取值，是否可以使 u_{o1} 的占空比不再是50%？

【报告撰写】

实验之前
◆ 参考本书附录"实验报告格式"，结合实验预习过程完成报告1～5项。

实验之后
◆ 结合实验过程继续完成报告6～9项。

【相关知识】

1. 关于张弛振荡

张弛振荡电路中的器件工作于强非线性区，并在某些时刻器件的工作状态发生急剧变化，由一种强非线性区转换至另一种强非线性区，即工作状态发生反转，如此周而复始，电路连续输出包含两种状态的信号。

张弛振荡电路输出的信号，既有变化缓慢的部分，也有变化剧烈的部分。信号除基波外还包含丰富的谐波，故张弛振荡器又称为多谐振荡器。

2. 集成运放构成的方波发生器

图8.7.1是方波发生器的基本电路，电路中的集成运放与同相输入端的 R_1 和 R_f 构成滞回电压比较器，输出信号 u_o 通过 R_1 和 R_f 分压后，在运放同相输入端形成比较电压。同时 u_o 通过负反馈电阻 R 为运放反相输入端提供输入信号。

电路具体工作过程如下：

电路上电瞬间，由于运放输入失调电压的存在，电路将有或正或负的输出 u_o，数值接近电源电压。若 u_o 为正，通过 R_1 和 R_f 分压运放同相输入端的电压也为正，即正比较电压 U_{th+}；同时 u_o 通过 R 向电容 C 充电，运放反相输入端电压即电容上的电压 u_c 上升，当上升

到大于 U_{th+} 后 u_o 从正值反转为负值,同时运放同相端的电压同样反转为负,即负比较电压 U_{th-},同时电容 C 经过电阻 R 放电,电容上的电压 u_c 下降,当下降到小于 U_{th-} 后 u_o 从负值又反转为正值,电路继续重复以上过程。电路持续振荡,u_o 为幅度接近电源电压的方波。

若一开始 u_o 为负,同样道理电路振荡持续输出方波。

而 u_o 的频率与比较电压的大小、电容 C 的充放电速度有关,具体为:

$$f = \frac{1}{2RC\ln\left(1+\dfrac{2R_1}{R_f}\right)} \tag{8.7.1}$$

实际应用中,往往需要特定幅度的方波信号。实用的方波发生器可以在图 8.7.1 基本电路的基础上,加入稳压二极管用于限幅,具体如图 8.7.2 所示。图 8.7.2 中,R_o 用于限流以防止输出电流过大,2DW 为双稳压管,可以限定输出方波正负两个方向上的幅度。选用不同稳压值的稳压管,可以得到不同输出幅度的方波。

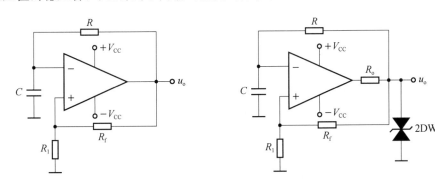

图 8.7.1　方波发生器基本电路　　　　图 8.7.2　实用的方波发生器电路

带有限幅措施的方波发生器振荡频率同样由式(8.7.1)计算。

3. 方波三角波发生器

方波积分可以得到三角波,如果在上述方波发生器后面接一级积分电路,就可以得到三角波出输 u_{o2},如图 8.7.3 所示。

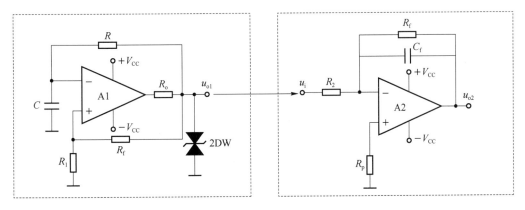

图 8.7.3　方波发生器和积分器级联

图 8.7.3 中可以看出积分电路同样要用到 RC 电路,因此可以考虑将前面方波发生器

中的 RC 省略,直接将积分输出的三角波作为前级滞回电压比较器的输入信号,以简化电路结构。

需要注意,由于积分电路为反相接法,积分输出 u_{o2} 与方波输出 u_{o1} 反相,所以积分输出 u_{o2} 应反馈接入第一级运放 A1 的同相端,才能满足振荡的相位关系。具体电路如图 8.7.4 所示。

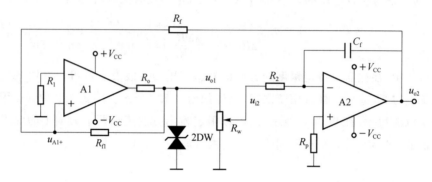

图 8.7.4 方波三角波发生器

图 8.7.4 所示电路中,前级运放 A1 构成一个同相输入的过零电压比较器,其输出方波 u_{o1} 的幅度由双稳压管 2DW 决定。

通过电位器 R_w 的分压,方波 u_{o1} 的一部分送入第二级 A2 构成的反相积分器,积分结果为三角波 u_{o2}。u_{o2} 通过电阻 R_f 反馈到第一级 A1 的同相输入端。

运放 A1 的同相端电压 u_{A1+} 由 u_{o1} 和 u_{o2} 通过 R_{f1} 和 R_f 的串联叠加共同决定。当 u_{o2} 的变化使 u_{A1+} 过零时,引起 A1 反转,u_{o1} 跳变,同时 u_{A1+} 也发生跳变,而相应地 u_{o2} 也向反方向变化;u_{o2} 变化一段时间后使 u_{A1+} 再次过零,u_{o2} 又一次反转,u_{A1+} 再次跳变,u_{o2} 又一次转换变化方向……如此往复,电路持续振荡输出方波和三角波。

通过仿真得到 u_{o1}、u_{o2} 和 u_{A1+} 的对应波形如图 8.7.5 所示。

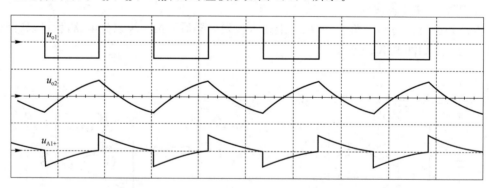

图 8.7.5 u_{o1}、u_{o2} 和 u_{A1+} 的对应波形

图 8.7.5 中,u_{o1}、u_{o2} 和 u_{A1+} 波形各自的零电平位置分别由相应左侧箭头标出。

(1) 关于输出信号幅度关系的分析

根据上面分析,u_{A1+} 由 u_{o1}、u_{o2} 和 R_{f1} 和 R_f 决定,根据图 8.7.4 电路,有:

$$u_{A1+} = \frac{R_f}{R_{f1}+R_f} u_{o1} + \frac{R_{f1}}{R_{f1}+R_f} u_{o2} \tag{8.7.2}$$

u_{o2} 输出为最大值时，u_{A1+} 为零，而 u_{o1} 为方波，其幅度记为 u_{o1m}，式(8.7.2)变为：

$$0 = \frac{R_f}{R_{f1} + R_f} u_{o1m} + \frac{R_{f1}}{R_{f1} + R_f} u_{o2m} \tag{8.7.3}$$

化简后，有：

$$\frac{u_{o1m}}{u_{o2m}} = -\frac{R_{f1}}{R_f} \tag{8.7.4}$$

可以看出，u_{o1m} 和 u_{o2m} 符号相反，大小比例由电阻 R_{f1} 和 R_f 的取值决定。习惯上常用信号的峰峰值表示信号幅度的大小，u_{o1}、u_{o2} 都是幅度正负对称的波形，所以它们的峰峰值 u_{opp1}、u_{opp2} 分别是 u_{o1m}、u_{o2m} 绝对值的两倍，所以有：

$$\frac{u_{opp1}}{u_{opp2}} = \frac{2|u_{o1m}|}{2|u_{o2m}|} = \left|\frac{u_{o1m}}{u_{o2m}}\right| \tag{8.7.5}$$

即：

$$\frac{u_{opp1}}{u_{opp2}} = \frac{R_{f1}}{R_f} \tag{8.7.6}$$

因此，图 8.7.4 所示电路中，方波和三角波的输出幅度 u_{opp1}、u_{opp2} 的比例由两个反馈电阻 R_{f1} 和 R_f 决定，因此在电路设计时应考虑到 u_{opp1} 的大小由限幅器件 2DW 决定，而 u_{opp2} 的大小受电路电源电压的限制，如果 R_{f1} 和 R_f 取值不当使式(8.7.6)无法满足，则电路无法起振工作。

（2）关于输出信号频率的分析

图 8.7.4 中，运放 A2 构成的反相积分电路输入、输出信号的峰峰值和周期的关系可对照本章实验四中的式(8.4.14)给出：

$$u_{opp2} = \frac{1}{2} \cdot \frac{u_{ipp2}}{R_2 C_f} \cdot \frac{T}{2} \tag{8.7.7}$$

假设图 8.7.4 中电位器 R_W 的分压比为 x，有：

$$u_{ipp2} = x u_{opp1} \tag{8.7.8}$$

式(8.7.7)转化为：

$$u_{opp2} = \frac{1}{2} \cdot \frac{x u_{opp1}}{R_2 C_f} \cdot \frac{T}{2}$$

$$\frac{u_{opp2}}{u_{opp1}} = \frac{1}{2} \cdot \frac{x}{R_2 C_f} \cdot \frac{T}{2} \tag{8.7.9}$$

联系式(8.7.6)，得：

$$\frac{u_{opp2}}{u_{opp1}} = \frac{1}{2} \cdot \frac{x}{R_2 C_f} \cdot \frac{T}{2} = \frac{R_f}{R_{f1}} \tag{8.7.10}$$

所以，振荡的周期 T：

$$T = \frac{4 R_f R_2 C_f}{x R_{f1}} \tag{8.7.11}$$

振荡频率：

$$f = \frac{1}{T} = \frac{x R_{f1}}{4 R_f R_2 C_f} \tag{8.7.12}$$

可以看出，图 8.7.4 电路输出信号的频率与电位器 R_W 的分压比 x、方波三角波的幅度之比 $\frac{R_{f1}}{R_f}$、积分时间常数 $R_2 C_f$ 三者有关，在 $\frac{R_{f1}}{R_f}$ 和积分时间常数 $R_2 C_f$ 确定的情况下，改变 x

即可改变输出信号的频率,且不影响输出信号幅度。

所以,图 8.7.4 中电位器 R_w 可用于调节电路的输出信号频率。

4. 占空比可调矩形波和锯齿波发生器

图 8.7.4 中,后级积分电路中电容 C_f 的充、放电速度相等,充、放电时间相同,积分输出信号 u_{o2} 的上升沿和下降沿对称;对应的前级电压比较器输出高电平持续时间和低电平持续时间相等的方波。

如果使电容 C_f 的充电和放电的速度不等,则可以使积分输出 u_{o2} 的上升沿和下降沿不对称,u_{o2} 为锯齿波;同时第一级输出 u_{o1} 的高、低电平持续时间也不再相同,不再是占空比 50% 的方波,只能称为矩形波。

改变电容的充、放电速度,大致有以下思路:

① 使前级比较器输出的 u_{o1} 正、负幅度不对称,电容 C_f 的充、放电电流大小不同,充、放电速度不同。

② 使后级积分电路的充电时间常数和放电时间常数不同。

如果需要连续调节 u_{o1} 和 u_{o2} 的上升沿和下降沿,可以采用第② 种思路,将图 8.7.4 中的 R_2 替换为图 8.7.6 所示的分向电路,将积分电路中的充、放电回路分开。

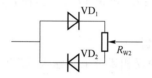

图 8.7.6 分向电路

图 8.7.6 的分向电路在电位左高右低,电流由左向右时 VD_1 导通 VD_2 截止,电流流过 VD_1 和 R_{w2} 的上半部分;在电位右高左低,电流由右向左时 VD_2 导通 VD_1 截止,电流流过 VD_2 和 R_{w2} 的下半部分。所以用这个电路替代图 8.7.4 中的 R_2 后,调节 R_{w2} 即可调节充、放电回路具有不同的时间常数,从而调节 u_{o2} 的上升沿和下降沿时间和 u_{o1} 的高电平和低电平持续时间。

电路工作时,分向电路的等效电阻约等于 R_{w2} 的上、下两半部分的并联,所以在 R_{w2} 调节的过程中,也会使输出信号的频率发生一定范围的变化。

5. 电压-频率转换电路

前面分析了频率可调的方波、三角波发生器的工作原理,可以看到,改变后级积分电路的输入电压,可以改变振荡器的振荡频率。设想一下,如果积分电路的输入由外接电压提供,就可以实现电压-频率转换。按照这一思路,将图 8.7.4 所示电路进行改进,得到如图 8.7.7 所示电路。

与图 8.7.4 电路类似,图 8.7.7 所示电路中,运放 A1 构成一个同相输入的过零电压比较器,当其输出 u_{o1} 为高电平时,u_{o1H} 电压值由 2DW 的稳压值决定;但与图 8.7.4 电路不同的是,而当 u_{o1} 为低电平时,二极管 VD 导通,u_{o1L} 的电压值由 A2 的反相端电压和 VD 的导通压降决定,VD 为硅管时则 u_{o1L} 大约为 $-0.6\,\text{V}$。

所以图 8.7.7 中,u_{o1} 的峰峰值为

$$u_{opp1} = U_W + U_D \tag{8.7.13}$$

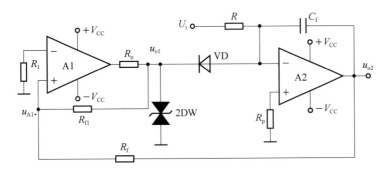

图 8.7.7　简单的电压-频率转换电路

其中, U_W 为 2DW 的稳压值, U_D 为二极管 VD 的导通压降。

输出 u_{o1} 为高电平时, 二极管 VD 截止, U_i 通过 R 向电容 C 充电, u_{o2} 电压下降, 当降到使 u_{A1+} 为负时, A1 反转使 u_{o1} 为负, VD 导通使 u_{o1} 约为 -0.6 V, C 通过 VD 快速放电, u_{o2} 电压急剧升高, 但升高到使 u_{A1+} 为正时, A1 又一次反转使 u_{o1} 为正, VD 截止, U_i 通过 R 向电容 C 充电……如此循环, 电路持续振荡。 u_{o1} 和 u_{o2} 仿真波形如图 8.7.8 所示。

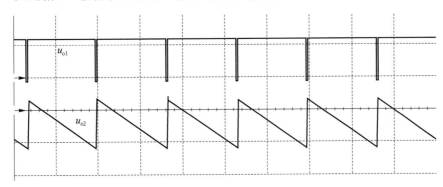

图 8.7.8　电压—频率转换电路的输出波形

图 8.7.8 中, u_{o1}、 u_{o2} 波形各自的零电平位置分别由相应左侧箭头标出。

由图 8.7.8 可以看出, u_{o2} 的一个周期分别由下降沿和上升沿组成, 假设下降沿时间为 t_1 上升沿时间为 t_2, t_1 远大于 t_2。下降沿为输入电压 U_i 通过 R 对 C_f 充电过程, 上升沿则为电容通过二极管 VD 放电过程。 U_i 通过 R 对 C_f 充电的过程中, 输入电压和输出电压的关系如下:

$$u_{o2}(t_1) = -\frac{1}{\tau}\int_0^{t_1} U_i \mathrm{d}t + u_{o2}(0) \tag{8.7.14}$$

参考图 8.7.8 中的波形, 将 $u_{o2}(0)$ 定为 u_{o2} 的最大值, 则 $u_{o2}(t_1)$ 为 u_{o2} 的最小值。式(8.7.14)化为:

$$u_{o2min} = -\frac{1}{\tau}U_i t_1 + u_{o2max}$$

$$\frac{1}{\tau}U_i t_1 = u_{o2max} - u_{o2min}$$

$$t_1 = \frac{u_{o2max} - u_{o2min}}{U_i}\tau = \frac{u_{opp2}}{U_i}RC_f \tag{8.7.15}$$

在 t_1 远大于 t_2 情况下,可以认为 $T \approx t_1$,所以

$$T \approx \frac{u_{\text{opp2}}}{U_\text{i}} RC_\text{f} \tag{8.7.16}$$

$$f = \frac{1}{T} \approx \frac{U_\text{i}}{u_{\text{opp2}} RC_\text{f}} \tag{8.7.17}$$

其中,u_{opp2} 由式(8.7.6)决定。在选取 R_f 和 R_{f1} 的阻值时,应注意 u_{o2} 的最小值应高于积分电路负电源电压 $1 \sim 2\,\text{V}$。

所以,图 8.7.7 所示电路在元器件确定情况下,U_i 为正电压时,电路振荡输出且输出信号的周期 T 近似与 U_i 电压值成反比,频率 f 与 U_i 的电压值近似成正比,实现了电压-频率的转换。

如果改变图 8.7.7 中 VD 的方向,则 U_i 为负电压可以使电路振荡,振荡输出信号的周期 T 近似与 U_i 电压的绝对值成反比,频率 f 近似与 U_i 电压的绝对值成正比。

实验八　正弦振荡电路的设计与调测

【实验目的】

(1) 掌握 RC 和 LC 两种正弦振荡电路的设计和调测方法。

(2) 加深对 RC 和 LC 两种振荡电路的理解和认识。

【设计任务】

(1) 参考图 8.8.4 所示电路,设计一个具有自稳幅措施的文氏电桥 RC 正弦波振荡电路。

给定条件:

◆ $\pm 12\,\text{V}$ 供电;

◆ 集成运放 $\mu\text{A}741$。

指标要求:

◆ 振荡频率 $2\,\text{kHz} \pm 5\%$;

◆ 输出幅度 $U_{\text{opp}} \geqslant 10\,\text{V}$;

◆ 波形无明显失真。

(2) 参考图 8.8.6 所示电路,设计一个电容三端 LC 正弦波振荡电路并采用自生反偏压以稳定振荡幅度。

给定条件:

◆ $+12\,\text{V}$ 供电;

◆ 晶体管 8050;

◆ $820\,\mu\text{H}$ 电感;

◆ 其他元器件自选。

指标要求:

◆ 振荡输出频率 $250\,\text{kHz}\pm5\%$；

◆ 振荡输出幅度 $U_{\text{opp}}\geqslant3\,\text{V}$；

◆ 波形无明显失真。

建议：

◆ 设置晶体管静态工作电流 I_{CQ} 为 $1\,\text{mA}$ 左右。

【测试任务】

1. 文氏电桥 RC 正弦波振荡电路的调测

（1）静态测试

◆ 电路规范连接电源。

◆ 检测运放 μA741 的 2、3、4、6、7 的直流电压是否正常。

（2）示波器观测振荡输出波形

◆ 分别判断振荡输出的频率和幅度是否符合指标要求。若不符合则调整电路元器件直至符合。

◆ 定量画出符合要求的振荡输出波形。

◆ 改变与二极管并联的电阻阻值，观察电路的输出变化，讨论二者之间的关系和相关原理。

2. LC 正弦波振荡电路的调测

（1）静态测试

◆ 电路规范连接电源。

◆ 调整静态工作电流 I_{CQ} 为设计值，检查晶体管直流偏压是否正常。

（2）示波器观测振荡输出波形

◆ 分别判断振荡输出的频率和幅度是否符合指标要求。若不符合则调整电路元器件直至符合。

◆ 定量画出符合要求的振荡输出波形。

（3）观察外界因素对振荡频率稳定度的影响

◆ 电源电压由 $+12\,\text{V}$ 逐渐减小至 $+8\,\text{V}$，观察不同电源电压时的波形变化，测出相应的振荡频率并计算频率稳定度。

◆ 电源电压为 $+12\,\text{V}$，电路正常振荡工作时用电热风或电烙铁隔空加热使晶体管温度升高，分别观测加热前和加热后的振荡频率变化情况并进行分析。

【提高要求】

将测试任务 2 中已经调测完毕的电路焊接到 PCB 上。

【实验预习】

（1）查阅相关器件数据手册，了解其特性和使用注意事项。

（2）阅读本实验【相关知识】，掌握相关电路的设计和调测方法。

(3) 设计相关电路,列出详细设计过程并画出完整详细的电路图。对电路进行仿真和分析。

(4) 针对测试任务拟定详细的调测操作步骤,设计相关数据表格,列出实验注意事项。

(5) 在面包板上搭建实验电路。

(6) 预习思考题:

① 在 RC 振荡电路中,二极管稳幅效果和振荡波形的失真度之间存在怎样的关系?原理是什么?

② 如何测量 LC 振荡器的静态工作电流 I_{CQ}?

③ 万用表如何判定 LC 振荡器是否起振?

【报告撰写】

实验之前

◆ 参考本书附录"实验报告格式",结合实验预习过程完成报告 1~5 项。

实验之后

◆ 结合实验过程继续完成报告 6~9 项。

【相关知识】

振荡电路按照能量转换原理的不同,分为反馈型和负阻型两大类。反馈型振荡电路的实质是具有正反馈的放大器。放大器通过正反馈电路将输出信号送回电路输入端,如果电路的放大倍数 A 和正反馈系数 F 满足 $AF>1$,则电路在微小的扰动激励下,通过放大和反馈的不断循环使输出幅度不断增大,当大到一定的程度时由于某种原因使放大倍数和正反馈系数的乘积下降为 $AF=1$,则电路输出将维持这一幅度不再变化,电路保持稳定振荡。电路这种在一定情况下使输出稳定的特性被称为电路的稳幅措施。

正弦波振荡电路除具有带正反馈的放大电路、具有稳幅措施外,还应具有选频功能,能将某一特定频率选出,使其成为唯一满足振荡条件 $AF\geqslant1$ 的频率,从而使振荡电路只能够输出此特定的单一频率的正弦信号。因此正弦波振荡电路必须包含选频网络。

根据构成选频网络的元件不同,正弦波振荡器有 LC 正弦波振荡器和 RC 正弦波振荡器两类。

LC 正弦波振荡电路的选频网络由电感和电容构成,其振荡频率反比于 LC 乘积的平方根。如果 LC 振荡器工作于低频,选频网络的电容和电感的取值需要增大,从而导致元件体积和重量增加,所以 LC 振荡电路不适合工作在低频。通常的说法是 LC 振荡器用于1 MHz以上,RC 振荡器用于1 MHz 以下,但实际上二者频率的区分并没有这么绝对。

RC 振荡电路的选频网络由电阻和电容构成,其振荡频率反比于选频网络中的 RC 乘积。如果 RC 振荡器工作于低频,增加的电阻不会导致元件体积和重量的增加,所以 RC 振荡器可以工作在低频。

1. RC 正弦波振荡电路

RC 正弦波振荡器有移相式、双 T 选频网络型、桥式等类型,其中桥式 RC 振荡电路结构简单便于调节,是常用的低频正弦波振荡电路,其基本电路形式如图 8.8.1 所示。

图 8.8.1 所示振荡器被也称为文氏电桥 RC 振荡器，其电路中 R_1 和 R_f 引入电压串联负反馈使运放构成同相比例放大器，放大倍数为 $A = 1 + \dfrac{R_f}{R_1}$；而 C_1、C_2、R_2 和 R_3 组成正反馈电路，同时也是选频网络。为计算方便一般取等阻等容，即 $C_1 = C_2 = C$，$R_2 = R_3 = R'$。该正反馈电路的反馈系数 F 为：

$$F = \cfrac{\cfrac{R_2\left(\dfrac{1}{j\omega C_2}\right)}{R_2 + \dfrac{1}{j\omega C_2}}}{R_3 + \dfrac{1}{j\omega C_1} + \cfrac{R_2\left(\dfrac{1}{j\omega C_2}\right)}{R_2 + \dfrac{1}{j\omega C_2}}} = \cfrac{1}{3 + j\left(\omega R'C - \dfrac{1}{\omega R'C}\right)} \tag{8.8.1}$$

当 $\omega = \omega_0 = \dfrac{1}{R'C}$ 时，上式中分母的虚部为零，$F = \dfrac{1}{3}$ 取得最大值，同时相移为零。正反馈电路即选频网络的幅频和相频曲线如图 8.8.2 所示。$\omega_0 = \dfrac{1}{R'C}$ 被称为特征角频率，对应的特征频率为 $f_0 = \dfrac{1}{2\pi R'C}$。电路工作时只有这个频率的信号满足相位平衡条件，因此电路的振荡频率为：

$$f = f_0 = \frac{1}{2\pi R'C} \tag{8.8.2}$$

再根据起振条件 $AF > 1$，而 $F = \dfrac{1}{3}$，所以电路的放大倍数应有 $A = 1 + \dfrac{R_f}{R_1} > 3$，即

$$R_f > 2R_1$$

实际上，电路在起振时满足 R_f 稍大于 $2R_1$ 即可，如果 R_f 过大，将降低选频特性，导致振荡输出波形失真严重。

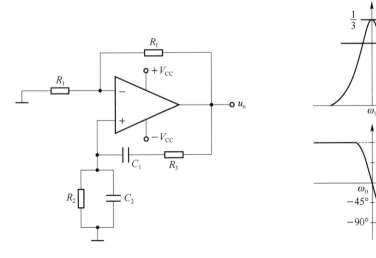

图 8.8.1　桥式 RC 振荡电路　　　　图 8.8.2　选频网络的幅频和相频曲线

当电路起振后，随着振荡的继续，当输出信号幅度增加到一定程度时，应有稳幅措施使

其保持稳定不再增加,即当输出信号幅度增加到一定程度时,应使振幅从 $AF>1$ 回到 $AF=1$,这一过程可以通过使 R_f 减小从而使 A 减小来实现。按照这一思路,R_f 应为一个非线性电阻,如热敏电阻、晶体管等。常用的带有稳幅措施的文氏电桥 RC 振荡器如图 8.8.3 所示。

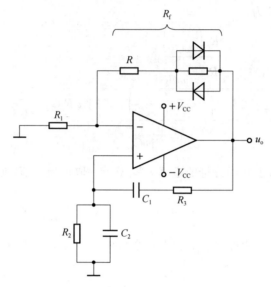

图 8.8.3 带稳幅措施的文氏电桥振荡器

图 8.8.3 中两个方向不同的二极管和一个电阻并联作为电路的稳幅措施,利用二极管伏安特性的非线性,使振荡器的负反馈电阻 R_f 在输出信号幅度增加的过程中逐渐变小,负反馈增强,电压放大倍数降低,从而达到稳幅的目的。

改变与两个二极管并联的电阻以及电阻 R 的取值,可以调节二极管非线性电阻在 R_f 中的占比,非线性电阻占比大则稳幅效果好,但过大则会引起输出波形失真。一般与二极管并联的电阻取 $1\sim 3\,k\Omega$,而 R 则用一个保护电阻和一个电位器串联代替,以方便调节。实用的文氏电桥振荡器如图 8.8.4 所示。

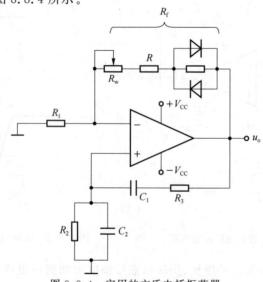

图 8.8.4 实用的文氏电桥振荡器

2. LC 正弦波振荡电路

LC 正弦波振荡器按反馈电路的形式划分,有变压器反馈式、电感分压反馈式和电容分压反馈式。其中,电感分压反馈式或电容分压反馈式振荡电路中,分压的电感或电容支路的三个端分别是晶体管的三个极,所以被称为三点式振荡电路,其基本结构形式如图 8.8.5 所示。三个极之间的电抗分别用 X_{ce}、X_{be} 和 X_{cb} 表示。

如果要满足振荡的相位平衡条件,必须有:

① X_{ce} 和 X_{be} 符号相同;

② X_{cb} 和 X_{ce}、X_{be} 符号相反。

如果 X_{ce}、X_{be} 是容抗,而 X_{cb} 是感抗,电路即为电容三点式;如果 X_{ce}、X_{be} 是感抗,而 X_{cb} 是容抗,电路即为电感三点式。X_{ce}、X_{be} 和 X_{cb} 可以分别是单一的电抗元件电容或电感,也可以分别由不同的电抗元件组成,这样反馈电路形式就比较复杂,但复杂的反馈电路也总在一定的频率下等效为图 8.8.5 的形式。

在图 8.8.5 的基础上增加直流通路和适当的负反馈后,即可得到完整的 LC 振荡电路。图 8.8.6 给出一种实用的电容三点式 LC 振荡电路,其振荡频率近似等于反馈回路的谐振频率:

$$f_0 = \frac{1}{2\pi \sqrt{L\dfrac{C_1 C_2}{C_1 + C_2}}} \tag{8.8.3}$$

在振荡频率不是很高的情况下,可以不考虑器件极间电容和分布电容效应,在 $\frac{1}{5} \sim \frac{1}{10}$ 的范围内选取反馈电压比,以便进一步确定 C_1 和 C_2 的值。并根据电路起振条件 $AF > 1$ 确定 A 的值。

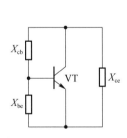
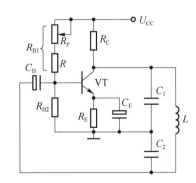

图 8.8.5　三点式 LC 振荡电路基本形式　　　图 8.8.6　实用的电容三点式 LC 振荡电路

为了使振荡电路稳定工作,应将晶体管的工作点设置得比较低,以免振荡过程中晶体管进入饱和区而引起输出波形限幅失真。同时,电路中的 R_E、C_E 构成自偏电路,随着振荡输出幅度的增加,自生反偏压也增大,使晶体管导通角减小,电路的放大倍数下降,从而达到稳幅的效果。

自偏电路的时间常数 $R_E C_E$ 决定了自生反偏压的变化速度,这一速度如果低于振荡幅度变化的速度,则容易导致间歇振荡。为避免间歇振荡,可以取:

$$R_E C_E \leqslant \frac{2Q}{5\omega_0} \tag{8.8.4}$$

其中,ω_0 为振荡角频率,Q 为振荡回路 Q 值。

LC 振荡电路频率较高,导致其振幅和频率不稳定的因素很多,有许多是相互关联的,供电电源的波动、元器件参数随环境温湿度的变化、负载的变化等都会影响振荡器工作的稳定性。所以指标要求高的振荡器,应该在多方面采取稳定输出的措施。

① 电源和负载

供电电压的变化将导致晶体管的参数如结电容的变化,进而使振荡频率发生改变。性能指标要求高的振荡器,应采取稳压措施确保电源的稳定。负载与回路并联会造成其 Q 值的下降,降低输出稳定性,可使用射极跟随器降幅,再和回路隔离。

② 晶体管

晶体管输入、输出的电抗参数随环境温度、静态工作电流等因素发生变化,这会导致振荡输出的不稳定。为了减小这一影响,应选用 f_T 远高于振荡频率、$C_{b'c}$ 小的晶体管。

③ 元件

环境温湿度的变化将使回路的电容量和电感量改变,从而使电路的振荡频率发生变化。所以应选择温度系数小的元件,或选择正、负两种温度系数的元件,以取得相互补偿的效果。

④ 提高回路的 Q 值。

在电路安装时注意谐振回路与晶体管之间的接线应紧凑可靠,电路远离发热元件,避免机械振动。

3. 正弦波振荡器的指标

(1)幅度稳定度 S

频率稳定度是指在规定的条件下(例如在一定的范围内改变频率),振荡器输出幅度的相对变化量,其表达式为:

$$S = \frac{\Delta U}{U_0} \tag{8.8.5}$$

其中,U_0 为输出电压的标称值,ΔU 为实际输出电压与标称值电压之差。

(2)频率稳定度

频率稳定度指在规定的条件下(例如,在一定的范围内改变温度、电压等),振荡器输出频率的绝对或相对变化量。

绝对频率稳定度 Δf 是实际振荡频率 f 和额定振荡频率 f_0 的差,表达式为:

$$\Delta f = f - f_0 \tag{8.8.6}$$

相对频率稳定度的定义为:

$$\frac{\Delta f}{f} \approx \frac{\Delta f}{f_0} \tag{8.8.7}$$

实验九　脉冲信号产生电路的设计与调测

【实验目的】

(1) 了解施密特触发器、单稳态触发器、多谐振荡电路的构成和工作原理。

(2) 了解脉冲信号产生电路的实际应用。

(3) 掌握 555 定时器原理和典型应用。

(4) 练习脉冲信号产生电路实际调测方法。

【设计任务】

(1) 用二输入与非门分别构成微分型和积分型单稳态触发电路。

给定条件：

◆ +5 V 供电；

◆ CD4011，阻容元件自选。

指标要求：

◆ 定时时间分别为 20 μs、20 ms、2 s。

(2) 用 555 定时器构成一个延时照明控制电路。

给定条件：

◆ +5 V 供电；

◆ 555 定时器×1、发光二极管×1，按键×1，阻容元件自选。

功能要求：

◆ 按动一次按键，发光管持续点亮 5 秒后自动熄灭。

(3) 用适当的逻辑门构成环形振荡电路。

给定条件：

◆ +5 V 供电；

◆ 逻辑门和阻容元件自选。

指标要求：

◆ 振荡周期 100 μs±5% 范围。

(4) 用 555 定时器构成一个多谐振荡电路，驱动扬声器发出中音"LA"的音调。

给定条件：

◆ +5 V 供电；

◆ 555 定时器×1、0.5 W 扬声器×1，晶体管和阻容元件自选。

指标要求：

◆ 频率误差不超过±0.5%。

(5) 将任务(2)电路和任务(4)电路结合，实现按键控制扬声器发出中音"LA"的音调，每按一次按键，扬声器发出中音"LA"的音调，5 秒后自动停止。

【测试任务】

(1) 微分型和积分型单稳态触发电路的调测

① 根据电路特点选择适当的输入信号。

② 同时观测输入输出波形并记录。

③ 从输出波形读出输出高、低电平值,定时宽度值,并与计算值相比较。

④ 将微分型和积分型两种单稳态触发电路进行比较,总结它们各自的特点和应用场合。

(2) 延时照明控制电路的调测

① 按照设计图分别规范连接各类电路。

② 不接发光二极管,直接用示波器捕捉振荡输出脉冲并读出其高、低电平值以及周期。

③ 接入发光二极管,观察二极管点亮的情况,测量相关参数,计算发光二极管导通时的功率。

(3) 环形振荡电路的调测

① 根据电路图规范连接电路。

② 同时观测振荡输出波形并记录。

③ 从示波器读出输出波形的高、低电平、周期和频率值,并与设计值相比较。如果周期与要求值不符,那么调节电路元件使之符合要求。

④ 如果输出波形不理想,输出加一级反相门后,观察波形的改善情况。

(4) 555 定时器构成的多谐振荡电路的调测

① 扬声器暂不接入,观测电路的振荡输出波形并记录。

② 从输出波形读出输出高、低电平值以及周期和频率,如果频率与中音"LA"相差较大,调节电路使频率符合要求。

③ 将扬声器规范接入电路,试听扬声器的发声情况,并测相关参数估算扬声器发声时的功率。

④ 如果声音不够响亮,接入三极管以提高输出电流,对比声音的变化情况。再一次估算扬声器的功率。

⑤ 调整电路振荡频率,观察声音音调的变化情况。

(5) 实际测试验证任务(2)电路和任务(4)电路结合后的功能

【实验预习】

(1) 查阅相关资料,了解并整理 TTL 集成电路和 CMOS 集成电路使用注意事项。

(2) 查阅相关集成电路的器件资料和数据手册,了解这些器件的相关特性和使用注意事项。

(3) 阅读本实验【相关知识】,掌握相关电路的分析、设计和调测方法,设计相关电路,列出详细设计过程并画出完整详细的电路图。并对电路进行仿真和分析。

(4) 针对测试任务拟订详细的调测操作步骤,设计相关数据表格,列出实验注意事项。

(5) 在面包板上搭建实验电路。

（6）预习思考题：

① TTL 集成电路在使用时,不用的输入端如何处理? 其输入端悬空意味着什么?

② CMOS 集成电路在使用时,不用的输入端如何处理? 假如只使用 CD4011 中的三个门,剩余一个不用的门的输入端需要处理吗? 为什么?

③ 用 TTL 电路的输出驱动 CMOS 电路有哪些注意事项? 反之如何?

④ 图 8.9.8(a)门电路构成的环行振荡器电路中,电阻 R_S 起什么作用? 如何取值?

【报告撰写】

实验之前

◆ 参考本书附录“实验报告格式”,结合实验预习过程完成报告 1～5 项。

实验之后

◆ 结合实验过程继续完成报告 6～9 项。

【相关知识】

1. 单稳态电路

单稳态电路又称单稳态触发器,有稳态和暂稳态两种工作状态。在外接触发信号的作用下,单稳态电路从稳态转换到暂稳态,暂稳态持续一段时间后,自动回到稳态,暂稳态持续的时间取决于电路中的阻容元件。

单稳态触发器可由二极管、晶体管等分立元件或运算放大器构成,也可以由逻辑门电路构成,也有集成的单稳态触发器芯片。单稳态触发器广泛应用于定时、延时和波形的整形等方面。

门电路加上适当的 RC 元件,可以构成各种形式的单稳态触发器。

（1）微分型单稳态触发器

单稳态触发器可分别由与非门和或非门电路组成,逻辑门之间由 RC 微分电路的形式耦合,故称为微分型单稳态触发器。图 8.9.1(a)(b)分别为由或非门和与非门构成的微分型单稳态触发器。

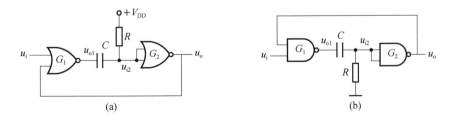

图 8.9.1 两种微分型单稳态触发电路

下面以图 8.9.1(a)所示或非门构成的单稳态触发电路为例,分析其工作波形,说明其工作原理。

图 8.9.2 给出或非门构成的单稳态触发电路工作波形示意。

$t < t_1$ 时,u_i 为低电平,由于门 G_2 的输入端经电阻 R 接 V_{DD},因此 u_{i2} 为高电平,u_o 为低电平,G_1 的两个输入均为低电平,故输出 u_{o1} 为高电平。电容 C 两端的电压接近 $0\,V$,电路处

于"稳态"。稳态时电路输出 $u_o = U_{oL}$。

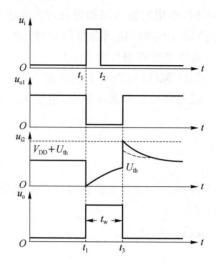

图 8.9.2　或非门构成的微分单稳态电路工作波形

$t = t_1$ 时，u_i 出现由低到高的跳变，当其电压上升达到门电路的阈值电压 U_{th} 后，G_1 的输出 u_{o1} 由高变低，经电容 C 耦合使 u_{i2} 为低电平，G_2 的输出 u_o 由低变高。同时 u_o 的高电平接至 G_1 门的输入端。从而在此瞬间存在如下正反馈过程：

$$u_i \uparrow \rightarrow u_{o1} \downarrow \rightarrow u_{i2} \downarrow \rightarrow u_o \uparrow$$

$t = t_2$ 时，触发信号 u_i 变为低电平，但由于 u_o 为高的作用，u_{o1} 仍维持为低电平。然而，由于 V_{DD} 通过电阻 R 对电容 C 充电，使 u_{i2} 从低到高持续增加，可以预见 $u_o = U_{oH}$ 的状态不能长久保持，故称之为暂稳态。

暂稳态时，V_{DD} 通过电阻 R 对电容 C 充电，使 u_{i2} 从低到高增加。

$t = t_3$ 时，u_{i2} 增加到门电路的阈值电压 U_{th}，G_2 的输出 u_o 由高电平变为低电平，电路由暂稳态返回至稳态。

从上述过程可以看出，电路输出的正脉冲宽度 t_w 即暂稳态持续时间，是由 RC 充电速度决定的。充电过程的起始电压近似为 G_1 输出的低电平 $U_{oL} \approx 0$ V，终止电压为门电路的阈值电压 $U_{th} \approx \frac{1}{2} V_{DD}$，经过推算近似有：

$$t_w = RC\ln 2 = 0.69RC$$

但各种单稳态电路由于参数的分散性，一般 t_w 在 $0.69RC \sim 1.3RC$ 的范围内。所以具体电路的实际定时脉宽，需要经过实际调测。一般通过更换不同容值的电容器粗调，使用电位器改变 R 细调。

需要说明一点：在上述分析中，$t = t_3$ 时刻 G_2 的输出 u_o 由高到低跳变时，当 u_o 等于 G_1 的阈值电压 U_{th} 时，G_1 的输出产生由低到高的跳变，使门 G_2 的输入电压 u_{i2} 瞬间高达 $V_{DD} + U_{th}$，可能导致 G_2 的损坏。为了避免这种现象发生，在 CMOS 器件内部输入端到 V_{DD} 端设有保护二极管 VD，在输入端电压高于 $V_{DD} + U_D$ 后二极管 VD 导通，使门的输入端电压钳位于 $V_{DD} + U_D$，保护了门电路。

图 8.9.1(a) 所示的单稳态电路，如果输入信号 u_i 的脉冲宽度大于输出信号 u_o 的宽度

t_w 时,则在 u_o 变为低电平后,G_1 没有响应,u_{o1} 保持为低电平,所以 u_o 的输出边沿变缓。因此,当输入脉冲宽度较宽时,可在单稳态触发器的输入端加入 R_d、C_d 组成的微分电路。为了进一步改善输出波形,可在图 8.9.1 中 G_2 的输出端再加一级反相器 G_3,具体如图 8.9.3 所示。

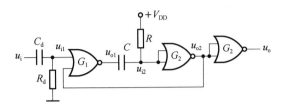

图 8.9.3　改进的微分型单稳态电路

（2）积分型单稳态触发器

积分型单稳态触发器也可分别由与非门和或非门电路组成,逻辑门之间由 RC 积分电路的形式耦合。图 8.9.4(a)(b)分别为由或非门和与非门构成的积分型单稳态触发器。

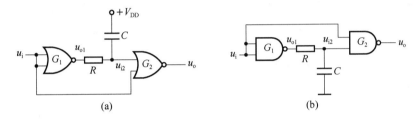

图 8.9.4　两种积分型单稳态触发电路

以图 8.9.4(b)与非门构成的单稳态电路为例,简单说明其工作原理。图 8.9.4(b)电路的工作波形如图 8.9.5 所示。

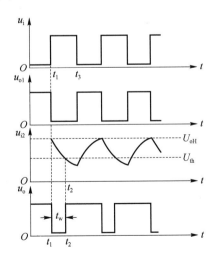

图 8.9.5　与非门构成的积分型单稳态电路

$t < t_1$ 时,u_i 为低电平,G_1 和 G_2 截止,u_{o1} 和 u_o 均为高电平,电路处于"稳态"。稳态时电路输出 $u_o = U_{oH}$。

$t=t_1$ 时，u_i 由低电平变为高电平，G_1 的输出 u_{o1} 随之由高变低，但电容 C 上的电压不能跳变，所以使 u_{i2} 仍为高电平，此时 G_2 的两个输入端均为高，因此输出 u_o 由高变为低。但此时电容通过 R 放电，使 u_{i2} 从高到低持续减小，可以预见 $u_o=U_{oL}$ 的状态不能长久保持，故称之为暂稳态。

$t=t_2$ 时，u_{i2} 降低到门电路的阈值电压 U_{th}，G_2 的输出 u_o 由低电平变为高电平，电路由暂稳态返回至稳态。而 u_{i2} 继续下降。

$t=t_3$ 时，输入信号 u_i 由高电平变为低电平，G_1 截止使 u_{o1} 变为高电平。u_{o1} 通过 R 对电容充电，u_{i2} 增大，一段时间后 u_{i2} 为高电平。但由于 u_i 为低电平，所以 u_o 保持为高电平。

取 $U_{th} \approx \frac{1}{2}V_{DD}$，经过推导可得：

$$t_w \approx RC\ln 2 \approx 0.69RC \tag{8.9.1}$$

同微分型单稳态电路一样，具体电路的定时脉宽均需通过实验，实际进行调测。

(3) 集成单稳态触发器

集成单稳态触发器有不可重复触发型和可重复触发型两种。不可重复触发的单稳态触发器一旦被触发进入暂稳态后，再加入触发脉冲不会影响电路的工作过程，必须在暂稳态结束后，才接受下一个触发脉冲而转入暂稳态。可重复触发的单稳态触发器进入暂稳态后，如果再次加入触发脉冲，电路将重新被触发，使输出脉冲再继续维持一个 t_w 宽度。

常见的低功耗肖特基型集成单稳态触发器有 74LS121、74LS122 和 74LS123 等。

74LS121 为具有施密特触发器输入的不可重触发的单稳态触发器，其输出脉冲范围为 40 ns～28 s，其外部引脚和内部逻辑示意如图 8.9.6(a) 所示，图 8.9.6(b) 为其功能表。

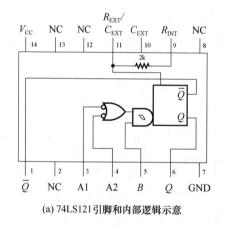

(a) 74LS121引脚和内部逻辑示意

输入			输出	
A1	A2	B	Q	$\overline{Q}$
L	X	H	L	H
X	L	H	L	H
X	X	L	L	H
H	H	X	L	H
H	↓	H	⊓	⊔
↓	H	H	⊓	⊔
↓	↓	H	⊓	⊔
L	X	↑	⊓	⊔
X	L	↑	⊓	⊔

(b) 74LS121功能表

图 8.9.6　集成单稳态触发器 74LS121

单稳态电路的定时时间取决于定时电阻和定时电容的取值。74LS121 的定时电容连接于第 10、11 管脚之间。如果接电解电容则正极接第 10 脚。

74LS121 的定时电阻有两种选择，第一种是采用芯片内部 2 kΩ 定时电阻，此时第 9 管脚接电源 V_{CC}。

第二种选择使用外部定时电阻，定时电阻取值范围为 1.4～40 kΩ，接在 11 和 14 管脚之间，而第 9 管脚悬空。

输出脉宽也称为定时时间，用 $t_w \approx 0.7RC$ 计算。通常 R 在 2～30 kΩ 范围、C 在

10 pF～10 μF 之间取值,定时时间范围为 20 ns～200 ms。

图 8.9.7 给出了 74LS121 两种应用电路,其中(a)为上升沿触发,使用了芯片内部定时电阻;(b))为下降沿触发,使用了外部定时电阻。

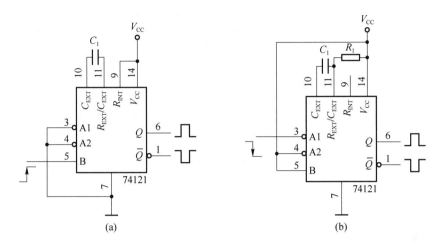

图 8.9.7　74LS121 两种应用电路

除 74LS121 外,74LS122 为带清除端的可再触发集成单稳态触发器,而 74LS123 为双可再触发集成单稳态触发器,后二者的具体使用可参考相关数据手册。

2. 门电路构成环行振荡器

环行振荡器是奇数个反相门串接成环形结构,利用门的延迟时间或 RC 网络的延时,实现两种暂稳态交替变化,输出矩形脉冲信号。

图 8.9.8 是三个非门构成的环行振荡器电路和工作波形。

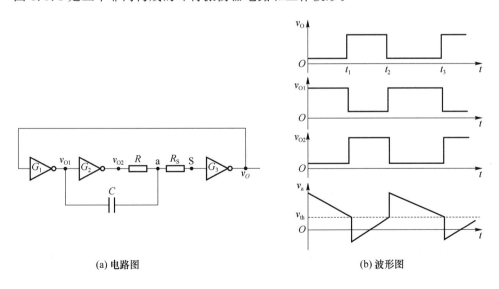

(a) 电路图　　　　　　　　　　　(b) 波形图

图 8.9.8　环行振荡器电路和工作波形

$t < t_1$ 时,v_o 为低电平,v_{o1} 为高电平 v_{o2} 为低电平,电容自左向右充电,v_a 下降。

$t = t_1$ 时,v_a 下降至 v_{th},v_o 反转至高电平,v_{o1} 反转至低电平 v_{o2} 反转至高电平,由于电容

C 两端的电压不能突变,所以 v_a 有向下的跳变,然后电容 C 开始自右向左反向充电,v_a 上升。

$t=t_2$ 时,v_a 上升至 v_{th},v_o 反转至低电平,v_{o1} 反转至高电平 v_{o2} 反转至低电平,同样由于电容 C 两端的电压不能突变,所以 v_a 有向上的跳变,然后电容 C 上电流反向,开始自左向右充电,v_a 下降,直至降到 v_{th},开始又一次的反转。

如此循环,电路持续输出矩形波。

TTL 和 CMOS 门电路均可用于构成环行振荡器,但在采用 TTL 门电路时应注意,R 和 R_s 的阻值不宜过大,否则将导致 G_3 的输入端始终处于高电平,电路无法工作。一般 R_s 取 $100\sim200\ \Omega$,R 取 $2\ k\Omega$ 以下。图 8.9.8(a)电路的振荡周期可由下式估算:

$$T\approx2.2RC \tag{8.9.2}$$

环行振荡器由于工作频率较高,会出现输出波形不是理想矩形波的情况,为了改善波形,可以在输出端再加一级反相门。

3. 555 定时器及应用

(1) 555 定时器结构特点

555 定时器是一种用途广泛的双极型数模混合集成电路。555 定时器外加少量阻容元件,即可构成单稳态触发器、施密特触发器、多谐振荡器等电路。

555 定时器的外部引脚及内部逻辑结构框图如图 8.9.9 所示。

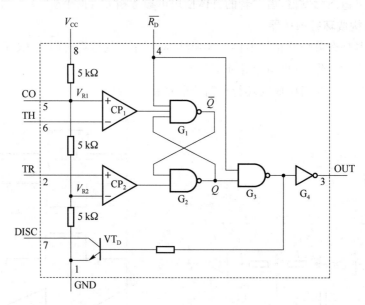

图 8.9.9　555 定时器引脚及内部逻辑结构框图

555 定时器内部三个 $5\ k\Omega$ 组成分压电路,将 $\frac{2}{3}V_{CC}$ 引入运放 CP_1 的同相输入端,将 $\frac{1}{3}V_{CC}$ 引入运放 CP_2 的反相输入端,这两个运放分别组成反相和同相的两个电压比较器,其输出接 G_1 和 G_2 构成的 RS 触发器。触发器输出经 G_3 和 G_4 两次反相后输出。晶体管 VT_D 为外部电路提供放电通道,被称为放电管。

555 定时器功能表如图 8.9.10 所示。

$\overline{R_D}$	TH	TR	VT_D	OUT
0	×	×	导通	0
1	$>\frac{2}{3}V_{CC}$	$>\frac{1}{3}V_{CC}$	导通	0
1	$<\frac{2}{3}V_{CC}$	$>\frac{1}{3}V_{CC}$	不变	不变
1	$<\frac{2}{3}V_{CC}$	$<\frac{1}{3}V_{CC}$	截止	1

图 8.9.10　555 定时器功能表

555 的第 4 端为复位端 $\overline{R_D}$，接低电平时无论 RS 触发器输出如何，OUT 输出恒为低电平。第 5 端为控制端 CO，接电压源时，则两个电压比较器的比较电压由 CO 所接电压控制，与 V_{CC} 无关。

555 定时器产品既有 TTL 也有 CMOS 的，其中 TTL 产品以 555 命名，而 CMOS 产品以 7555 命名，在使用时应注意区分。

（2）555 定时器构成单稳态触发器

图 8.9.11(a)(b) 分别为 555 定时器构成的单稳态触发器电路及工作波形。

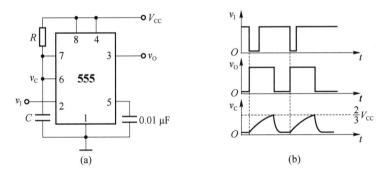

图 8.9.11　555 构成单稳态触发器及其工作波形

图 8.9.11 与图 8.9.9 相结合进行分析，输入信号 v_i 接入了 555 内部运放 CP_2 的同相输入端。当 v_i 下降沿到达，电压低于 $\frac{1}{3}V_{CC}$ 时，CP_2 输出低电平，G_2 输出 Q 为高电平，v_o 输出高电平，电路进入暂稳态。此时晶体管 VT_D 截止，V_{CC} 经 R 向 C 充电，v_C 升高。

当 v_C 未充电至 $\frac{2}{3}V_{CC}$ 的过程中，v_i 由低电平变为高电平，CP_2 输出高电平。但由于 $\overline{Q}$ 为低，所以 v_o 输出仍为高电平。

当 v_C 升高至 $\frac{2}{3}V_{CC}$ 时，CP_1 输出低电平 G_1 输出 $\overline{Q}$ 由低变高，v_o 输出由高变低进入稳态，触发器翻转。晶体管 VT_D 饱和导通，电容 C 经 VT_D 迅速放电。

v_i 下一个下降沿到达，重复上述过程。

该单稳态触发器的定时时间，即 v_O 的脉冲宽度 t_w 由下式近似计算：

$$t_w = RC\ln 3 \approx 1.1RC \qquad\qquad (8.9.3)$$

从上述分析可以看出，该电路输入信号 v_i 的低电平宽度必须小于定时时间，电路才能正常工作。如果 v_i 不能满足这一要求，可以通过在输入端接一个微分电路，将过宽的触发脉冲变窄。

（3）555 定时器构成多谐振荡器

图 8.9.12(a)(b)分别为 555 定时器构成的多谐振荡器电路及工作波形。

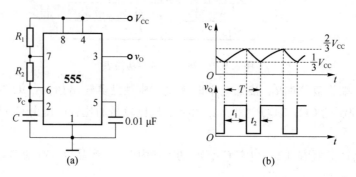

图 8.9.12　555 构成单多谐振荡器及其工作波形

结合图 8.9.9 中 555 的内部电路进行分析，电路初上电时，v_C 电压低于 $\frac{1}{3}V_{CC}$，CP_1 输出高电平 CP_2 输出低电平，G_2 输出 Q 高电平，v_o 输出高电平。晶体管 VT_D 截止，V_{CC} 经 R_1 和 R_2 向 C 充电，v_C 升高。

v_C 升高过程中，当 $\frac{1}{3}V_{CC} < v_C < \frac{2}{3}V_{CC}$ 时，两个运放输出均为高电平，RS 触发器保持，v_o 输出仍为高电平。晶体管 VT_D 截止，v_C 继续升高。

当 v_C 升高至 $\frac{2}{3}V_{CC}$ 时，运放 CP_1 输出由高变低，RS 触发器反转，v_o 输出由高变低。晶体管 VT_D 饱和导通，电容通过 R_2 向 VT_D 放电，v_C 下降。

v_C 下降过程中处于 $\frac{1}{3}V_{CC} < v_C < \frac{2}{3}V_{CC}$ 范围时，两个运放输出均为高电平，RS 触发器保持，v_o 输出仍为低电平。晶体管 VT_D 截止，v_C 继续下降。

v_C 下降至 $\frac{1}{3}V_{CC}$ 时，CP_2 输出低电平，电路又一次反转，重复以上过程。

从以上过程分析可以看出，输出 v_o 的高电平持续时间 t_1 为 V_{CC} 经 R_1 和 R_2 向 C 充电，v_C 从 $\frac{1}{3}V_{CC}$ 到 $\frac{2}{3}V_{CC}$ 的过程，所以有：

$$t_1 = (R_1 + R_2)C\ln 2 \approx 0.7(R_1 + R_2)C \qquad (8.9.4)$$

v_o 的低电平持续时间 t_2 为电容经 R_2 向晶体管放电，v_C 从 $\frac{2}{3}V_{CC}$ 到 $\frac{1}{3}V_{CC}$ 的过程，所以有：

$$t_2 = R_2 C\ln 2 \approx 0.7 R_2 C \qquad (8.9.5)$$

所以 555 构成的多谐振荡器的振荡周期 T 和频率 f 分别为：

$$T = t_1 + t_2 = 0.7(R_1 + 2R_2)C \qquad (8.9.6)$$

$$f = \frac{1}{T} = \frac{1}{0.7(R_1 + 2R_2)C} \qquad (8.9.7)$$

参 考 文 献

［1］ 谢沅清,解月珍.电子电路基础[M].北京:人民邮电出版社,1999.

［2］ 张咏梅,陈凌霄.电子测量与电子电路实验[M].北京:北京邮电大学出版社,2000.

［3］ 史晓东,苏福根,陈凌霄.数字电路与逻辑设计实验教程[M].北京:北京邮电大学出版社,2008.

［4］ 刘宝玲.电子电路基础[M].2版.北京:高等教育出版社,2013.

［5］ 童诗白.模拟电子技术[M].2版.北京:高等教育出版社,1998.

［6］ 孙肖子.现代电子线路和技术实验简明教程[M].2版.北京:高等教育出版社,2008.

［7］ 谢沅清,李宗豪,朱金明.信号处理电路[M].北京:电子工业出版社,1994.

［8］ 谢自美.电子线路设计·实验·测试[M].2版.武汉:华中理工大学出版社,2000.

［9］ 赵学泉,肖也白.电子电路测试与实验技术[M].北京:电子工业出版社,1994.

［10］ 任维政,高英,高惠平,等.电子测量与电子电路实践[M].北京:科学出版社,2013.

附录

实验报告格式

实 验 题 目

1. 实验目的

(可在实验中已列出的各项目的之基础上,针对自己的实际情况进行细化和补充。)

2. 实验任务(以及设计任务、调测任务)

3. 实验相关知识

(1) 重要资料的摘录、重要知识点的总结或出处

(在预习的过程中,摘录元器件手册中与本次实验相关的主要参数指标,并进行说明;实验中涉及的重要原理、方法或注意事项,应进行简要总结,或标明出处。)

(2) 预习思考题及回答

4. 实验电路的详细设计过程(针对有设计任务的实验)

(设计任务的分析、电路形式的选择、电源电压的选择、重要器件的选择、元器件的计算及取值等过程,并画完整的实验电路。)

5. 实验操作流程的设计和准备

(1) 电路调测方案与详细调测步骤

(器件的检测、电路的安装、输入信号的选择、具体操作方法和步骤等)。

(2) 在单独的数据记录纸并设计好实验数据记录表格

(3) 列出实验操作注意事项

6. 实验结果和实验过程的分析和总结

(① 符合要求的原始实验数据、波形;② 对原始数据和波形进行处理和分析,得出相关结论或提出相关问题;③ 总结实验操作过程,记录操作中出现的问题和解决方法。)

7. 思考题及回答

8. 实验用仪表

(列表给出实验操作过程中用到的仪表名称、型号、编号、在本实验中的用途。)

9. 参考书目

(在完成该实验项目的过程中,除本教材外还参考了哪些文献资料。)